特大型碳酸盐岩气藏高效开发丛书

安岳气田龙王庙组
气藏特征与高效开发模式

李熙喆　杨洪志　冯　曦　彭　先　等编著

石油工業出版社

《安岳气田龙王庙组气藏特征与高效开发模式》

编　写　组

组　　长：李熙喆

副 组 长：杨洪志　冯　曦　彭　先

成　　员：郭振华　万玉金　刘晓华　张满郎　苏云河
谢武仁　孙玉平　高树生　刘华勋　冯建伟
张　林　吴国铭

序

全球常规天然气可采储量接近50%分布于碳酸盐岩地层，高产气藏中碳酸盐岩气藏占比较高，因此针对这类气藏的研究历来为天然气开采行业的热点。碳酸盐岩气藏非均质性显著，不同气藏开发效果差异大的问题突出。如何在复杂地质条件下保障碳酸盐岩气藏高效开发，是国内外广泛关注的问题，也是长期探索的方向。

特大型气藏高效开发对我国实现大力发展天然气的战略目标，保障清洁能源供给，促进社会经济发展和生态文明建设，具有重要意义。深层海相碳酸盐岩天然气勘探开发属近年国内天然气工业的攻关重点，“十二五”期间取得历史性突破，在四川盆地中部勘探发现了高石梯—磨溪震旦系灯影组特大型碳酸盐岩气藏，以及磨溪寒武系龙王庙组特大型碳酸盐岩气藏，两者现已探明天然气地质储量9450亿立方米。中国石油精心组织开展大规模科技攻关和现场试验，以磨溪寒武系龙王庙组气藏为代表，创造了特大型碳酸盐岩气藏快速评价、快速建产、整体高产的安全清洁高效开发新纪录，探明后仅用三年即建成年产百亿立方米级大气田，这是近年来我国天然气高效开发的标志性进展之一，对天然气工业发展有较高参考借鉴价值。

磨溪寒武系龙王庙组气藏是迄今国内唯一的特大型超压碳酸盐岩气藏，历经5亿年地质演化，具有低孔隙度、基质低渗透、优质储层主要受小尺度缝洞发育程度控制的特殊性。该气藏中含硫化氢，地面位于人口较稠密、农业化程度高的地区，这种情况下对高产含硫气田开发的安全环保要求更高。由于上述特殊性，磨溪寒武系龙王庙组气藏高效开发面临前所未有的挑战，创新驱动是最终成功的主因。如今回顾该气藏高效开发的技术内幕，能给众多复杂气藏开发疑难问题的解决带来启迪。

本丛书包括《特大型碳酸盐岩气藏高效开发概论》《安岳气田龙王庙组气藏特征与高效开发模式》《安岳气田龙王庙组气藏地面工程集成技术》《安岳气田龙王庙组气藏钻完井技术》和《数字化气田建设》5部专著，系统总结了磨溪龙王庙组特大型碳酸盐岩气藏高效开发的先进技术和成功经验。希望这套丛书的出版能对全国气田开发工作者以及高等院校相关专业的师生有所帮助，促进我国天然气开发水平的提高。

中国工程院院士 [signature]

前言

安岳气田磨溪区块龙王庙组气藏探明天然气地质储量超 $4400\times10^8m^3$，是中国单体规模最大的海相碳酸盐岩整装气藏，在西南乃至全国天然气资源供应中都具有重要的战略地位，其快速建成达产并保持长期稳产，对缓解川渝地区供气紧张格局、引领区域经济绿色增长、保持国民经济持续发展、保障国家能源战略安全都具有重要作用。

龙王庙组气藏含气面积大、构造幅度低、属构造边水气藏；储层基质物性差、构造裂缝发育且非均质性较强，易造成气藏快速水侵。为实现其平稳、高效开发，需要更加深入地认识气藏地质与开发特征，确定科学合理的开发技术政策，降低开发风险。根据中国石油天然气集团有限公司（以下简称中国石油）“有质量、有效益、可持续”和“四个一流”指示精神，成立联合攻关项目组，综合地震、钻井、测井、生产动态等资料，针对储集空间类型、储集层展布、断层与裂缝发育程度、储集层物性、气水分布、气井高产稳产能力等影响开发效果的关键问题开展研究，明确气藏特征并借鉴国内外相似气田开发经验教训，建立了“总体部署、分步实施、集中布井、规避水侵、备用能力、季节调峰”主动控水高效开发模式。

本书是对龙王庙组气藏特征和开发模式的概括总结，共分九章：第一章由李熙喆、郭振华等编写，第二章由冯建伟、张林等编写，第三章由彭先、张满郎、谢武仁等编写，第四章由李熙喆、彭先、郭振华、谢武仁、张林等编写，第五章由冯曦、刘晓华、苏云河等编写，第六章由李熙喆、彭先、郭振华等编写，第七章由孙玉平编写，第八章由高树生、刘华勋、吴国铭等编写，第九章由李熙喆、万玉金、刘晓华、苏云河等编写。全书由李熙喆、杨洪志、冯曦、彭先统稿。

安岳气田磨溪区块龙王庙组气藏的开发已取得较好的效果，但仍有不少难题有待进一步探索研究解决。希望能通过本书与有关同行专家进行交流，以进一步完善发展大面积、低幅度、裂缝—孔洞型构造边水气藏高效开发的理论、技术和方法，进一步优化龙王庙组气藏的开发技术政策，确保龙王庙组气藏的长期高产稳产。在本书编写过程中得到了中国石油勘探开发研究院和中国石油西南油气田分公司开发部、中国石油西南油气田分公司勘探开发研究院磨溪龙王庙组气藏开发方案编制项目组全体成员的大力帮助，何术坤等专家也对本书编写、审查提出了具体修改意见，在此一并表示衷心的感谢。

由于裂缝性碳酸盐岩气藏的复杂性，加之笔者水平有限，书中如有不妥之处，敬请广大读者批评指正。

目　　录

第一章　概　述

安岳气田磨溪区块龙王庙组气藏探明天然气地质储量超过 $4400\times10^8m^3$，是中国单体规模最大的海相碳酸盐岩整装气藏。自从 2012 年 9 月磨溪 8 井龙王庙组获重大发现后，3 个月完成试采方案，6 个月完成开发概念设计，12 个月完成开发方案的编制并获中国石油批复。磨溪 8 井 3 个月建成投产，10 个月建成投产 $10\times10^8m^3$ 试采工程，15 个月建成投产 $40\times10^8m^3$ 产能建设工程，截至 2015 年底，仅用 34 个月就完成年产 $110\times10^8m^3$ 的气井产能和地面配套能力建设，刷新了国内特大型整装气田快速建产的纪录。截至 2020 年 11 月，已实现连续 5 年百亿方级稳产，累计产气量达 $548\times10^8m^3$。

开发实践表明，气藏开发效果好，主要开发指标符合率高。(1)新完钻开发井钻井成功率 100%，均获高产工业气流，平均测试产量 $150\times10^4m^3/d$；开发井平均单井无阻流量 $399.4\times10^4m^3/d$，其中Ⅰ类+Ⅱ类井(无阻流量大于 $200\times10^4m^3/d$)比例达到 86%，略高于开发方案中Ⅰ类+Ⅱ类井比例(82%)；开发井单井平均配产 $67\times10^4m^3/d$，与方案平均配产 $(64.8\times10^4m^3/d)$一致。(2)单井动态储量高，生产井压力稳产，高产条件下具备较好的稳产能力。建产区储层总体连通性好，颗粒滩主体单井动态储量 $(30\sim100)\times10^8m^3$，平均 $(65\sim70)\times10^8m^3$。在平均配产 $60\times10^4m^3/d$ 情况下，月压降 0.21MPa；平均配产 $105\times10^4m^3/d$ 情况下，月压降 0.45MPa；水平井、大斜度井配产 $(90\sim140)\times10^4m^3/d$。(3)与国内外同类型大型碳酸盐岩气田相比，气藏地质条件复杂程度、平均单井产量、建成速度、建产规模均居世界前列。据后评估报告，2045 年底采出程度 65.02%，高于同类型气藏(碳酸盐岩水驱气藏平均 39%)。

第一节　区域地质概况

一、地理与构造位置

安岳气田位于四川盆地中部遂宁市、资阳市及重庆市潼南区境内[1]，东至武胜县—合川区—铜梁区、西达安岳县安平店—高石梯地区、北至遂宁—南充一线以南、南至隆昌市—荣昌区—永川一线以北的广大区域内。区内地面出露侏罗系砂泥岩地层，丘陵地貌，地面海拔 250~400m，相对高差不大。气候温和，年平均气温 17.5℃，公路交通便利，水源丰富，涪江水系从本区通过，自然地理条件和经济条件相对较好，具有较好的市场潜力，为天然气的勘探开发提供了有利条件。

安岳气田区域构造位置处于四川盆地川中古隆起平缓构造区威远—龙女寺构造群，乐山—龙女寺古隆起区(图 1-1)，东至广安构造，西邻威远构造，北邻蓬莱镇构造，西南到河包场、界石场潜伏构造，与川东南中隆高陡构造区相接[2]。作为四川盆地的组成部分，本区经历了四川盆地的历次沉积演化和构造运动。乐山—龙女寺古隆起是在加里东运动时期于地台内

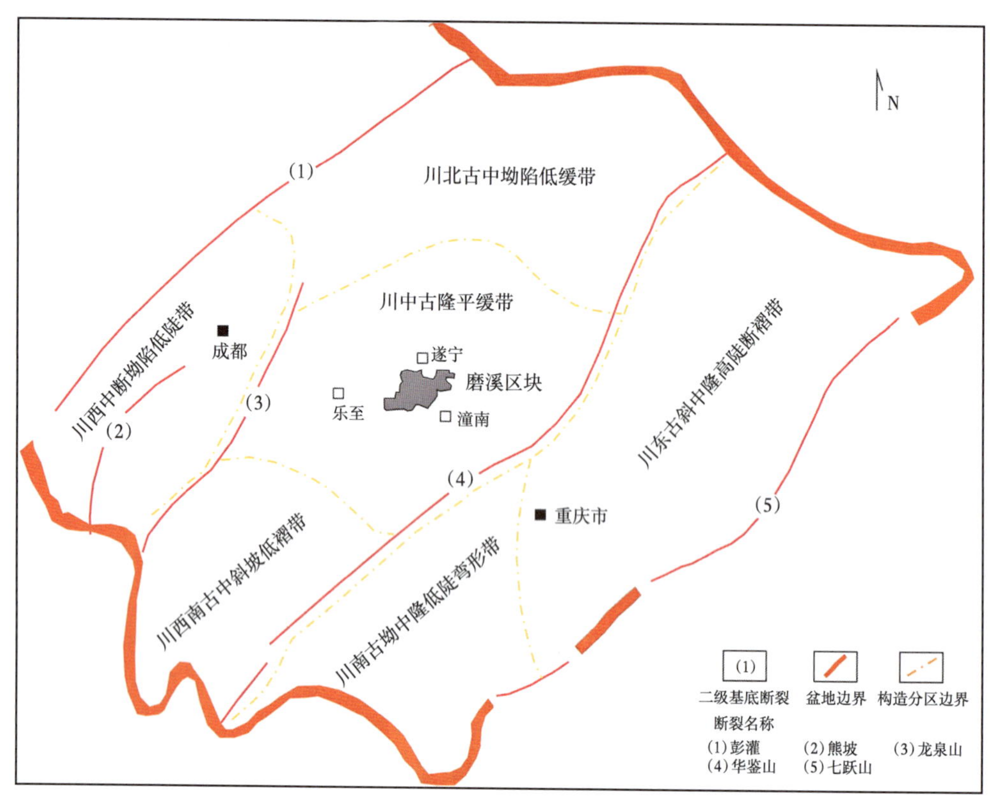

图 1-1　区域构造位置示意图

部形成的、影响范围最大的一个大型古隆起，自西而东从盆地西南向北东方向延伸，该隆起和盆地中部硬性基底隆起带有相同的构造走向，组成该隆起核部最早为震旦系及寒武系，外围坳陷区为志留系。构造从震旦纪以来，一直处在稳定隆起基底背景之上，虽经历数次构造作用，但其作用方式主要表现为以水平挤压、升降运动为主。古今构造的生成与发展具有很强的继承性，其构造格局于志留纪末加里东期定型，晚三叠世末的印支运动得到较大发展，到喜马拉雅期三幕最终定型，才形成现今的构造格局[2,3]。

二、生储盖组合

龙王庙组属于四川盆地沉积盖层之上的第一套含气系统——震旦系—下古生界含气系统，为下生上储型，烃储匹配好，具有较好的生储盖组合。

根据区域野外及钻探资料分析认为，四川盆地龙王庙组烃源较丰富，龙王庙组之下共发育4套烃源岩：下寒武统筇竹寺组黑色泥页岩、沧浪铺组暗色泥岩、灯影组三段泥质岩、灯影组二段藻云岩。对龙王庙组气藏起主要供烃作用的是下寒武统筇竹寺组黑色泥页岩。该套烃源岩总体上具有厚度大、有机质丰度高、类型好、成熟度高、烃源岩生气强度大的特点。其次沧浪铺组也发育暗色泥岩，紧邻储层，具备一定生烃能力。安岳气田处于有利的生烃区域。

四川盆地龙王庙组沉积及后期成岩演化受乐山—龙女寺古隆起宏观控制，整体表现为古隆起控制相带展布，滩相控制优质储层发育。由于古隆起规模大，四川盆地龙王庙组大范围发育滩相白云岩储层，尤以古隆起核部及周缘最为发育。因此乐山—龙女寺古隆起龙王庙组储层发育的物质基础—颗粒滩相发育，(准)同生期白云石化及后期溶蚀作用强，岩性以砂屑云岩为主，储层空间以粒间溶孔及晶间溶孔为主，发育粒间孔、晶间孔及溶洞，储集类型为孔隙型，储层分布稳定，区域上连片发育，具备形成大气藏的储集基础[3]。

根据区域构造及地震解释，本区构造平缓，特别是腹地深大断裂不发育，对油气的保存起到了十分重要的作用。同时宏观上看，龙王庙组埋深超过4500m[3]；本区出露地层是侏罗系，在二叠系、三叠系及侏罗系中，泥页岩、致密的碳酸盐岩、膏盐岩十分发育，沉积厚度大，分布广泛，厚度达2000m以上，龙潭组泥页岩单层厚度在15~20m，飞仙关组二段的泥岩单层厚度在120m左右，高台组在本区主要为致密的泥质云岩，可以作为直接盖层。这些典型的致密层都位于龙王庙组之上，都是较好的盖层，保存条件良好。

第二节 勘探开发历程

一、勘探简况

安岳气田龙王庙组处在川中加里东古隆起核部，该古隆起一直以来都被地质家认为是震旦系—下古生界油气富集的有利区域。对四川盆地加里东古隆起的勘探始于20世纪50年代中期，迄今已有半个多世纪的历史。大体可以分为三个主要阶段[4]：

(一)第一阶段：威远震旦系大气田发现(1956—1967年)

1956年威基井钻至下寒武统，1963年加深威基井，1964年9月获气，发现了震旦系气藏，至1967年，探明中国第一个震旦系大气田——威远震旦系气田，探明地质储量$400\times10^8m^3$。

(二)第二阶段：持续探索加里东大型古隆起(1970—2010年)

通过持续不断地研究，认识到古隆起对区域性的沉积、储层和油气聚集具有重要控制作用，是油气富集有利区域。同时也持续不断地开展对古隆起震旦系—下古生界油气勘探工作：

(1)2005年以前，古隆起甩开预探、资阳集中勘探和威远寒武系重新认识，但勘探效果不理想，获得女基井、安平1井等小产气井，资阳震旦系获天然气控制储量$102\times10^8m^3$、预测储量$338\times10^8m^3$，威远构造钻探寒武系专层井6口(威寒1井、威寒101井至威寒105井)，仅威寒1井在龙王庙组测试产气$12.3\times10^4m^3/d$，产水$192m^3/d$。

(2)2005—2010年风险勘探阶段。在中国石油风险勘探机制的支持下，通过重新对震旦系—下古生界地层对比、沉积相、储层发育主控因素等综合研究，同时针对震旦系—下古生界的地震资料重新处理解释，编制加里东古隆起区震顶连片构造图，开展了井位目标优选，先后部署了磨溪1井、宝龙1井、螺观1井等风险探井，未获突破。

第二阶段虽勘探未获大的突破，但在近40年的勘探和研究过程中不断探索和总结，为加里东大型古隆起高石梯—磨溪地区震旦系—下古生界勘探重大发现奠定了基础。

(三)第三阶段:勘探突破、立体勘探与重点区块评价(2011—2013年)

通过持续不断地研究和探索勘探,逐步深化地质认识和优选钻探目标,取得乐山—龙女寺古隆起震旦系—下古生界油气勘探的重大突破。

(1)高石梯区块震旦系率先获得突破。2011年7—9月,以古隆起震旦系—下古生界为目的层,位于乐山—龙女寺古隆起高石梯构造的风险探井高石1井率先在震旦系获得重大突破,在灯影组获得高产气流,灯二段测试日产气$102\times10^4m^3$,灯四段测试日产气$32\times10^4m^3$,展现出川中古隆起区震旦系—下古生界领域良好的勘探前景。为了解高石梯—磨溪地区震旦系灯影组及上覆层系储层发育及含流体情况,2011年在磨溪区块部署了磨溪8井、磨溪9井、磨溪10井、磨溪11井等4口探井,高石梯区块部署了高石2井、高石3井、高石6井等3口探井,同时部署三维地震勘探$790km^2$。

(2)磨溪区块龙王庙组再次取得重大突破。2012年9月,位于磨溪构造东高点的磨溪8井试气获工业气流,揭开了安岳气田寒武系龙王庙组气藏的勘探开发序幕,随后磨溪9井、磨溪10井、磨溪11井等井龙王庙组相继获高产工业气流。为了进一步扩大勘探成果,尽快探明磨溪地区寒武系龙王庙组气藏,2012—2013年部署三维地震勘探$1650km^2$,磨溪地区先后部署和实施了磨溪12井等12口探井,主探寒武系龙王庙组和震旦系灯影组,同时部署了磨溪201井至磨溪205井等5口针对龙王庙组的专层井,已测试7口井均获工业气流。在高石梯区块先后部署和实施了高石9井、高石10井、高石17井3口探井,主探寒武系龙王庙组和震旦系灯影组。

这一阶段深化了乐山—龙女寺古隆起对油气富集成藏控制作用的认识,指出古隆起对龙王庙组沉积相展布、储层白云岩化和多期岩溶改造、油气聚集成藏有重要控制作用,为龙王庙组的勘探提供了重要理论支撑,明确了下步勘探方向,同时也为重点评价和探明磨溪区块龙王庙组气藏奠定了坚实的基础。

二、开发简况

自2012年9月安岳气田龙王庙组气藏发现以来,勘探向后延伸,开发早期介入,勘探开发一体化协作取得实质性进展,获取了大量动静态资料,深化了气藏认识,气藏开发评价建产工作高效开展。

2012年11月完成了《安岳气田磨溪区块龙王庙组气藏试采方案》。受地面集输管线条件限制,选择磨溪8井、磨溪9井和磨溪11井采用轮换试采方式,分别于2012年12月5日、2013年3月20日、2013年5月10日投入试采,录取动态资料,认识气藏特征和开发规律。

2013年2月编制完成了《安岳气田磨溪区块龙王庙组气藏开发概念设计》。2013年12月,探明储量通过审查。

2014年3月完成了《安岳气田磨溪区块龙王庙组气藏初步开发方案》,磨溪龙王庙组气藏进入气藏开发阶段。2014年8月底$1200\times10^4m^3$净化装置第一列和第二列投运、日处理气量$600\times10^4m^3$;9月底$1200\times10^4m^3$净化装置第三列和第四列投运、日处理气量$600\times10^4m^3$。该开发方案批复以来,气田开发建设取得了显著的进展,截至2015年10月,全面建成方案规模。

参考文献

[1] 谢军. 安岳特大型气田高效开发关键技术创新与实践[J]. 天然气工业, 2020, 40(1): 1-10.

[2] 邹才能, 杜金虎, 徐春春, 等.四川盆地震旦系—寒武系特大型气田形成分布、资源潜力及勘探发现[J]. 石油勘探与开发, 2014, 41(3): 278-293.

[3] 马新华. 创新驱动助推磨溪区块龙王庙组大型含硫气藏高效开发[J]. 天然气工业, 2016, 36(2): 1-8.

[4] 杜金虎, 邹才能, 徐春春, 等. 川中古隆起龙王庙组特大型气田战略发现与理论技术创新[J]. 石油勘探与开发, 2014, 41(3): 268-277.

第二章　构造与断裂发育特征

川中高石梯—磨溪地区震旦系—寒武系历经桐湾、加里东等多期构造运动的影响，现今构造为多期构造作用叠加改造的结果，断裂关系复杂。研究中常规方法与特色技术相结合，采用VSP测井和声波合成记录两种方式，制作了声波合成地震记录与过井地震剖面进行对比，对各反射层进行地质层位标定，对地震资料进行了构造精细解释；以区域构造应力分析为指导，遵循相似模型、相似材料原则，建立物理实验模型，验证断裂系统解释的合理性，为气藏气水分布特征的认识以及布井方式的确定奠定基础。本章主要介绍气藏的构造特征、构造形成与演化和断裂形成机制与模式。

第一节　气藏构造特征

一、构造层面特征

川中古隆起区域构造特征显示，寒武系龙王庙组总的构造轮廓表现为在乐山—龙女寺古隆起背景上的北东东向鼻状隆起，由西向北东倾伏，南缓北陡，构造呈多排、多高点的复式构造特征，由北向南主要发育有三排近平行的潜伏高带（图2-1）：第一排是以磨溪潜伏构造和龙女寺构造为主的磨溪潜伏高带，是研究区规模最大的潜伏构造高带，轴向北东东向，北翼缓，南翼陡；第二排潜伏高带位于磨溪潜伏高带以南，由高石梯潜伏构造和一些规模较小的潜伏高点构成，该高带在高石梯潜伏构造东翼以东又分成两排高带。在磨溪潜伏高带以南，高石梯以西有一近南北向陡坎，将两排潜伏高带和威远构造东延部分相隔，受其影响高石梯潜伏构造轴向为近南北向，与总体北东向走向截然不同；第三排潜伏构造带规模较前两排明显变小，由多个形状极不规则、构造较狭长、轴向变化大的潜伏高和潜伏高显示组成。第一排和第二排高带之间由西向东发育一个由北西转为北东东向的低凹，南部局部发育北东向潜伏高带构造；第二排和第三排高带间有一排小规模潜伏高点组成的北东向潜伏高带。

根据地震构造处理解释成果，从宏观上看，安岳气田深层（龙王庙组—灯影组底）构造格局总的构造轮廓表现为在乐山—龙女寺古隆起背景上的北东东向鼻状隆起，由西向北东倾伏，南缓北陡，构造呈多排、多高点的复式构造特征，主要表现为南北2个构造圈闭形态，南部是高石梯潜伏构造圈闭；北部是磨溪潜伏构造圈闭。磨溪构造被工区内最大的磨溪①-2号断层切割，形成2个断高圈闭，北部的磨溪主高点圈闭和南部的磨溪南断高圈闭（图2-2）。

磨溪主高点圈闭是工区内规模最大的潜伏构造，构造主轴轴向北东东向，二叠系—灯影组底均发育。龙王庙组顶构造呈北东东向延伸，长度48km，构造宽度15.3~71.2km，圈闭面积520.58km^2，闭合高度161m，主高点圈闭最高点位于圈闭西端磨溪201井，高点海拔-4189m，最低圈闭线海拔-4350m。由于构造总体处于平缓带上，因此显示出多个构造高点的特征。构造圈闭除主高点外，还有1个西高点、1个北高点和10个东高点，共计13个高点（表2-1）。

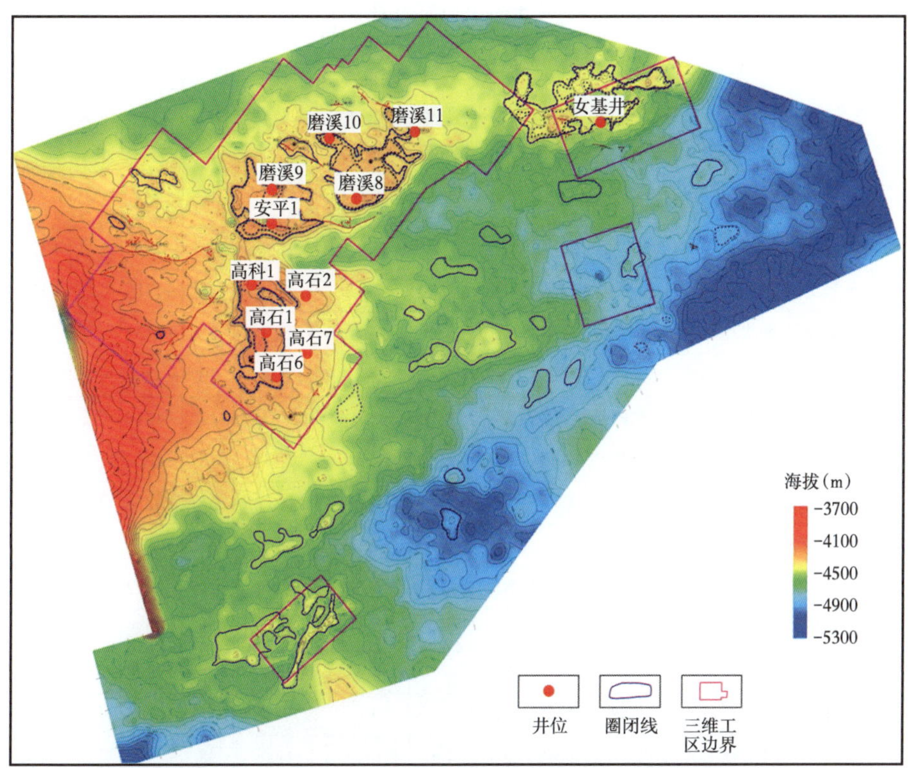

图 2-1　四川盆地川中古隆起寒武系龙王庙顶界构造图

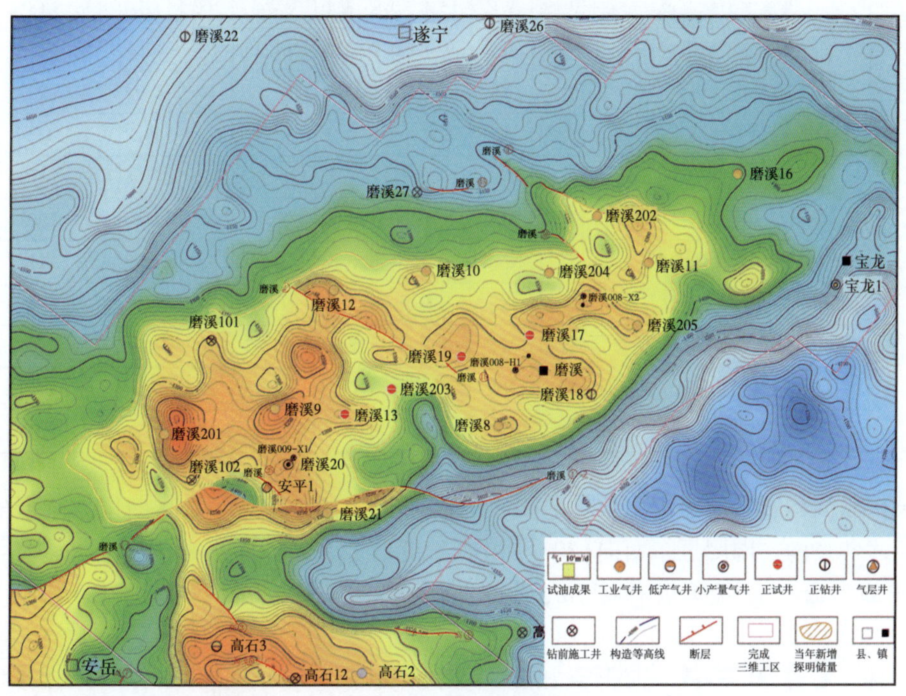

图 2-2　磨溪区块龙王庙组顶界地震反射构造图

表 2-1　龙王庙组顶圈闭要素统计表

序号	构造名称					圈闭要素							落实程度	过高点地震测线	
	一级构造单元	二级构造单元		圈闭名称		圈闭类型	走向方位	构造长度（km）	构造宽度（km）	面积（km^2）	闭合高度（m）	高点海拔（m）		地震测线号 1	高点位置 CDP
1	川中古隆起平缓构造区	威远至龙女寺构造群	磨溪潜伏构造	共圈		断高	NEE	41.2	8.3~14.1	510.98	145	-4215	可靠	L1290	T2839
2				磨溪主高点	太平场	背斜	NEE	4.9	1.3~2.7	9.8	45	-4215	可靠	L1290	T2839
3				磨溪西潜伏高点	龙家坝	背斜	NS	3.7	1.7~2.0	5.7	28	-4232	可靠	L1025	T2610
4				磨溪北 1 号潜伏高点	三家场	背斜	NWW	3.0	0.7~1.9	6.1	20	-4260	可靠	L1246	T3037
5				磨溪北 2 号潜伏高点	马家店	背斜	WE	2.8	1.1	3.1	17	-4310	可靠	L1484	T3239
6				磨溪北 3 潜伏高点	②号断南	断高	NNE	1.6	0.6~1.6	1.75	18	-4282	可靠	L1208	T3227
7				磨溪北 4 号潜伏高点	玉峰	断高	NWW	8.1	1.0~1.7	10.7	62	-4238	可靠	L1145	T3238
8				磨溪东 1 号潜伏高点	莲池	断高	NE	4.4	3.8	14.3	35	-4265	可靠	L1642	T3439
9				磨溪东 2 号潜伏高点	花岩场	背斜	NE	2.8	1.7	4.5	18	-4292	可靠	L1962	T3306
10				磨溪东 3 号潜伏高点	安兴	背斜	WE	7.7	0.9~2.4	13.5	22	-4278	可靠	L2073	T3582
11				磨溪东 4 号潜伏高点	富果寺	背斜	NE	2.5	1.4~2.1	4.7	28	-4272	可靠	L1813	T3672
12				磨溪东 5 号潜伏高点	⑥号断南	断高	NNE	1.2	1.1	1.5	12	-4308	可靠	L1963	T3308
13				磨溪东 6 号潜伏高点	米心溪	断高	NS	4.6	1.6~3.6	12.6	38	-4282	可靠	L1897	T4170
14				磨溪东 7 号潜伏高点	仁和场	背斜	NE	2.5	1.6	4.0	29	-4311	可靠	L2338	T4228
15				磨溪南潜伏断高		断高	WE	15.8	0.8~3.1	25.4	100	-4220	可靠	L1856	T4162
16				磨溪北潜伏断高		断高	WE	9.0	0.7~2.6	14.9	64	-4306	可靠	L1563	T2635
17				惠民潜伏高点		背斜	NE	4.4	1.1~1.9	6.7	15	-4375	可靠	L2235	T4650
18				通贤潜伏高点		背斜	NS	6.0	1.5~4.3	18.7	23	-4337	可靠	L992	T2376
19			高石梯潜伏构造	共圈		背斜	NS	20.3	1.2~6.9	136.734	100	-4150	可靠	L2014	T1689
20				高石梯主高点	共圈	背斜	NS	5.4	0.7~1.9	7.0	30	-4150	可靠	L2014	T1689
21				高石梯北 1 号潜伏高点		背斜	NNW	2.2	1.3	2.4	15	-4165	可靠	L1847	T1779
22				高石梯北 2 号潜伏高点		背斜	NS	1.4	1.1	1.2	11	-4199	可靠	L1679	T1897
23				高石梯北 3 号潜伏高点		背斜	WE	2.1	1.2	2.1	10	-4220	可靠	L1651	T2098
24				高石梯北 4 号潜伏高点		断高	NW	2.6	1.0	2.2	26	-4204	可靠	L1812	T2140
25				高石梯南潜伏高点		背斜	WE	2.1	1.8	3.01	15	-4225	可靠	L2180	T1356

磨溪南断高构造紧靠磨溪主体构造圈闭的南面，北面由磨溪①-2 号断层切割形成断高，高点位于六和乡南。圈闭近东西向（80°~90°），长度近 15.8km，宽度 1~3.1km，呈现西宽东窄逐渐收缩的形态。高点海拔 -4217m，最低圈闭线海拔 -4320m，闭合度 103m，圈闭面积 26.60km^2。

高石梯—磨溪地区寒武系龙王庙组底界构造格局（图 2-3）和顶界总体一致，但圈闭面积较龙王庙组顶界变小，闭合高度也有差异，在此不作详述。

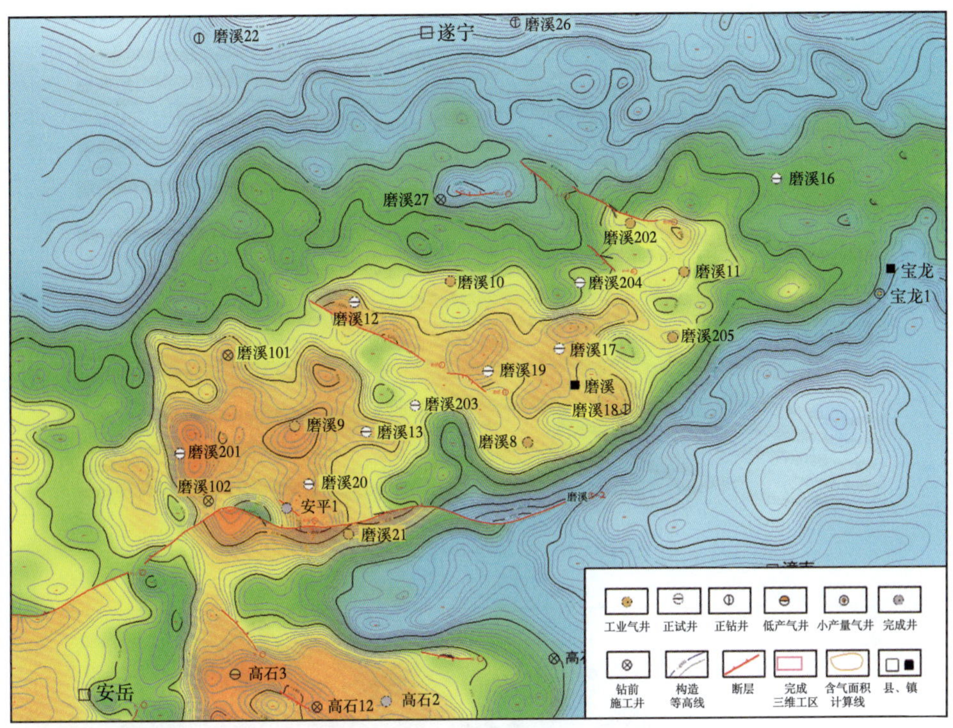

图 2-3　磨溪区块龙王庙组底界地震反射构造图

二、断层发育特征

川中高石梯—磨溪地区震旦系—寒武系经历桐湾、加里东等多期构造运动的影响，现今构造是多期构造作用叠加改造的结果。研究区虽经历过多次构造运动，但均以升降运动为主，褶皱不强烈，构造相对平缓，断层断距较小。对断层的解释采用剖面解释和属性分析相结合的方式进行。首先根据偏移剖面上断面波、同相轴错断、产状和能量变化等断点标志解释断层，从图 2-4 可看出，在拉张作用下，研究区下古生界—震旦系主要发育不同规模的正断层；其次结合属性分析（如沿层振幅、相干属性和曲率属性等），根据属性突变分布特征，进行精细的断层解释和断层平面组合（图 2-5）。

同一时期由同一应力作用形成的断裂成组出现，相互交切；先期发育的断裂对后期断裂的空间分布会造成一定影响，甚至起到控制作用。因此，断裂常在平面和剖面上组合多种构造样式。根据断层精细解释结果，高石梯—磨溪地区断裂平面上主要存在近平行式、斜交式、帚状、雁列式、S 形、弧形等基本组合样式；剖面上存在 Y 形、正花状、负花状、垒堑式、阶梯式等基本组合样式，其中又以花状组合样式中的负花状样式为主，全区大量分布（图 2-6）。

在断裂系统平面识别的基础上，进一步对断裂系统进行剖面识别，结合平面识别出的 3 种走滑扭动断裂（图 2-7）。

大型花状断裂：主干断裂从基底开始发育一直向上延伸至二叠系，断面呈高角度，部分近似直立，在剖面上表现为同相轴从底部到上部被主干断裂依次错断，而分支断裂在震旦系和寒武系发育，形成多个分支次级断裂向上散开，其中分支次级断裂倾角普遍较大，部分近似直立，

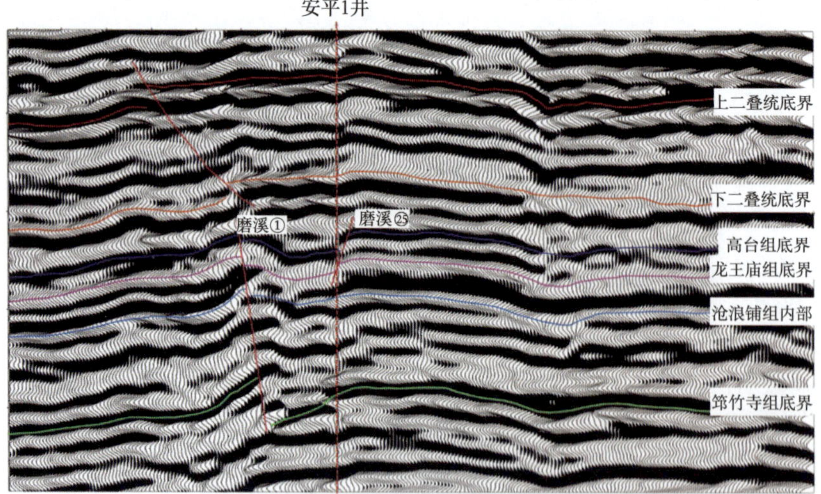

图 2-4　叠前时间偏移剖面图

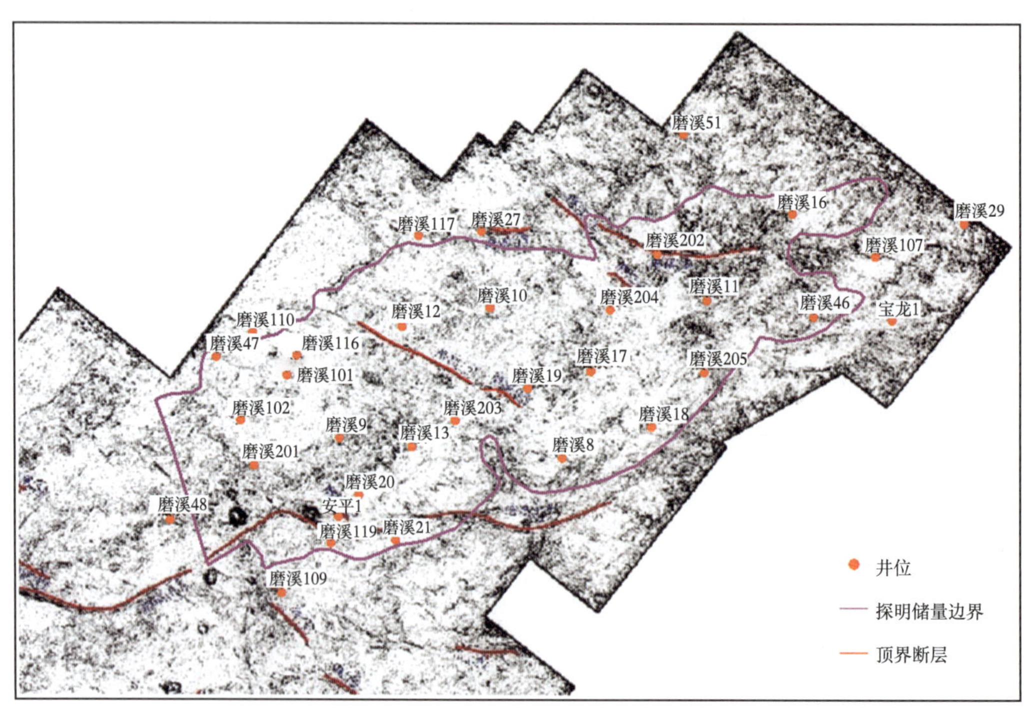

图 2-5　相干分析切片与断层解释叠合图

向下逐渐收敛合并到主干断裂上，在剖面上形似花朵，符合走滑断裂的典型剖面特征，并且根据这些特征可以判断工区内的花状断裂大部分为负花状断裂，少量正花状断裂。

高角度走滑断裂：从基底开始发育一直向上延伸至寒武系，部分延伸至二叠系，断面呈高角度，部分近似直立，且同相轴在剖面上表现为底部到上部被主干断裂依次错断，大多表现为一条孤立的断裂，少量会派生次级断裂。

类型		示意图	典型特征
近平行式	同向倾斜		F1断裂北段、F2断裂北段及F2a断裂东段
	对向倾斜		
帚状	张剪性		F1断裂南段东部大量发育
	压剪性		F2断裂西段北部少量发育
斜交式			与大中型断裂相交的小断裂
雁列式			F3断裂、F5断裂和F5a断裂
S形			部分大中断裂与少数小断裂的平面形态
弧形			

(a)平面

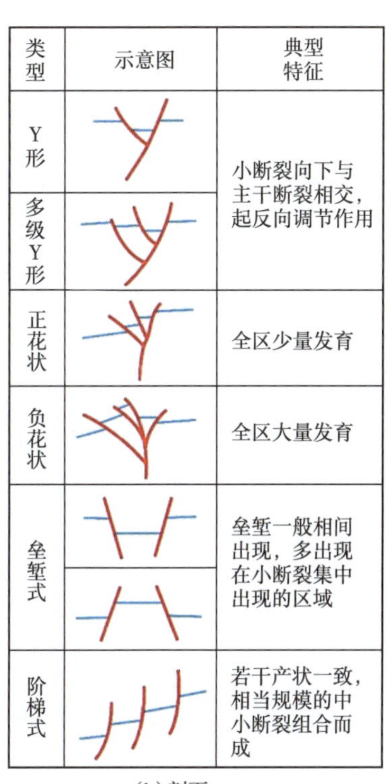

类型	示意图	典型特征
Y形		小断裂向下与主干断裂相交，起反向调节作用
多级Y形		
正花状		全区少量发育
负花状		全区大量发育
垒堑式		垒堑一般相间出现，多出现在小断裂集中出现的区域
阶梯式		若干产状一致，相当规模的中小断裂组合而成

(b)剖面

图 2-6　高石梯—磨溪地区断裂组合简化模式

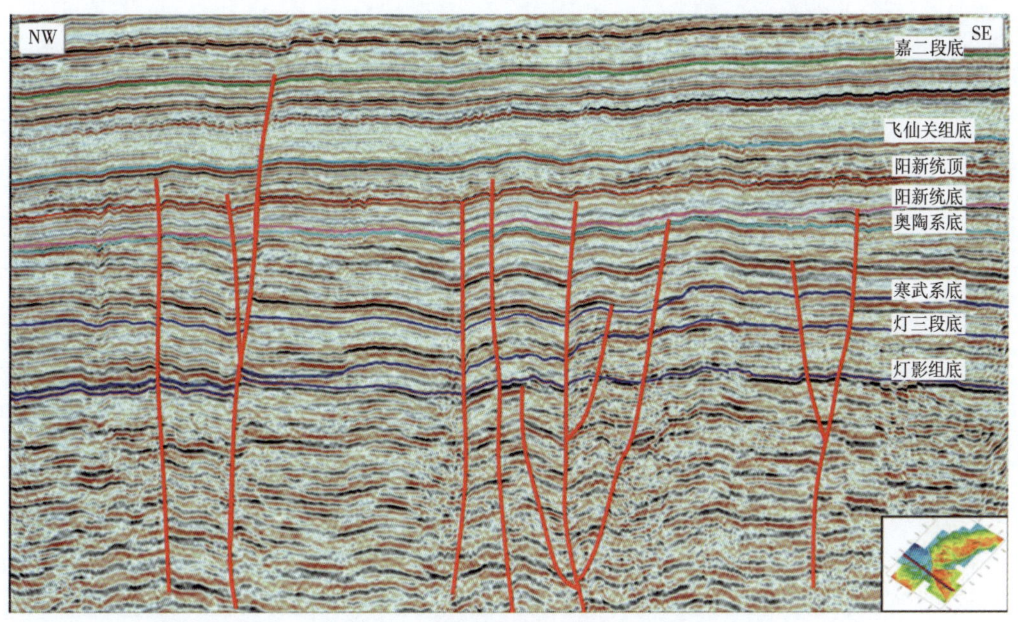

图 2-7　高石梯—磨溪地区北西—南东向断裂剖面特征

伴生帚状断裂：断裂从基底开始发育，向上只延伸至寒武系龙王庙组，断面同样呈高角度，剖面上表现为多个高角度走滑断裂间隔平行发育。

在一场构造活动中，在一定范围内所形成的断裂序次可以划分为第一序次（一级）、第二序次（二级）、第三序次（三级）等。其中第二序次、第三序次以及多次的派生断裂，常统称为再次断裂。有时也把第一序次（如有需要还包括第二序次）断裂叫作高次断裂；而把更后的派生断裂统称为低序次断裂。另外，在一定研究范围内起主导作用的、规模较大的初次断裂称为主干断裂，同主干断裂一起由初始应力场产生的其他初次断裂称为伴生断裂，由主干断裂直接派生的断裂称为派生断裂。所以总体来说，每一序次的主要断裂都可以有同序次的伴生断裂和低序次的派生断裂。序次划分有一定的相对性，在一定范围内的初次断裂若扩大范围，也可能被划入再次断裂。

高石梯—磨溪区块共识别出 11 个断裂带，根据断裂分级原则，结合工区断裂发育特点以及相邻区块的断裂发育规律，最终将高石梯—磨溪地区的断裂分为三级（图 2-8 和表2-2）[7]。

一级断裂：为工区边界断裂，主要有 F1 断裂、F2 断裂和与其伴生的 F2a 断裂、F5 断裂和与其伴生的 F5a 断裂，具有断距变化较大、延伸距离较长（一般可达 40~70km）、切割地层较深（部分可切割至基底）、形成时间早（大多数形成于震旦世以前）、活动时间长（具有多期活动及继承性活动的特征）、呈现 S 形分布且具有明显分段性等特点，主要控制大型断块的发育。

表 2-2　高石梯—磨溪地区断裂分级表

序号	断层名称	类型	走向	规模		级别	主要作用
				延伸长度（km）	断开层位		
1	F1	张性	NWW	54	Z_2—S	Ⅰ	磨溪构造南边界
2	F2	扭张	NEE	>66	Z_2—S	Ⅰ	磨溪构造西边界
3	F2a	扭张	NWW	36	Z_2—S	Ⅰ	磨溪构造西边界
4	F5、F5a	张扭	EW、NW	32、20	Z_2—O	Ⅰ	磨溪构造北边界
5	F3	走滑	NW	30	Z_2—S	Ⅱ	控制次级断块
6	F4	扭张	NW	19	Z_2—O	Ⅱ	控制次级断块
7	F6	扭张	NE	11	Z_2—O	Ⅲ	控制局部构造
8	F7	扭张	EW	10	Z_2—O	Ⅲ	控制局部构造
9	F8、F9	张扭	NE	10、11	Z_2—O	Ⅲ	控制局部构造
10	F10	走滑	NEE	8	Z_2—O	Ⅲ	控制局部构造
11	F11	张扭	NNW	6	Z_2—O	Ⅲ	控制局部构造

二级断裂：主要有 F3 断裂和 F4 断裂，且其均分布在磨溪地区，控制着磨溪地区的演化和活动情况。具有断距变化比较大，延伸距离一般（一般可达 10~30km），形成时期主要为震旦纪且活动时间较短，呈线形分布且具有明显分段性等特点，主要控制次级断块的发育。

三级断裂：为一级断裂或者二级断裂活动过程中形成的伴生次级小断裂或局部调节断裂，被高级别断裂所约束，是一级断裂或者二级断裂在不同时期的活动所派生的产物，展布方向比

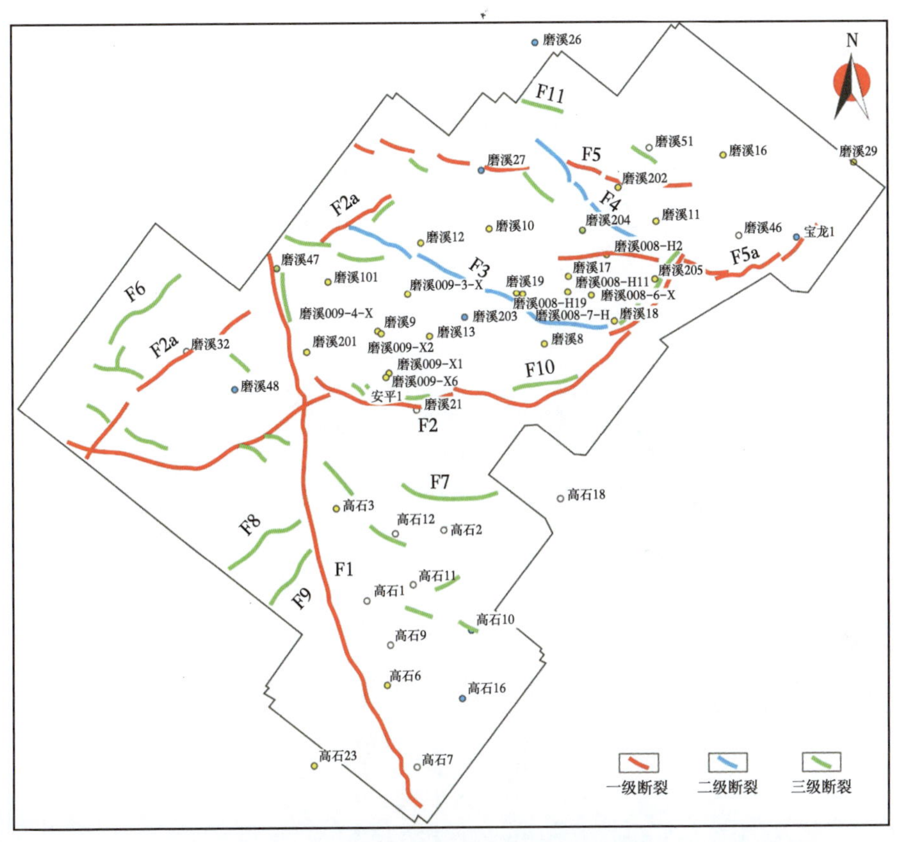

图 2-8　高石梯—磨溪地区断裂分级图

较杂乱,规律性差。具有断距变化较小(垂直断距部分仅数十米),延伸距离较短(一般小于10km),产状变化较大,短时间内比较发育且切割地层较深、发育密度较大等特点,主要控制局部构造发育。

第二节　区域构造形成与演化

川中古隆起是四川盆地震旦系—下古生界重要构造单元和油气勘探重点领域。前人对古隆起构造演化及其在油气成藏中作用进行了较系统研究,研究表明:川中古隆起的形成时间可追溯到桐湾期,在震旦纪—早古生代经历了三大阶段,形成了三种不同类型的古隆起,即沉积型古隆起、同沉积古隆起、构造型古隆起,揭示了川中古隆起的发生、发展、定型的演化历史。

一、沉积型古隆起

沉积型古隆起是指因沉积作用形成的地层厚度较大的古地貌,在经历区域性构造运动之后仍得以保存,并对后期构造—沉积演化有一定的控制作用。

震旦纪—早寒武世早期,四川盆地内部德阳—安岳—长宁一带存在南北向展布的克拉通内裂陷(即德阳—安岳裂陷),克拉通内裂陷与两侧台地的构造差异沉降作用导致古地貌差异,克拉通内裂陷两侧在灯影期发育台缘带丘滩体堆积,沉积物厚度远大于克拉通内裂陷区沉积,也大于台缘带外围区沉积,成为该时期古地貌高地,形似隆起,称之为沉积型古隆起(图 2-9)[2-4]。从规模看,高石梯—磨溪地区的沉积型古隆起规模要大于威远—资阳地区的沉积型古隆起。两个沉积型古隆起也就构成了川中古隆起的雏形。到早寒武世早期,这一古构造格局继承性发育,且克拉通内裂陷经历填平补齐作用,使得克拉通内裂陷区堆积厚度达到 500~800m,而相邻的台地沉积厚度仅 170~200m。

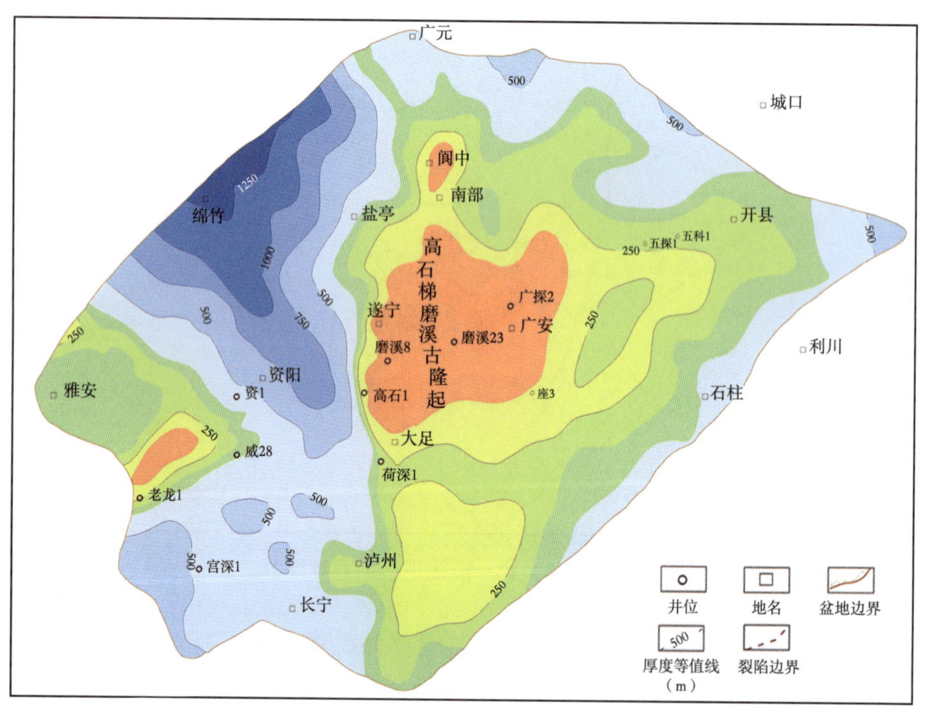

图 2-9 四川盆地下寒武统麦地坪组+筇竹寺组地层厚度预测图

沉积型古隆起表现为受克拉通内裂陷分割呈对称分布的两个古隆起,总体上呈东西向展布。通过对高石梯—磨溪 3D 地震解释,发现古隆起存在明显的东西分带现象,靠近克拉通内裂陷的台缘带丘滩体发育,地层厚度大;远离克拉通内裂陷以碳酸盐岩台地沉积为主,地层厚度较小且变化不大。同时,该时期张性断裂发育,除克拉通内裂陷边界 NNW 向断裂外,还发育近东西向张性断裂。这些古断裂对沉积有一定控制作用,如高石梯与磨溪之间的磨溪 1 号断裂,对灯影组沉积相控制作用明显,磨溪、高石梯灯影组沉积存在较大差异(图 2-10)。

二、同沉积古隆起

同沉积古隆起是指不断发展、壮大而未最终定型的古隆起,一般发生在某个构造旋回内,在经历下一个区域构造后最终定型。

早寒武世沧浪铺组沉积时期是一个重要的构造转换期,即由区域性伸展构造环境向区域性挤压构造环境转换,构造演化进入到加里东构造旋回。在此区域构造转换背景下,早期沉积

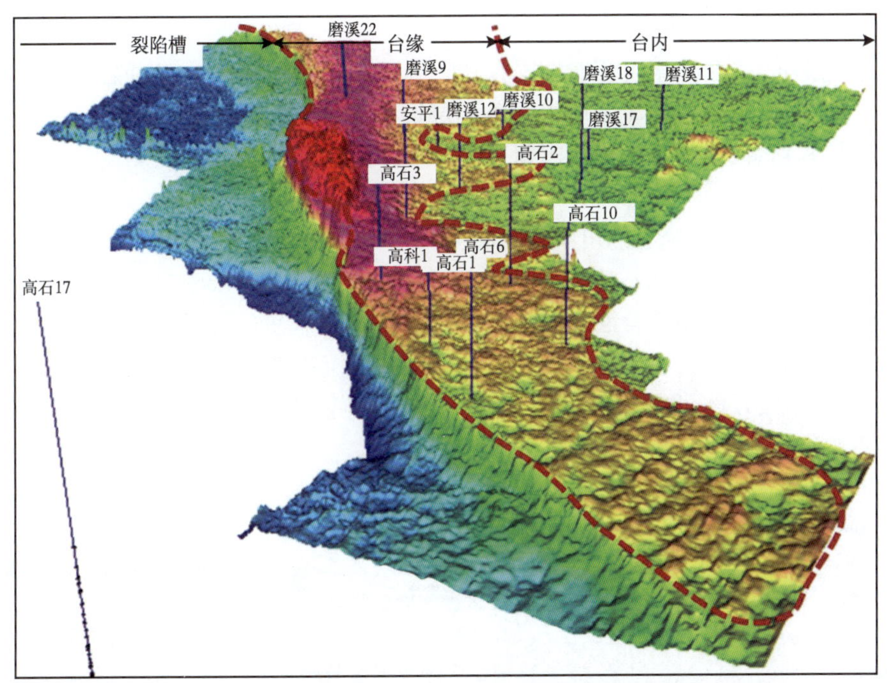

图 2-10　高石梯—磨溪震旦纪沉积型古隆起相带分布

型古隆起在沧浪铺组沉积时合成一个统一古隆起，且对沉积有明显的控制作用，表现为古隆起向斜坡带地层厚度不断增加。这一阶段持续演化到奥陶纪—志留纪。

(一)早寒武世龙王庙组沉积时期同沉积古隆起

这一时期古隆起不同于桐湾期孤岛状分布的沉积型古隆起，而是表现为统一的古隆起。古隆起高部位位于川西南部成都、雅安以西，向东延伸到南充、广安一带。沧浪铺期从龙门山到川中由碎屑岩沉积过渡到碎屑岩与碳酸盐岩混积相沉积。从实钻资料看，磨溪到广安到川东，沧浪铺地层厚度由 150m、200m 到 260m，表明这时期古隆起区地层沉积厚度较薄，向斜坡区增厚。

同沉积古隆起对龙王庙组颗粒滩分布有明显控制作用。四川盆地西缘、北缘开始隆升并成为古地形相对高地区，发育滨岸相碎屑岩沉积，往盆地内部逐渐发育混积陆棚沉积。从实钻资料看，龙王庙组地层厚度由古隆起向斜坡区逐渐增厚，资阳地区厚度为 70~80m，磨溪地区厚度增加到 90~100m，到川东地区厚度增至 160~180m。古隆起区水体较浅，龙王庙组滩体发育，环古隆起分布。磨溪地区龙王庙组滩体比高石梯地区更发育。前者，突出表现为古隆起核部水下高地上的加积序列，颗粒滩体具有纵向上多套、平面上叠合连片、单层厚和累计厚度(25~65m)大的特点。后者位于水下古隆起翼部，沉积时水体较深，滩间海沉积更发育，颗粒滩体单层厚及累计厚度(5~27m)均较薄。

同沉积古隆起在晚寒武世—早奥陶世持续演化，对洗象池组、下奥陶统地层以及颗粒滩迁移均有明显控制作用。

(二)同沉积古隆起区发育多期侵蚀暴露面

钻井情况揭示,龙王庙组沉积时期末存在一个短暂的侵蚀暴露,在钻井岩心上表现为典型的表生型岩溶作用特征,也是龙王庙组优质储层形成的关键因素。根据对高石梯—磨溪三维地震工区的资料解释,奥陶系内部及志留系底部均可见到地层超覆现象,均反映了古隆起的多期暴露、侵蚀作用。

早寒武世中晚期形成统一的川中古隆起,在加里东旋回发生多幕构造运动,使得古隆起高部位存在多期侵蚀,形成局部不整合面,对古隆起的储层改造有重要意义。依据钻井及地震资料,至少可以识别出2期不整合面(图2-11):龙王庙组顶不整合面、奥陶系顶不整合面,在岩心上可见风化壳岩溶储层,在地震剖面上可见地层超覆沉积现象。这种只在古隆起区存在的局部不整合面现象,反映了古隆起仍处于不断发展、演化阶段,直到加里东末期古隆起定型,形成区域性不整合面。

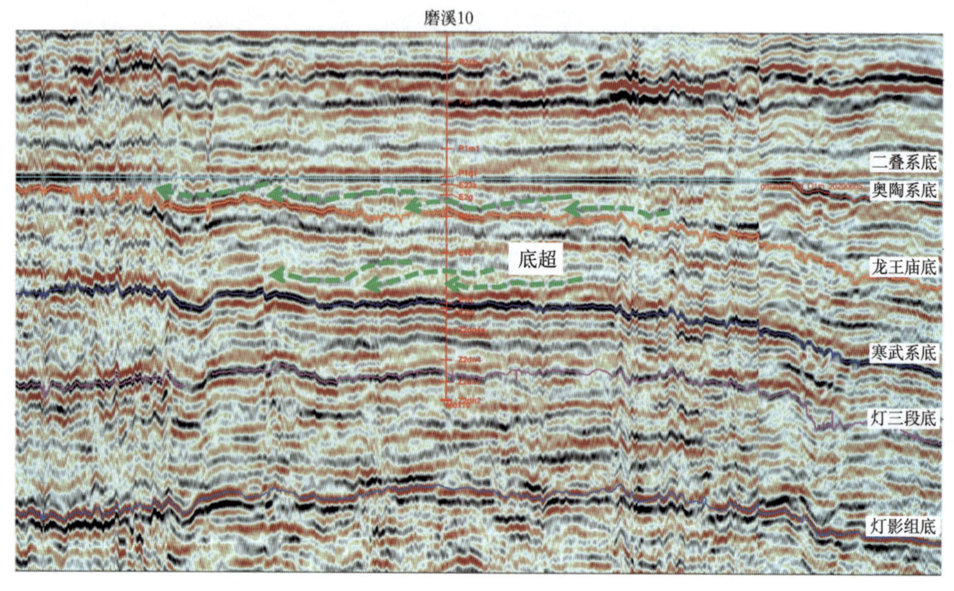

图2-11　川中地区震旦系—寒武系主要不整合面分布特征

无论是野外露头剖面还是钻井资料,均揭示龙王庙组顶面存在不整合面。受其影响,龙王庙组上部普遍发育表生溶蚀作用形成的溶蚀孔洞,是龙王庙组优质储层形成的关键因素。从高石梯—磨溪地区测井及钻井取芯资料看,龙王庙组中上部发育溶蚀孔洞层,孔洞大小为2~3mm,呈蜂窝状分布,溶洞内部充填有黄铁矿、沥青等。同时还存在一些大型溶洞穴,如磨溪17井、磨溪19井和磨溪202井等,这些洞穴被晚期泥岩、角砾岩和黄铁矿等充填。地震剖面可见龙王庙组顶面存在上超现象,反映颗粒滩沿龙王庙组底面自东向西逐层上超,而其顶部的上覆地层存在较为明显的顶超现象,是指示顶部不整合的主要标志。

三、构造型古隆起

构造型古隆起是指构造运动形成的褶皱隆升构造并遭受广泛的地层剥蚀的古隆起,有两大显著特征：一是古隆起因褶皱隆升而成，是构造运动的产物；二是古隆起地层广遭剥蚀，导致卷入变形的地层出露规律性变化。发生在志留纪末的加里东运动晚幕（又称为广西运动），是扬子地区最强烈、最重要的一次构造运动，在上扬子克拉通西部边缘形成汉中古隆起、乐山—龙女寺古隆起及康滇古隆起，同时在黔中地区发育黔中古隆起[2,5]。

从图 2-12 可看出，古隆起区震旦系—下古生界地层从西向东新地层依次出露，表明加里东晚期构造运动造成乐山—龙女寺古隆起褶皱隆升并广遭剥蚀；另一方面，图示清晰地显示出古隆起区构造形态为不对称的大型鼻状构造，东南翼窄陡，西北翼宽缓，古隆起轴部在资阳—遂宁—南充一线。图 2-13 清楚地揭示定型期乐山—龙女寺古隆起形态特征，表现为北翼较缓、南翼较陡的不对称背斜形态。

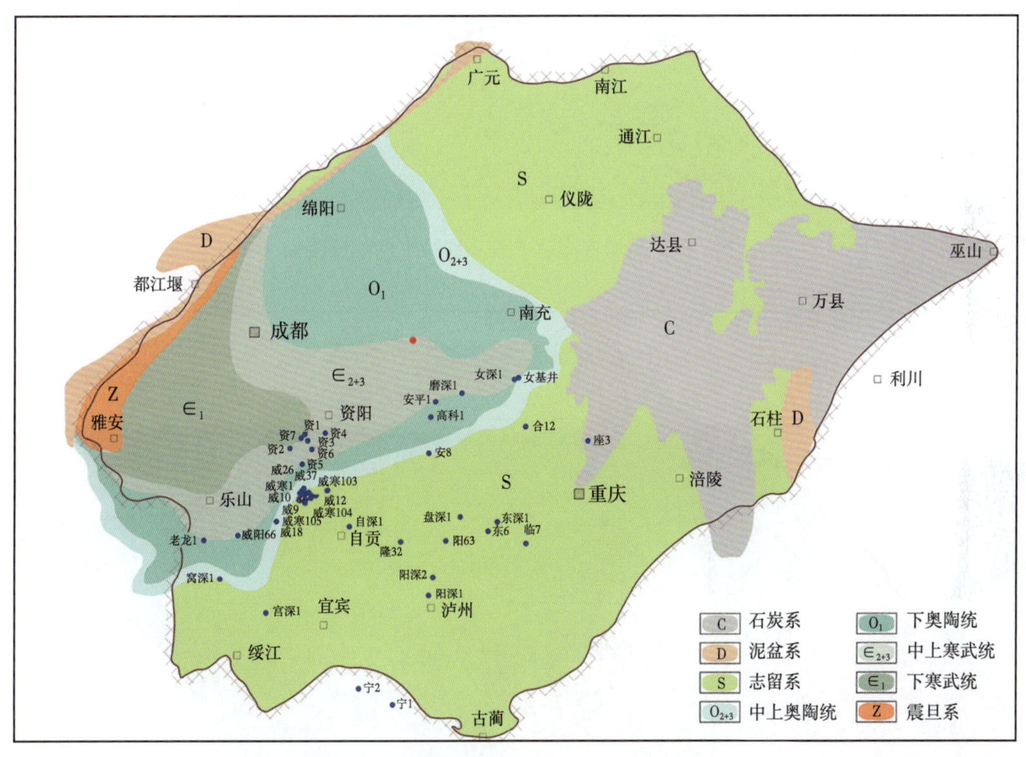

图 2-12 四川盆地二叠系沉积前古地质图

图 2-14 是四川盆地二叠系沉积前震旦系顶面构造图，清晰地显示出川中古隆起震旦系顶面构造，受裂陷区震旦系顶面埋深大的影响，古隆起就表现为“两隆一鞍部”特征，即存在雅安—威远隆起、高石梯—磨溪隆起以及安岳鞍部。图 2-15 是四川盆地二叠系沉积前龙王庙组底面构造图，清晰地显示出二叠系沉积前，沧浪铺组顶面构造表现为一个古隆起，西高东低、南翼陡、北翼缓。

综上所述，乐山—龙女寺古隆起从雏形到定型经历了多旋回构造运动，由拉张环境的沉积型古隆起发展到挤压环境的构造型古隆起，由孤立状的两个古隆起发展到统一的大型古隆起。古隆起的规模不断扩大，早期的沉积型古隆起面积在$(1\sim2)\times10^4\text{km}^2$，定型后的古隆起规模达$(6\sim8)\times10^4\text{km}^2$。

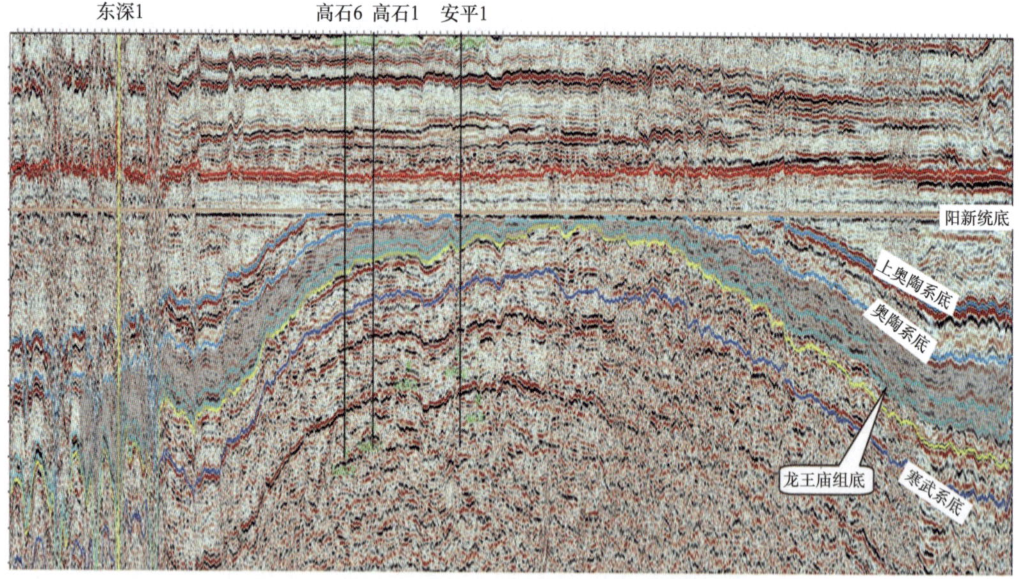

图 2-13　横切古隆起二叠系底拉平的地震剖面

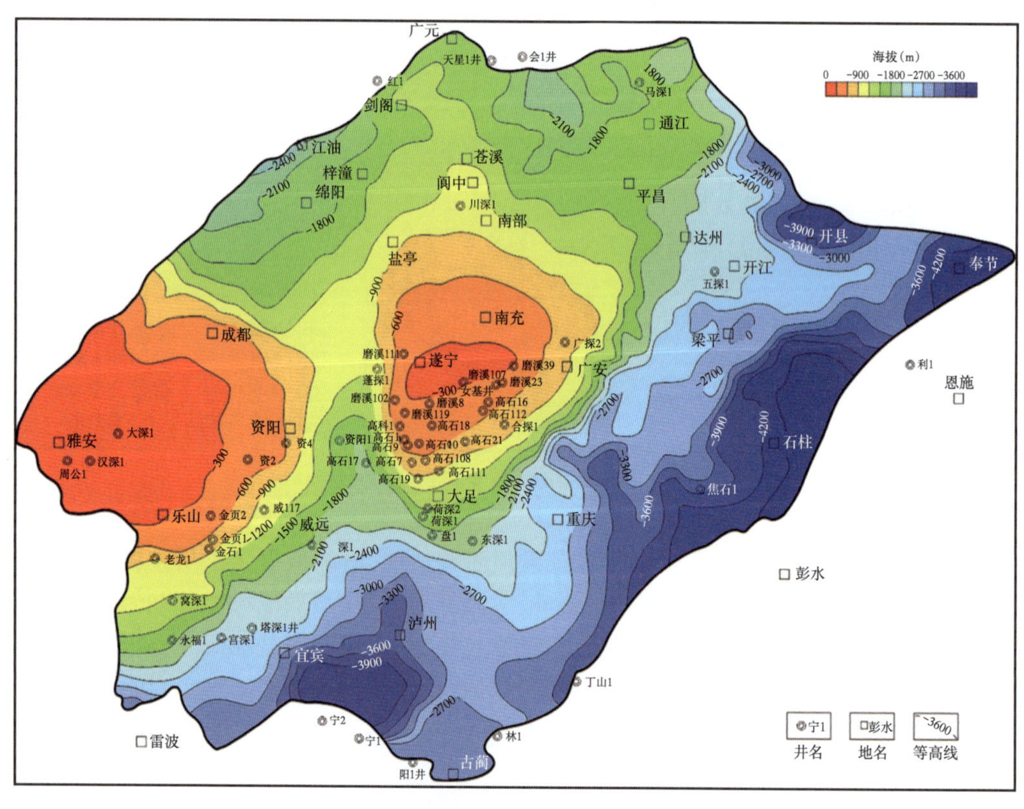

图 2-14　四川盆地二叠系沉积前震旦系顶面构造图

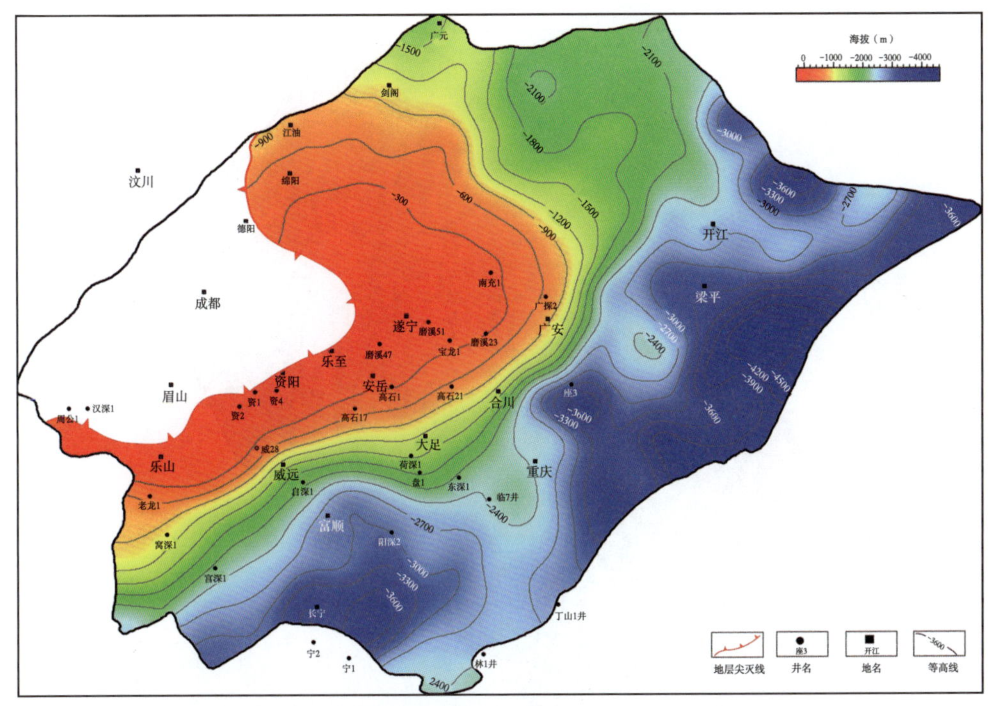

图 2-15　四川盆地二叠系沉积前龙王庙组底面埋深图

四、古隆起定型后构造演化

加里东运动定型的川中古隆起在海西期—喜马拉雅期经历了调整与改造作用，主要表现为二叠纪—中三叠世均衡沉降与整体埋深、晚三叠世—早白垩世差异沉降以及喜马拉雅期的快速隆升。在此过程中，川中古隆起轴线由近东西向逐渐向西南方向迁移，到新生代古隆起轴线为北东向，高点位于威远一带，但磨溪—龙女寺—广安一带迁移幅度较小。

（一）海西期—燕山期古隆起继承性发育

二叠纪—三叠纪盆地整体接受沉积，地层厚度相对均一，震旦系整体被深埋，尽管经历了东吴运动等，但川中古隆起震旦系构造相对稳定。印支—燕山期，受川西前陆及川北前陆快速沉降与巨厚堆积影响，古隆起轴部由东南方向迁移，威远—资阳古隆起被改造，威远成为构造高，资阳地区逐渐变成斜坡带。高石梯—磨溪古隆起构造形态稳定，继承性发育（图 2-16 至图 2-19）。

（二）喜马拉雅期川中古隆起被改造

新生代发生的喜马拉雅运动造就了青藏高原的快速隆升。四川盆地周缘构造变形强烈，盆地东部形成了著名的川东高陡构造带，盆地西缘龙门山及北缘的米仓山—大巴山进一步向盆地内部冲断—褶皱变形。盆地内部形成了威远大背斜构造，川中及其以北地区也发生褶皱变形，但主要发生在中浅层，深层构造变形弱，由此导致完整统一的川中古隆起被改造，形成以威远构造为高点的大型鼻状构造，而高石梯—磨溪地区古构造仍较好地保存，为安岳特大型气田的保存提供了有利条件。

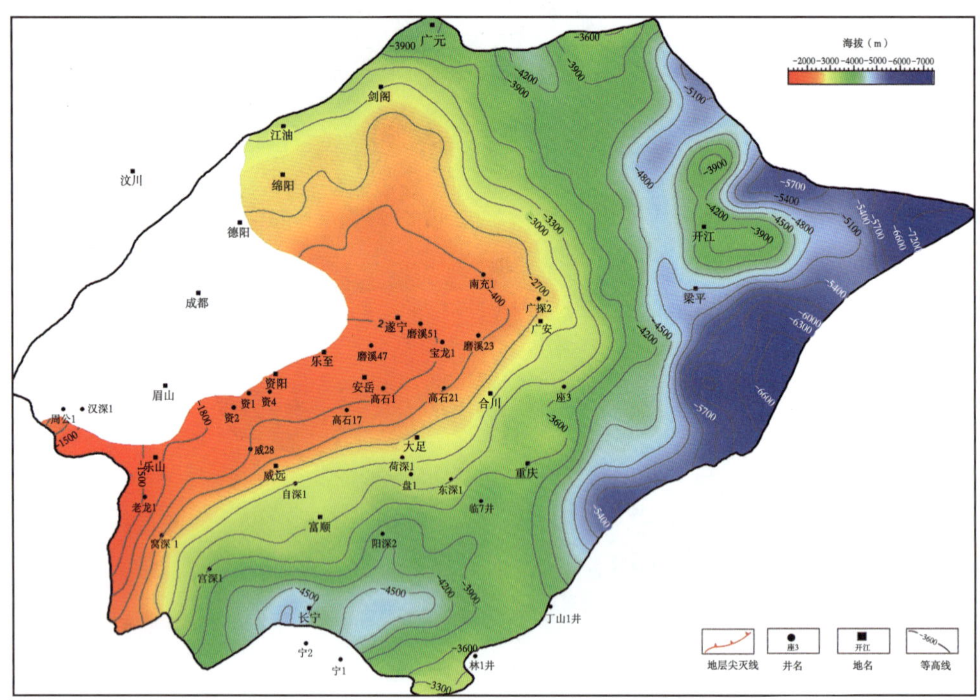

图 2-16　须家河组沉积前龙王庙组底面构造图

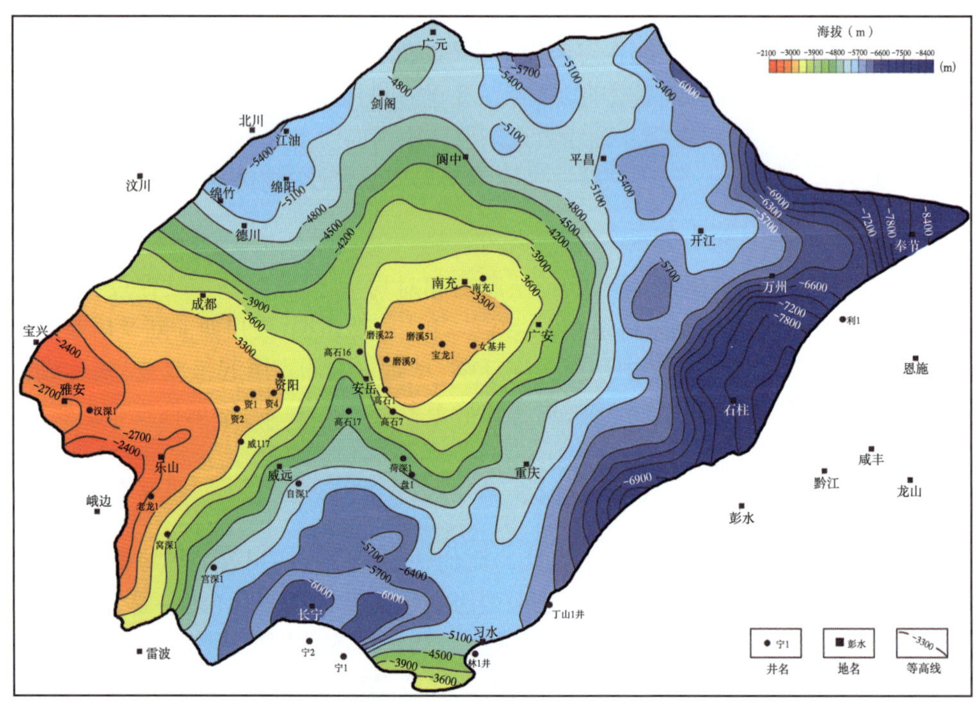

图 2-17　须家河组沉积前灯影组顶面构造图

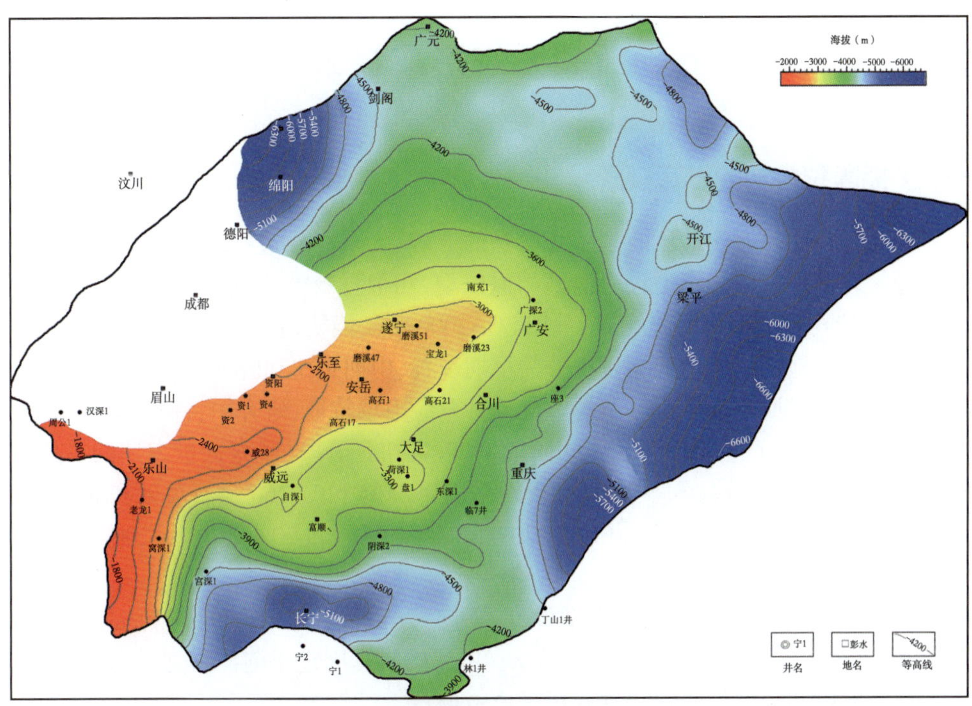

图 2-18　侏罗系沉积前龙王庙组底面构造图

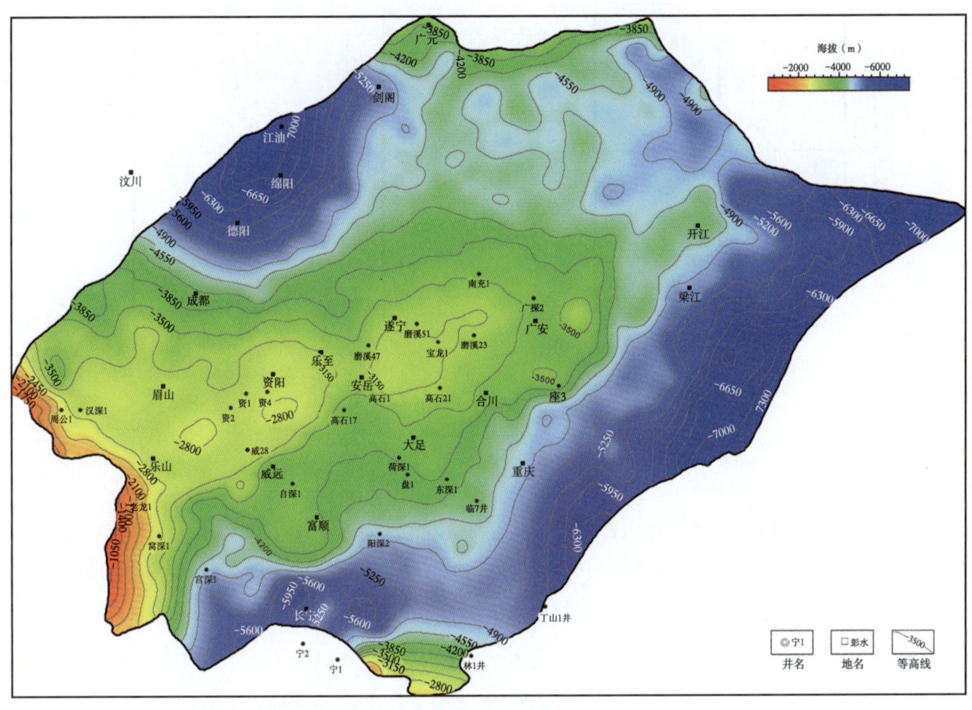

图 2-19　侏罗系沉积前灯影组顶面构造图

第三节 断裂系统形成模式与机制

一、多期断裂叠加的发育模式

为了验证高石梯—磨溪地区断裂系统解释的合理性,采用构造物理模拟试验的方法进行验证。构造物理模拟试验的模型设计遵循相似模型、相似材料的原则。本实验是在中国石油大学(华东)构造物理模拟实验室完成,采用 SG-2000 多功能构造物理模拟实验装置。

高石梯—磨溪地区的构造演化过程分为早期裂谷、中期张扭和晚期扭张阶段;但构造物理模拟实验无法实现早期裂谷阶段复杂的边界条件及应力场特征,研究中将模型简化,仅模拟研究中期张扭阶段(早震旦世末期左旋张扭阶段)和晚期扭张阶段(早寒武世末期的右旋扭张阶段)[6,7]。结合地层岩性的差异,早震旦世末期采用 40%的 120~160 目石英砂和 50%的 160~200 目石英砂,早寒武世末期采用 60%的 120~160 目石英砂和 30%的 160~200 目石英砂,作为实验材料来进行模拟。

针对以上地质背景来进行实验模型设计(图 2-20),模型大小 35cm×30cm,相似系数为 1×10^{-6},基底铺设两块泡沫板固定于两个驱动单元,橡胶皮固定于泡沫板之上,通过调整两侧泡沫板运动速率以实现左旋张扭和右旋扭张应力场。

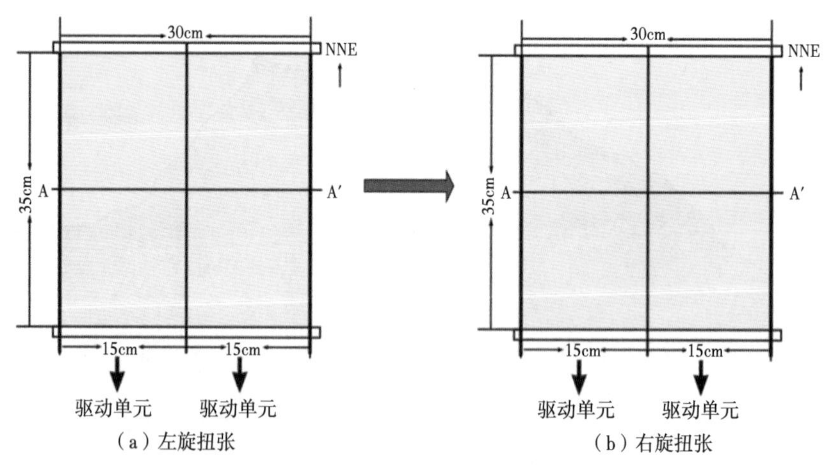

图 2-20 物理模拟实验模型设计及实验流程

实验过程中,$d1$a 代表左旋张扭西侧泡沫板位移量,$d2$a 代表左旋张扭东侧泡沫板位移量,$d1$b 代表右旋扭张西侧泡沫板位移量,$d2$b 代表右旋扭张东侧泡沫板位移量。实验过程中,走滑位移量每间隔 0.2cm 进行拍照记录(图 2-21)。

第一阶段[图 2-21(a)至图 2-21(e)]:左旋走滑量为 0~0.6cm 时,开始出现近南北向的 F1 断裂,同时在 F1 断裂南部出现带状次级断裂雏形;当左旋位移量为 0.9cm 时,在 F1 断裂中部开始发生错段,北东—南西向的 F2 断裂开始发育;当左旋走滑量为 1.2cm 时,F2 断裂逐步由原先破裂面向两端延伸,同时 F1 断裂进一步发育。

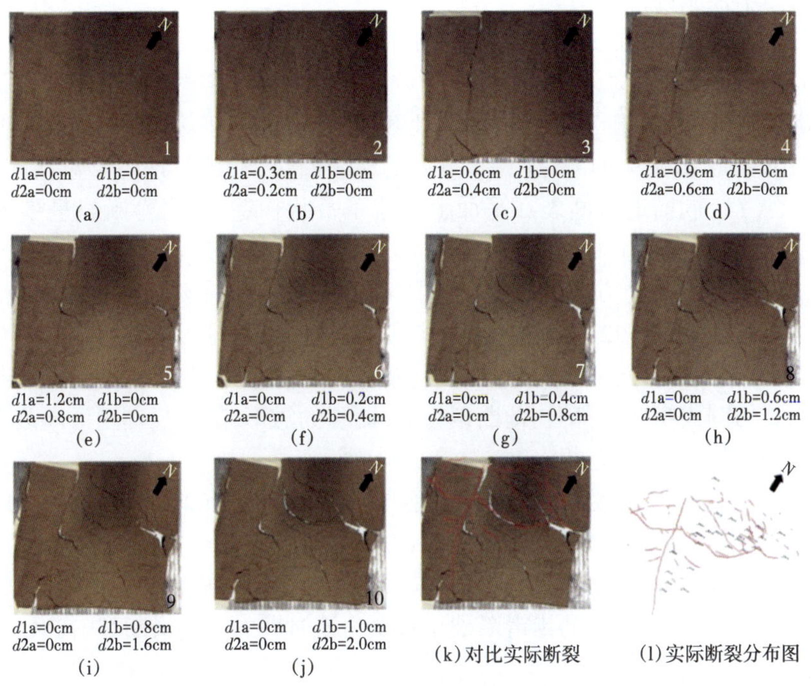

图 2-21 高石梯—磨溪地区断裂系统物理模拟实验图

第二阶段[图 2-21(f)至图 2-21(j)]：在第一阶段左旋阶段完成后，开始进行右旋阶段。当右旋位移量为 0.4cm 时，原先 F1 断裂接受改造发生轻微扭曲现象，断裂走向发生轻微偏移，次级帚状断裂进一步发育，F2 断裂继续延伸，同时 F2 断裂伴生断裂 F2a 于此时开始形成，F3 断裂同样开始形成，当右旋位移量为 0.8～1.6cm 时，F2 断裂、F2a 断裂和 F3 断裂发育完全，同时 F4 断裂、F5 断裂和伴生断裂 F5a 于此时开始发育，F1 断裂南部的次级断裂开始大量发育，当右旋位移量为 2.0cm 时，全区主干断裂基本定型，次级断裂进一步发育，走滑特征明显，断层数量及规模均较大。

实验结果表明：左旋张扭时产生近南北向的 F1 断裂，右旋扭张时依次形成北东向的 F2 断裂和其伴生断裂 F2a，F3 断裂，F5 断裂和其伴生断裂 F5a，F4 断裂，左旋张扭应力形成的近南北向的 F1 断裂对于后期右旋扭张应力的控制作用不明显，主要表现为，F2 断裂切穿 F1 断裂，使其一分为二，并且右旋扭张应力场会使早期断层复活，同时走滑初期发育一系列断断续续、首尾不连的断裂，随着走滑作用的进行，断距增大，小断裂逐渐合并成较大断裂，并在主断裂周围产生一系列走向相近的次级断裂。后期的右旋作用不但产生了新的断裂同时也改造了先期断裂，二者叠加作用形成了高石梯—磨溪地区的断裂形态，证实了高石梯—磨溪地区断裂特征符合先后叠加发育模式，也验证了断裂精细解释的准确性。

二、不同阶段力学性质和成因机制

高石梯—磨溪地区断裂系统的形成主要分为三个阶段：早期裂谷阶段、中期张扭阶段和晚期扭张阶段，依据断裂系统的力学性质和成因机制，利用应力椭球体对高石梯—磨溪地区的主干断裂系统的力学性质进行分期。

(1)第一期Ⅰ:工区主要受来自北东—南西向的拉张应力和北西—南东向的挤压应力[图2-22(a)],通过拉张应力(*E*)和挤压应力(*C*)的方位再结合左行力偶产生的走滑应变椭圆可以分析出主走滑断裂(PDZ)的走向为北北西—南南东向,正好与F1断裂相吻合,同时在走滑变形中根据主走滑断裂可以发生多个方向的次级断裂,在该时期主要包括同向走滑断裂(*R*)和张性断裂(*T*),同向走滑断裂在平面上形成了帚状构造,而张性断裂呈零星分布,同时次级断裂的发育多集中在F1断裂的南段的东部,而北端则较少发育。

(2)第一期Ⅱ:工区受力方向没有改变,同样受来自北东—南西向的强拉张应力和北西—南东向的弱挤压应力[图2-22(b)],此时左旋剪切应力逐渐加强,导致主走滑断裂(F1)继续发育,主要产生北东—南西向的反向走滑断裂(*R′*),其中发育较强烈的反向走滑断裂切穿F1断裂,把F1断裂切割成南北两部分,此断裂为F2断裂的雏形,其余反向走滑断裂多发育在F1断裂南端的西部,成帚状分布趋势。

(3)第二期Ⅰ:工区主要受来自北东—南西向的拉张应力和北西—南东向的弱挤压应力[图2-22(c)],通过拉张应力(*E*)和挤压应力(*C*)的方位再结合右行力偶产生的走滑应变椭圆可以分析出主走滑断裂(PDZ)的走向为北东—南西向,正好与F2断裂相吻合,此时F2断裂由前期F1断裂派生出的次级反向走滑断裂正式变为该时期的主走滑断裂(PDZ),同时还产生伴生主走滑断裂F2a。

(4)第二期Ⅱ:工区受力方向没有改变,同样受来自北东—南西向的拉张应力和北西—南东向的弱挤压应力[图2-22(d)],同时右旋剪切应力增强,主走滑断裂(F2、F2a)继续发育,F2断裂两端不断延伸,在F2断裂和同向伴生主走滑断裂F2a之间产生北西西—南东东向的主干断裂F3,结合右行力偶产生的走滑应变椭圆可以分析出该断裂为反向走滑断裂(*R′*),在平面上呈现首尾不想接,断断续续的特征,在F2断裂西端的北部形成众多北东—南西向次级同向断裂(*P*)和北西西—南东东向的次级张性断裂(*T*),同时在F2断裂东端以及F2a断裂西端产生众多与主走滑断裂(PDZ)呈小角度斜交的次级同向走滑断层(*R*)。

(5)第三期Ⅰ:此时工区受力方向与第二期相似,同样为来自北东—南西向的拉张应力和北西—南东向的弱挤压应力[图2-22(e)],通过拉张应力(*E*)和挤压应力(*C*)的方位再结合右行力偶产生的走滑应变椭圆可以分析出主走滑断裂(PDZ)的走向为近东西向,正好与F5断裂相吻合,同时在F5断裂南部形成同向伴生主走滑断裂F5a。

(6)第三期Ⅱ:此时工区受力方向没有改变,同样受来自北东—南西向的拉张应力和北西—南东向的弱挤压应力[图2-22(f)],同时右旋剪切应力增强,主走滑断裂(F5、F5a)继续发育,在F5断裂和同向伴生主走滑断裂F5a之间产生北西—南东向的主干断裂F4,结合右行力偶产生的走滑应变椭圆可以分析出该断裂为反向走滑断裂(*R′*),同时在F5断裂周围产生众多北西—南东向的次级张性断裂(*T*)。

上述分析表明:高石梯—磨溪地区断裂系统的发育特征基本吻合于第一期左旋剪切应力场、第二期右旋剪切应力场和第三期右旋剪切应力场的应力椭球体的理论模型,这也进一步说明高石梯—磨溪地区为主干断裂之间侧接走滑所产生的典型走滑拉分盆地。

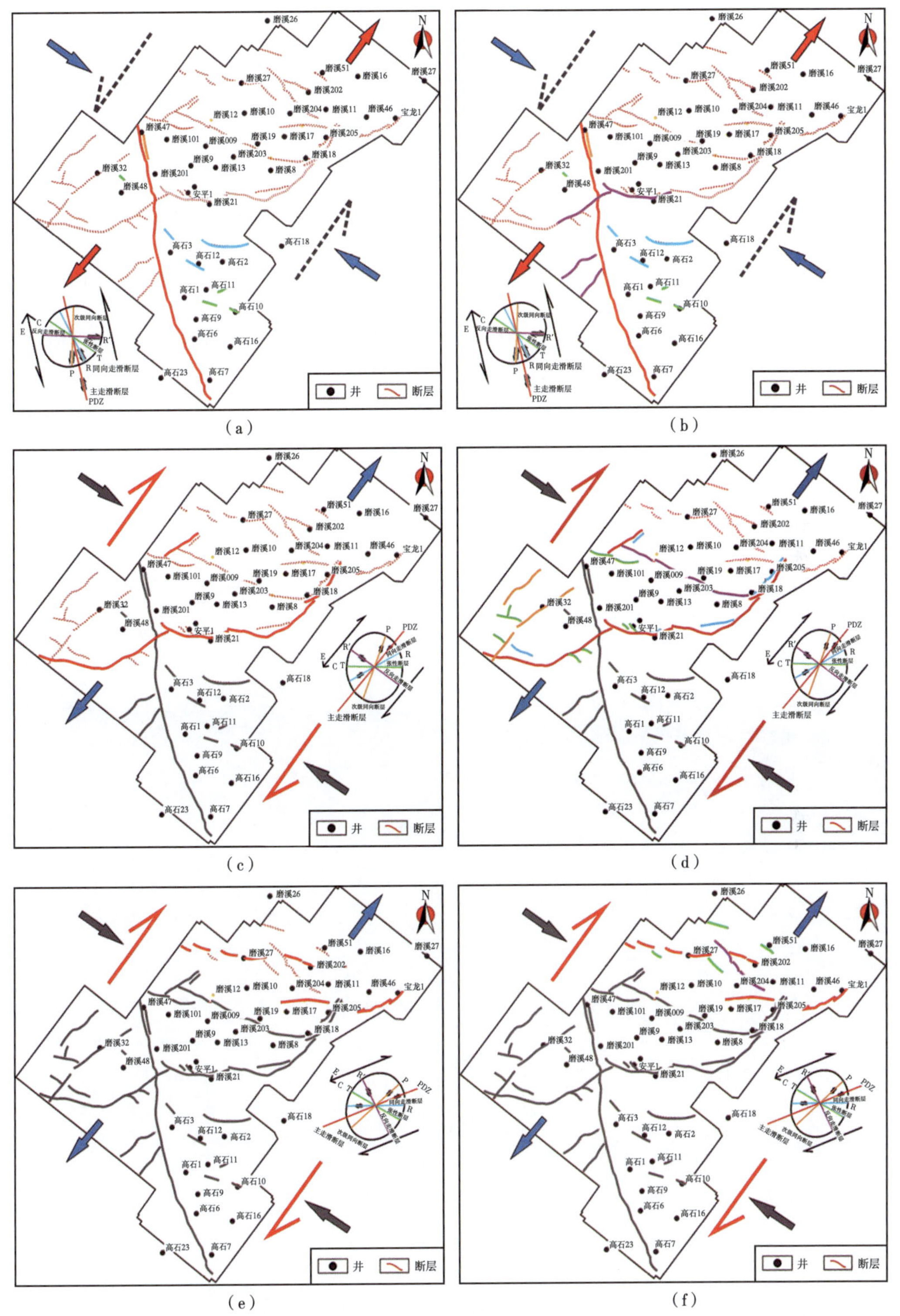

图 2-22 高石梯—磨溪地区断裂期次分析图

参考文献

[1] 徐珂，戴俊生，冯建伟，等. 磨溪—高石梯区块断层对裂缝分布的控制作用[J]. 西南石油大学学报(自然科学版)，2019，41(2)：10-22.

[2] 钟勇，李亚林，张晓斌，等. 川中古隆起构造演化特征及其与早寒武世绵阳—长宁拉张槽的关系[J]. 成都理工大学学报(自然科学版)，2014，41(6)：703-712.

[3] 魏国齐，杨威，杜金虎，等. 四川盆地震旦纪—早寒武世克拉通内裂陷地质特征[J]. 天然气工业，2015，35(1)：24-35.

[4]李忠权，刘记，李应，等. 四川盆地震旦系威远—安岳拉张侵蚀槽特征及形成演化[J]. 石油勘探与开发，2015，42(1)：26-33.

[5] 魏国齐，杨威，杜金虎，等. 四川盆地高石梯—磨溪古隆起构造特征及对特大型气田形成的控制作用[J]. 石油勘探与开发，2015，42(3)：257-265.

[6] 李树博. 四川盆地磨溪—高石梯地区断裂特征研究[D]. 中国石油大学(华东)，2017.

[7] 王晨霞. 四川盆地高石梯—磨溪地区龙王庙组构造特征研究[D]. 成都理工大学，2016.

第三章　层序地层与沉积特征

龙王庙组属于四川盆地沉积盖层之上的第一套含气系统——震旦系—下古生界含气系统，为下生上储型，烃储匹配好，具有较好的生储盖组合。本章主要综合岩心、测井、地震等数据，对磨溪龙王庙组的地层层序特征和沉积环境、沉积相进行分析，明确了储层发育有利沉积微相—颗粒滩相的展布特征。

第一节　层序地层特征

安岳气田地面出露地层为上侏罗统遂宁组或者中侏罗统沙溪庙组二段。自上而下为上侏罗统遂宁组、中侏罗统沙溪庙组、下侏罗统凉高山组和自流井组；上三叠统须家河组、中三叠统雷口坡组、下三叠统嘉陵江组和飞仙关组；上二叠统长兴组和龙潭组、下二叠统茅口组和栖霞组；下奥陶统桐梓组；上寒武统洗象池组，中寒武统高台组，下寒武统龙王庙组、沧浪铺组和筇竹寺组；上震旦统灯影组，下震旦统陡山沱组以及前震旦系。由于加里东古隆起的抬升，石炭系、泥盆系、志留系和中—上奥陶统被剥蚀(图 3-1)[1,2]。

龙王庙组属于四川盆地沉积盖层之上的第一套含气系统——震旦系—下古生界含气系统，为下生上储型，烃储匹配好，具有较好的生储盖组合[3-7]。

龙王庙组之下共发育 4 套烃源岩：下寒武统筇竹寺组黑色泥页岩、沧浪铺组暗色泥岩、灯影组三段泥质岩和灯影组二段藻云岩。其中下寒武统筇竹寺组黑色泥页岩，具有厚度大、有机质丰度高、类型好、成熟度高、烃源岩生气强度大的特点，对龙王庙组气藏起主要供烃作用；其次为沧浪铺组暗色泥岩，紧邻储层，具备一定生烃能力。

龙王庙组埋深超过 4500m：本区出露地层是侏罗系，在下伏地层二叠系、三叠系及侏罗系中，泥页岩、致密的碳酸盐岩、膏盐岩十分发育，沉积厚度大，分布广泛，厚度达 2000m 以上，龙潭组泥页岩单层厚度在 15~20m，飞仙关组二段的泥岩单层厚度在 120m 左右，高台组在本区主要为致密的泥质云岩，可以作为直接盖层。这些典型的致密层都位于龙王庙组之上，都是较好的盖层。

磨溪区块内区内龙王庙组与上下地层为整合接触关系，以碳酸盐岩台地沉积体系为主，岩性主要为晶粒白云岩、砂屑白云岩、鲕粒白云岩、泥质灰岩、泥质白云岩夹少量砂岩。电性特征具有伽马低值，低幅箱形；电阻中高值，山峰状；深浅侧向电阻率曲线有一定的幅度差(表 3-1)。

完钻井地层对比显示，高石梯—磨溪地区龙王庙组地层厚度约在 80~110m，除已证实有正断层影响的安平 1 井(厚度 52m)外，地层最小厚度为磨溪 20 井的 79m，最大厚度为磨溪 204 井的 104. 2m，平均厚度 92. 5m。磨溪主高点潜伏构造最厚，地层厚度总体上呈现由安平 1 井向东、南逐渐增厚的格局(图 3-2)。结合区域地层展布特征，利用单井分析的岩性、电性特征，以龙王庙中部一套黑灰色泥质云岩、泥晶云岩为界限(电性上表现为锯齿状高伽马、低电阻)，将龙王庙组地层划分为龙王庙组下部、龙王庙组上部，其中磨溪地区龙王庙组下部厚度分布在 42. 9~62. 5m，平均为 52. 8m；龙王庙组上部厚度分布在 29. 6~50. 5m，平均为 39. 9m。

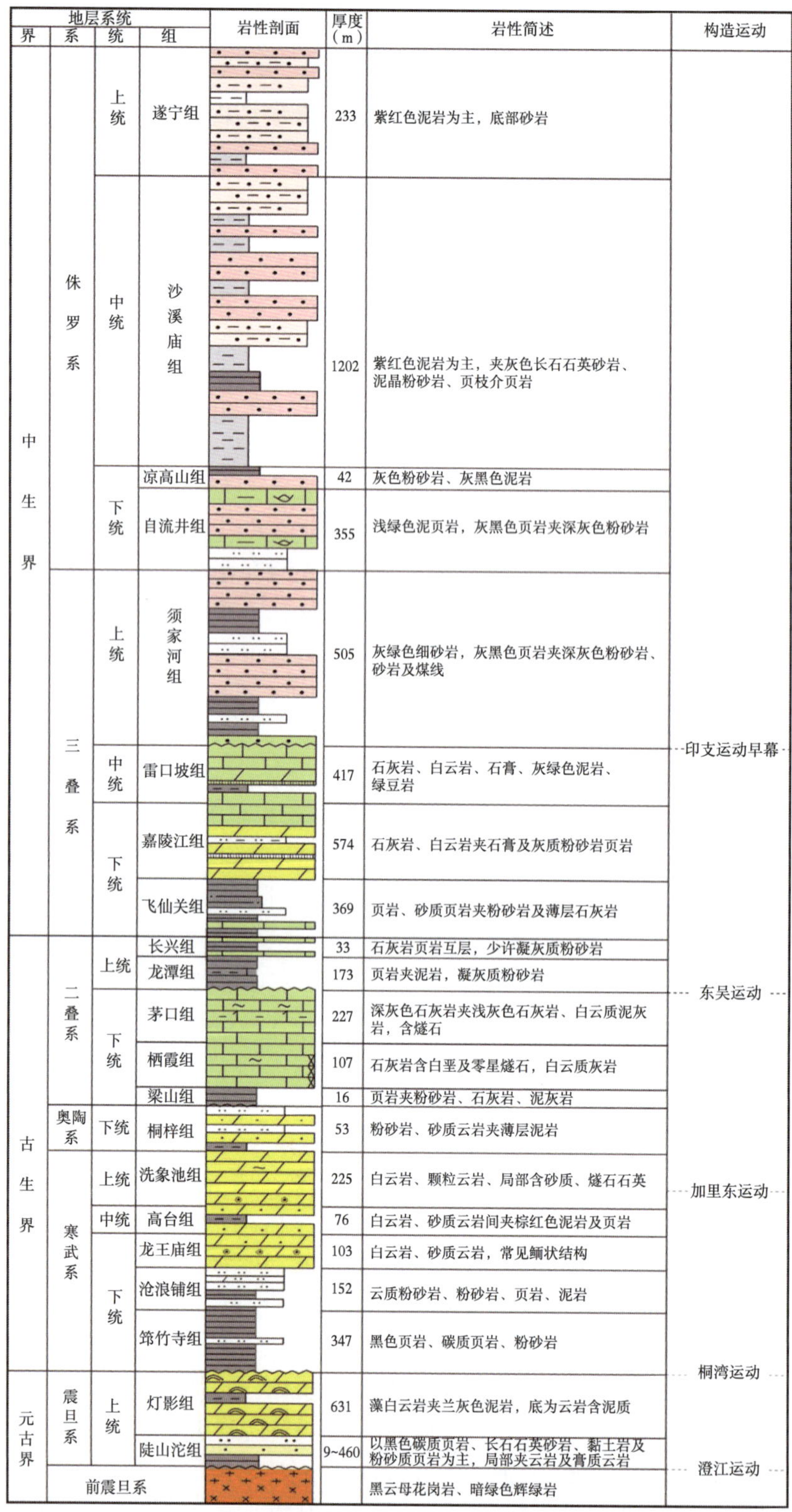

图 3-1　四川盆地磨溪地区地层综合柱状图

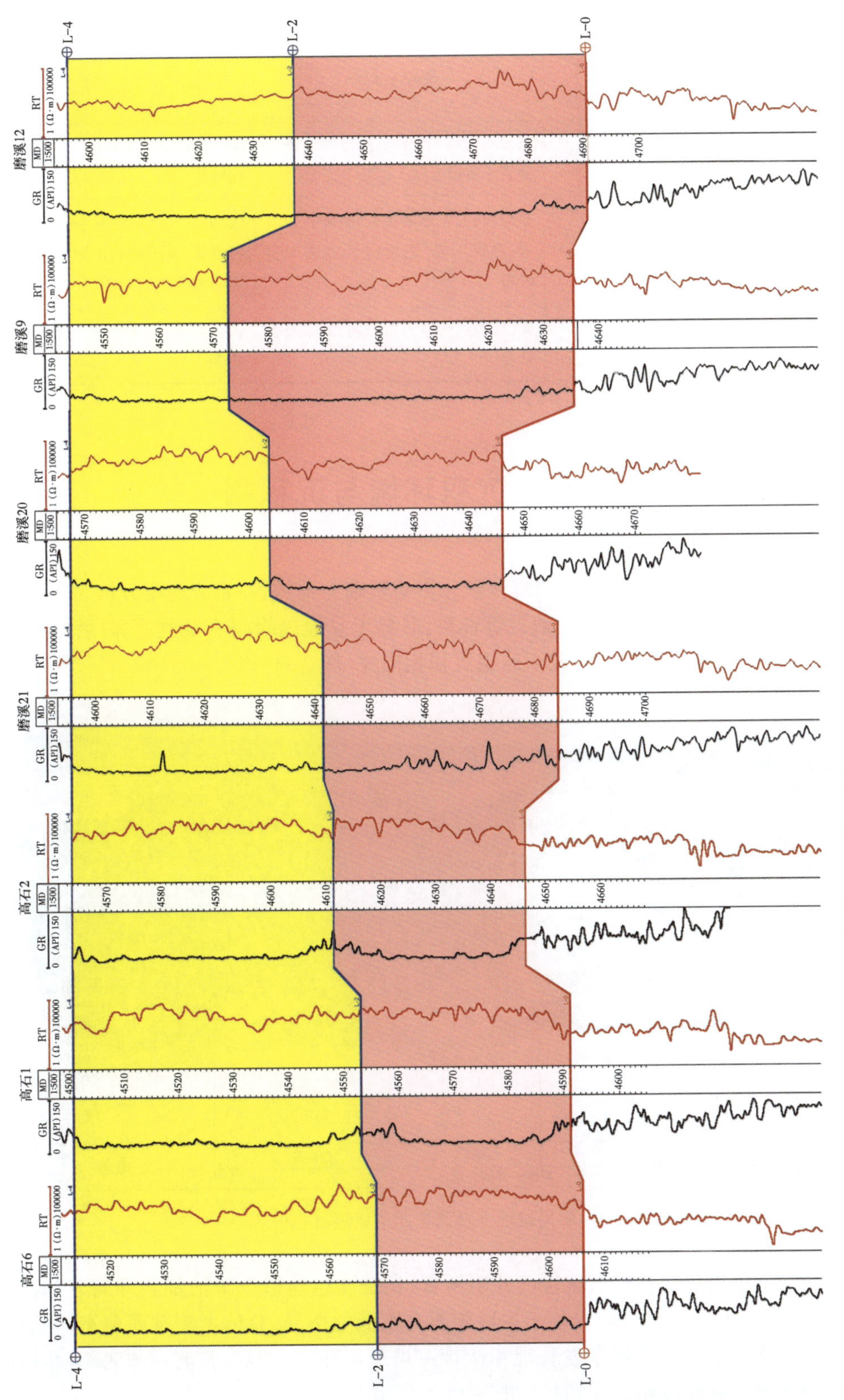

图3-2 安岳气田高石梯—磨溪地区龙王庙组地层展布图

表 3-1 安岳气田寒武系龙王庙组地层简表

地层			厚度(m)	岩性特征	电性特征
系	统	组			
寒武系	中统	高台组	42~85	白云质粉砂岩、粉砂岩与泥粉晶白云岩不等厚互层	伽马中高值，山峰状；电阻中低值，山峰状
	下统	龙王庙组	52~104	晶粒白云岩、砂屑白云岩、鲕粒白云岩、泥质灰岩、泥质白云岩夹少量砂岩	伽马低值，低幅箱形；电阻中高值，山峰状；深浅侧向电阻率曲线有一定的幅度差
		沧浪铺组	123~181	灰色砂岩、粉砂岩夹泥岩、白云质粉砂岩	伽马高值，箱形—山峰状；电阻中低值

第二节 沉积环境与沉积相

在对四川盆地寒武系区域沉积地质背景分析的基础上，以钻井岩心地质分析为主要依据，结合录井、测井(特别是成像测井)、地震等资料，并参考盆地周缘露头及盆地邻区深层老井钻探资料、综合分析建立了四川盆地龙王庙组沉积相模式(图 3-3)[8-12]。

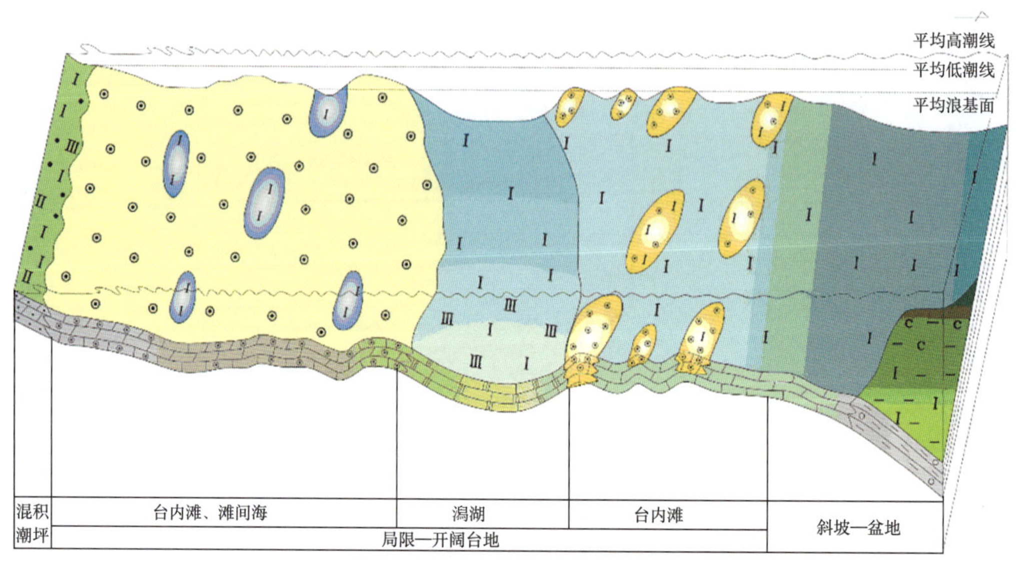

图 3-3 四川盆地下寒武统龙王庙组沉积模式图

乐山—龙女寺古隆起自早寒武世已开始发育，龙王庙组建造于沧浪铺组碎屑岩陆棚或混积陆棚(缓坡)沉积的基础之上，受控于古地貌西高东低的格局，总体上表现西薄东厚的特征，为碳酸盐岩台地沉积。从西到东发育混积潮坪—局限—开阔台地—斜坡—盆地相，在局限—开阔台地相区发育颗粒滩相及潟湖相(图 3-4)。

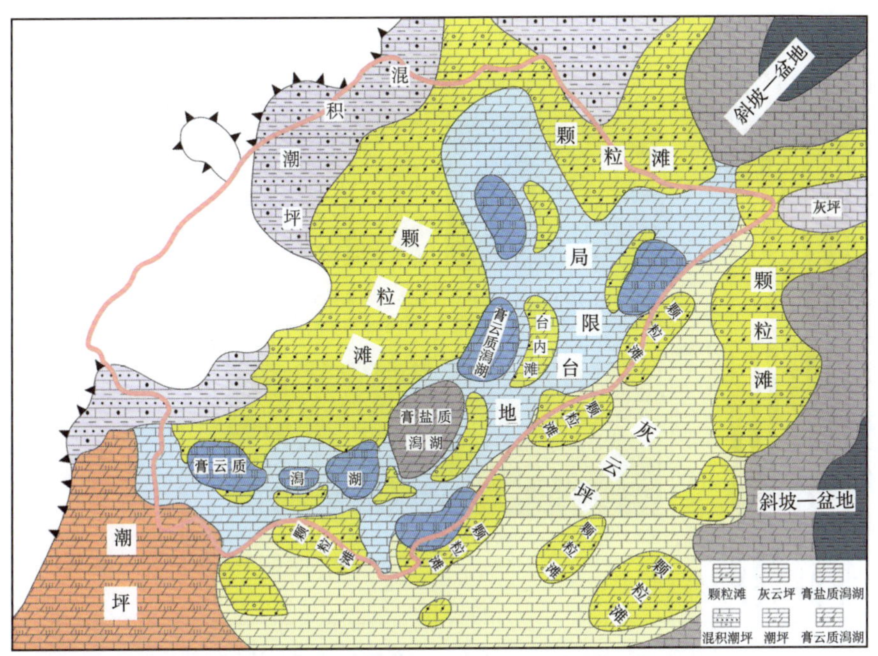

图 3-4　四川盆地寒武系龙王庙组岩相古地理图

安岳气田磨溪区块位于乐山—龙女寺加里东古隆起的东端，是古隆起背景上的一个大型潜伏构造，处于古今构造叠合部位。综合岩性、生物及地化特征指明磨溪地区龙王庙组的沉积相为海相局限台地相，又可细分为颗粒滩、滩间海、潟湖及潮坪 4 个亚相（表 3-2），其中颗粒滩相溶蚀孔洞发育，为该地区最有利的沉积微相。

表 3-2　安岳气田龙王庙组沉积微相特征表

相	亚相	微相	沉积物类型及特征
局限台地	颗粒滩		亮晶砂屑云岩、残余砂屑云岩及细晶云岩
	滩间海	滩间云泥	泥晶云岩，夹水平泥质纹层或泥质条带
		滩间含生屑云泥	生屑泥晶或含生屑泥晶云岩，生物保存完整
	混积潮坪	泥云坪	泥质云岩
		砂云坪	砂质云岩
	潟湖	泥云质潟湖 云质潟湖	泥晶云岩，纹层和泥质条带发育

（1）颗粒滩亚相。

岩性以亮晶砂屑云岩、残余砂屑云岩及细晶云岩为主（细晶云岩在阴极发光下可明显看到颗粒轮廓，为颗粒岩重结晶强烈形成），见砂砾屑云岩，鲕粒云岩及少量生屑云岩。成像测井以橙色为主，局部呈斑杂块状，斑杂带为溶蚀孔洞发育段；自然伽马曲线形态平直。滩体垂向上叠置，横向上连片分布（图 3-5）。本相带粒间孔及粒间溶孔发育，是最有利的储层发育相类型。

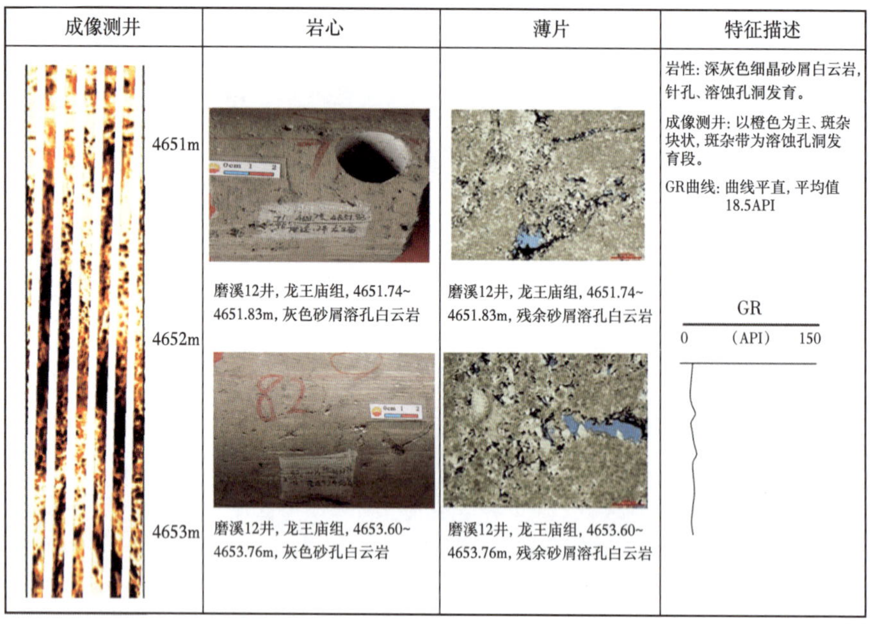

图 3-5　安岳气田龙王庙组颗粒滩亚相特征

(2)滩间海亚相。

分为滩间云泥与滩间含生屑云泥 2 个微相。其中滩间云泥微相岩性为泥晶云岩，夹泥质纹层或泥质条带；滩间含生屑灰泥微相岩性为生屑泥晶或含生屑泥晶云岩(图 3-6)。滩间海亚相成像测井以橙色为主，纹层状、块状互层。自然伽马曲线形态齿状起伏，有下部高向上逐

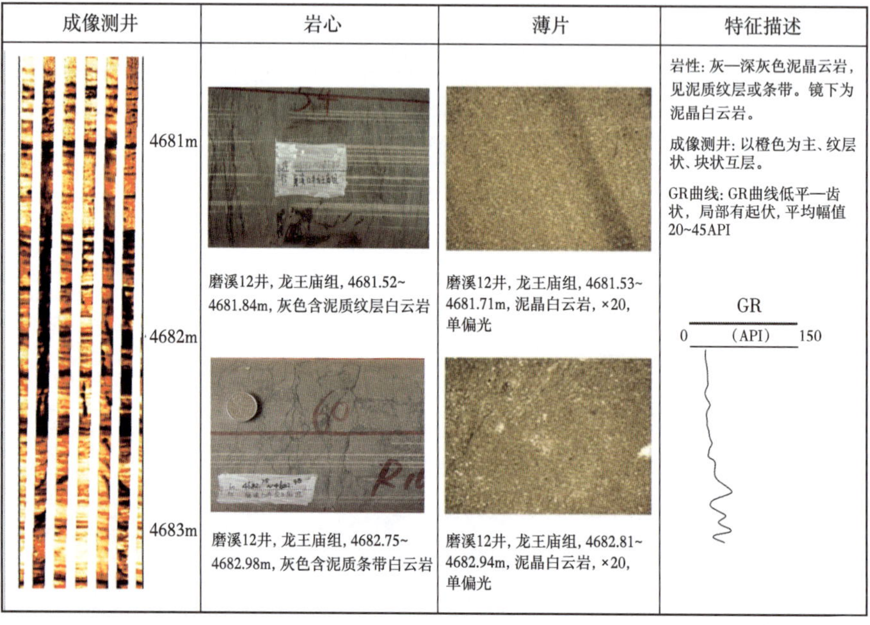

图 3-6　安岳气田龙王庙组滩间海亚相特征

渐变低的特征，伽马值在 20~45API。

(3)混积潮坪亚相。

发育泥云坪及砂云坪 2 个微相。泥云坪主要发育于龙王庙组顶部，厚度几米至十几米不等，岩性为泥质泥晶云岩；砂云坪主要发育于龙王庙组中部，即俗称的高伽马段，厚度 10m 左右，岩性以砂质泥晶云岩为主。混积潮坪亚相成像测井背景较亮橙色为主夹薄纹层。自然伽马曲线为中高齿状起伏，伽马值平均 43. 3API 左右。在高石梯区块龙王庙组中部部分井段发育混积潮坪亚相(图 3-7)。

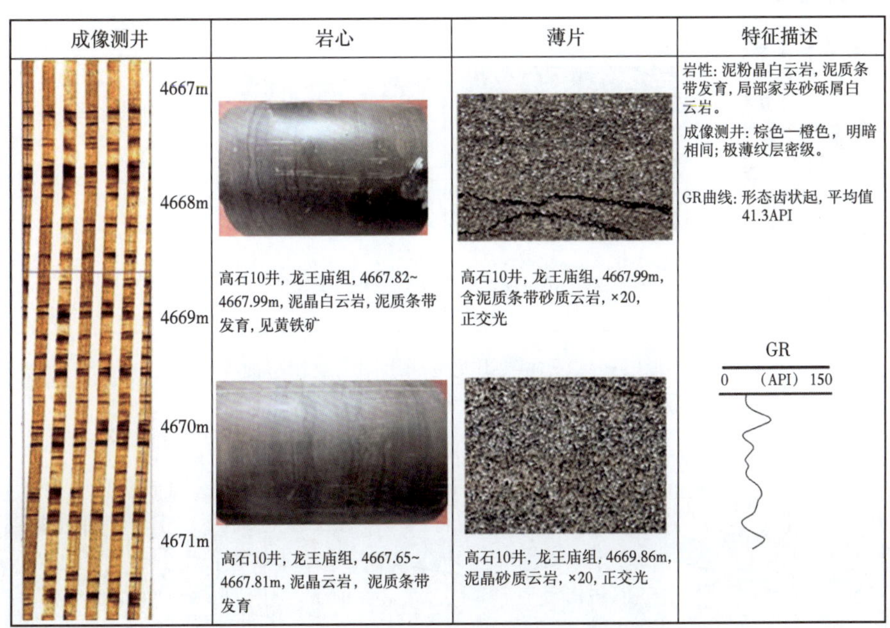

图 3-7 安岳气田龙王庙组混积潮坪亚相特征

(4)潟湖亚相。

主要为局限潟湖亚相，处于局限台地内的低洼地带，一般在平均低潮面或正常浪基面以下，环境能量低，以静水沉积为主。可区分出泥云质潟湖微相和云质潟湖等微相，主要发育在龙王庙组下部(图 3-8)。

结合单井相分析及区域相展布特征编制沉积相剖面图(图 3-9)，可以看出龙王庙组分为两个向上变浅的短期旋回，下旋回自下而上发育潟湖、颗粒滩及混积潮坪，上旋回自下而上发育滩间海、颗粒滩及混积潮坪亚相。磨溪地区上下旋回滩体相连呈块状，滩体纵向上相互叠置，累计厚度大。

通过旋回划分及单因素分析编制了安岳气田龙王庙组沉积相平面展布图(图 3-10)，研究区主要发育颗粒滩优势相，且滩相大面积连片分布，厚度大，滩间海优势相主要发育在磨溪 203 井至磨溪 21 井区、东部的宝龙 1 井区以及磨溪 16 井和磨溪 11 井之间。

由于本区龙王庙组地层岩性主要为白云岩。由单因素综合图分析可知，在磨溪 13 井以北、磨溪 16 井以西，除磨溪 203 及磨溪 21 井外，颗粒岩厚度均超过 50m，最厚的磨溪 12 井达到了 76m，平均 65m。磨溪 21 井以南，颗粒岩厚度降为 32m 以下。为进一步刻画各沉积相在

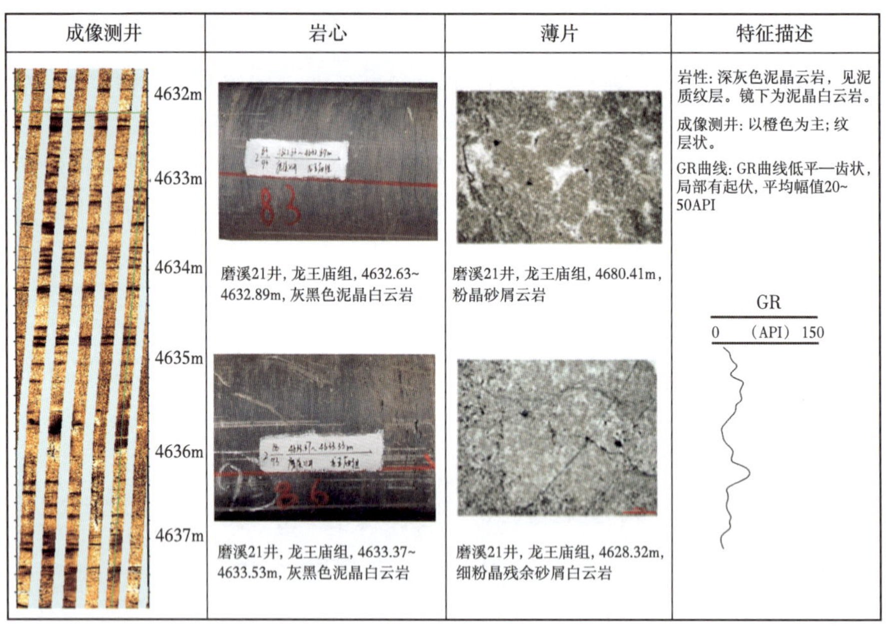

图 3-8　安岳气田龙王庙组潟湖亚相特征

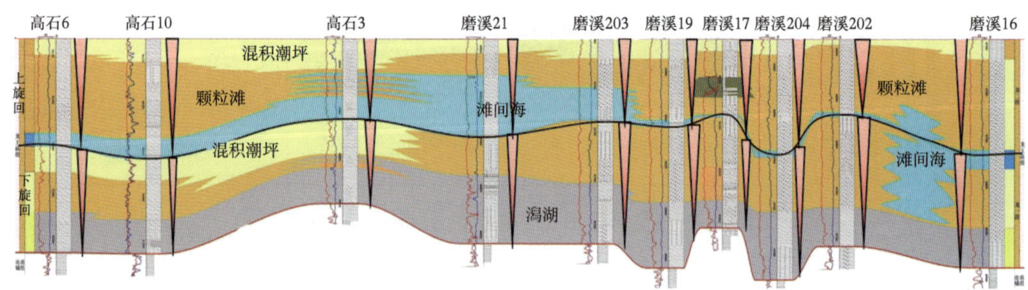

图 3-9　磨溪 16—高石 6 井龙王庙组沉积相剖面图

龙王庙组内部的分布情况，编制了研究区龙王庙组上部、下部沉积相平面分布图(图 3-11 和图 3-12)，将颗粒滩相细分为颗粒滩主体与颗粒滩边缘相，由图可知，龙王庙组上部发育磨溪 9 井区—磨溪 12 井区和磨溪 8 井区—磨溪 11 井区两大滩体；龙王庙组下部发育磨溪 201 井区—磨溪 20 井区、磨溪 12 井区—磨溪 8 井区—磨溪 202 井区两大滩体。

总体来说，龙王庙期古隆起是一个同沉积的水下古隆起，控制了四川盆地龙王庙组隆凹相间的古地貌格局[13-16]。自龙王庙初期的第一次海侵，安岳地区就处于古隆起东高部位，古构造较平缓，总体水体能量较高，沉积物以颗粒碳酸盐岩为主。

安岳地区龙王庙组第一次海侵形成了龙王庙组下部的泥质条带和泥质纹层泥晶云岩，此时潟湖相大面积分布。随着水体逐渐变浅，水体能量逐渐变高，沉积物则以颗粒岩为主，到第一个旋回末期高石梯地区由于水体变浅，陆源进积，形成了以砂质云岩为主的混积潮坪沉积，但总体厚度不大。磨溪地区受陆源沉积物影响小，处于滩相沉积优势区，继续沉积颗粒云岩。

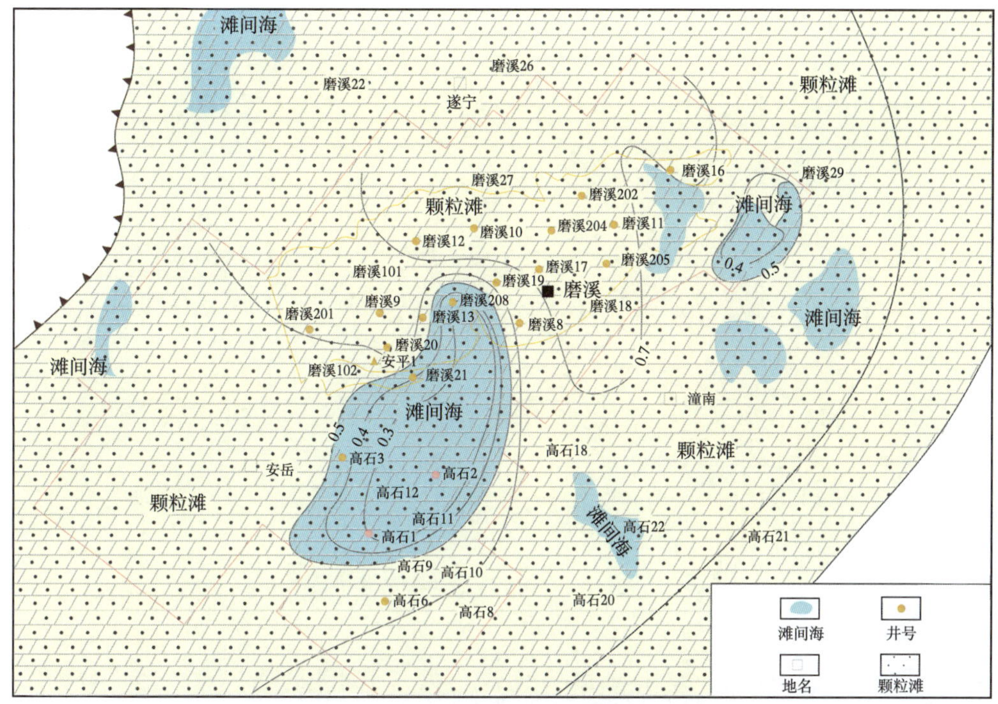

图 3-10 安岳气田龙王庙组沉积相平面展布图

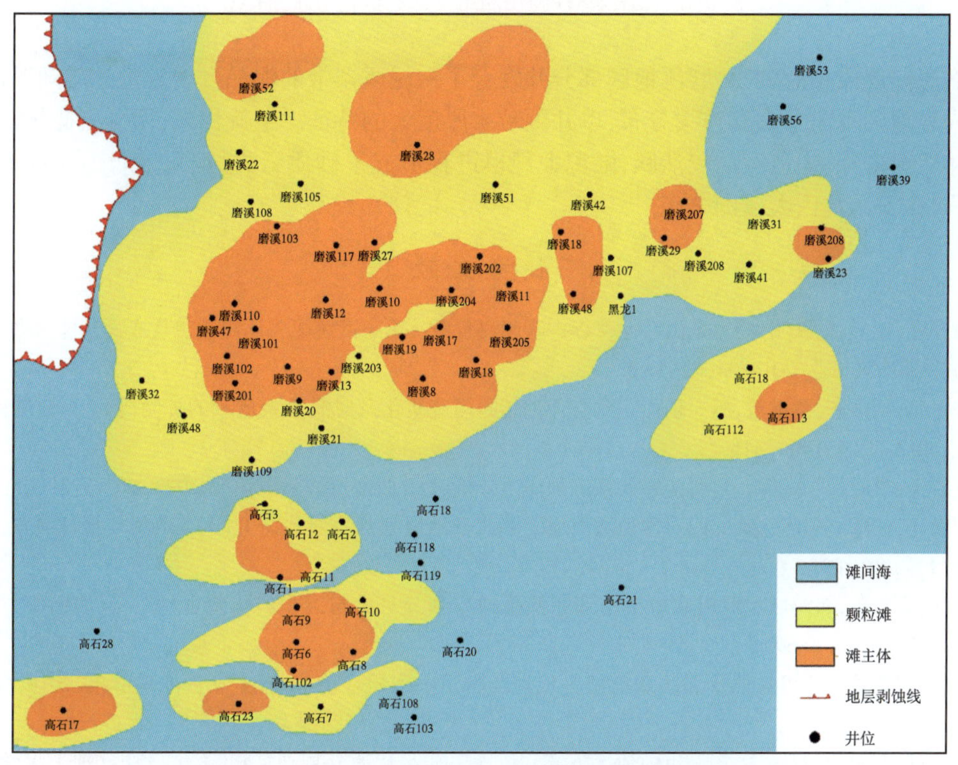

图 3-11 磨溪区块龙王庙组上部沉积相平面分布图

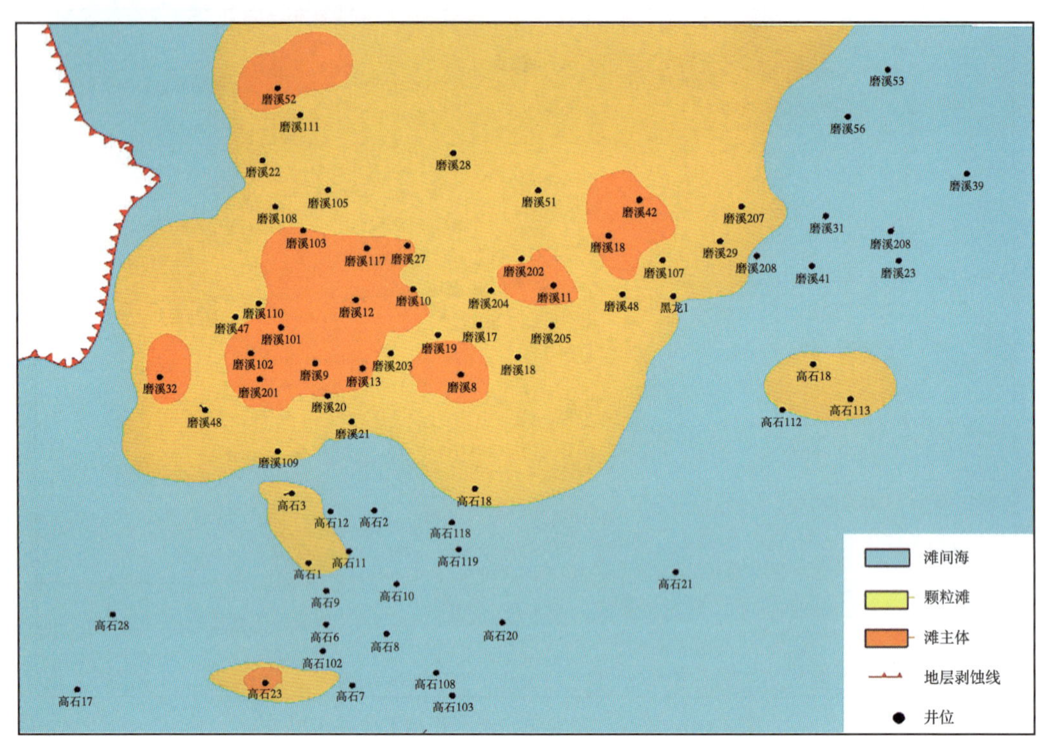

图 3-12　磨溪区块龙王庙组下部沉积相平面分布图

第二次海侵规模相对较小，磨溪地区部分井发育了夹泥质条带的泥晶云岩为主的滩间海沉积，颗粒岩表现为垂向上大套连续分布，单井颗粒岩厚度大的特征。上旋回末，即龙王庙组沉积末期水体逐渐变浅，构造运动较活跃，陆源大规模进积形成了砂质云岩、泥质云岩为主的混积潮坪沉积，在安岳地区大范围分布。

参考文献

[1] 徐春春，沈平，杨跃明，等．乐山—龙女寺古隆起震旦系—下寒武统龙王庙组天然气成藏条件与富集规律[J]．天然气工业，2014，34(3)：1-7.

[2] 许海龙，魏国齐，贾承造，等．乐山—龙女寺古隆起构造演化及对震旦系成藏的控制[J]．石油勘探与开发，2012，39(4)：406-415.

[3] 夏吉文，李凌，罗冰，等．川西南寒武系沉积体系分析[J]．西南石油大学学报，2007，29(4)：21-25.

[4] 刘满仓，杨威，李其荣，等．四川盆地蜀南地区寒武系地层划分及对比研究[J]．天然气地球科学，2008，19(1)：100-103.

[5] 李伟，余华琪，邓鸿斌．四川盆地中南部寒武系地层划分对比与沉积演化特征[J]．石油勘探与开发，2012，39(6)：681-690.

[6] 李皎，何登发．四川盆地及邻区寒武纪古地理与构造—沉积环境演化[J]．古地理学报，2014，16(4)：441-460.

[7] 田艳红，刘树根，赵异华，等．川中地区下寒武统龙王庙组优质储层形成机理[J]．桂林理工大学学报，2015，35(2)：217-226.

[8] 张静,张兴阳,罗平,等．构造因素对塔中地区礁滩体储层的控制作用[J]．油气地质与采收率,2009,16(1):34-37.

[9] 张文济,李世临,任晓莉,等．川东地区寒武系龙王庙组沉积相特征与有利相带分布[J].2019,42(2):56-65.

[10] 杨雪飞,王兴志,代林呈,等. 川中地区下寒武统龙王庙组沉积相特征[J]. 岩性油气藏. 2015,27(1):95-101.

[11] 冯伟明,谢渊,刘建清,等. 上扬子下寒武统龙王庙组沉积模式与油气勘探方向[J]. 地质科技情报,2014,33(3):106-111.

[12] 姚根顺,周进高,邹伟宏,等．四川盆地下寒武统龙王庙组颗粒滩特征及分布规律[J]. 海相油气地质,2013,18(4):1-8.

[13] 钟勇,李亚林,张晓斌,等. 川中古隆起构造演化特征及其与早寒武世绵阳—长宁拉张槽的关系[J]. 成都理工大学学报(自然科学版),2014,41(6):703-712.

[14] 李晓清,汪泽成,张兴为,等. 四川盆地古隆起特征及对天然气的控制作用[J]. 石油与天然气地质,2001,22(4):347-351.

[15] 汪泽成,赵文智. 海相古隆起在油气成藏中的作用[J]. 中国石油勘探,2006(4):26-32.

[16] 李伟,易海水,胡望水,等. 四川盆地加里东古隆起构造演化与油气聚焦的关系[J]. 天然气工业,2014,34(3):8-15.

第四章　储层类型与优质储层展布特征

磨溪龙王庙组优质储层的形成与原始沉积环境，颗粒粗细以及后期的白云化作用、多期的溶蚀过程密切相关。本章在对磨溪龙王庙组储层岩石学特征、储集空间与储集类型、裂缝发育特征等进行分析的基础上，确定了有效储层下限标准并对储层进行分类分级评价，分析了优质储层形成的主控因素和分布特征。

第一节　储集类型与储层特征

一、岩石学特征

龙王庙组储层是白云岩储层，矿物成分全部为白云石，常见晶形为菱面体。硬度为3.5~4，相对密度为2.87。距今时代较老，已经接近理想的白云石晶体结构和化学式，为$CaMg[CO_3]_2$。

碎屑颗粒以内碎屑（砂屑）为主，另外还包括砾屑、鲕粒、豆粒及生物碎屑等。（1）砂屑：属于内碎屑。主要是盆地中沉积不久的、半固结或固结的泥粉晶白云岩，受波浪、潮汐水流等的作用，破碎、搬运、磨蚀、再沉积而形成的。砂屑颗粒粒径多为0.5~1.0mm，磨圆和分选都较好（图4-1）。（2）砾屑：砾石级的内碎屑即砾屑。砾屑多为扁平状，其扁平面多与层面平行，但也有与层面斜交甚至垂直的，也有呈叠瓦状排列或漩涡状排列的。磨圆度好到中等，分选好到中等（图4-2）。（3）鲕粒：具有核心和同心层结构的球状颗粒，粒径一般为0.5~2.0mm（图4-3）。磨溪地区龙王庙组的鲕粒多为表皮鲕，后期经历强烈的白云石化作用。（4）豆粒：直径大于2mm的包粒，其同心层发育不规则。（5）生屑：生物骨骼及其碎屑，类型主要包括三叶虫、介形虫、有孔虫等各种钙质生物化石。生屑是碳酸盐岩重要的组成部分，具有重要的指相意义。

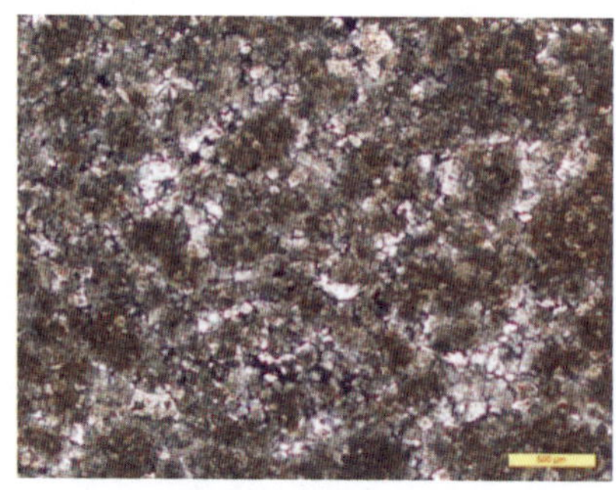

(a)磨溪17井，4623.24m，×4

(b)磨溪12井，4652.16m

图4-1　镜下及岩心观察砂屑白云岩

图 4-2　岩心观察砾屑白云岩(磨溪 21 井,4616.22m)

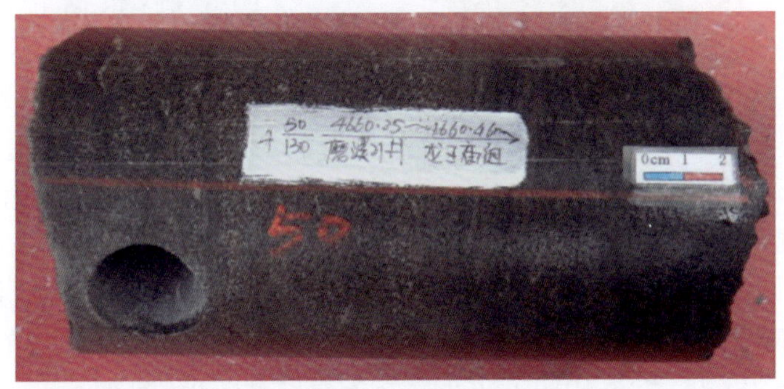

图 4-3　岩心观察鲕粒白云岩(磨溪 21 井,4660.25m)

岩石类型以砂屑白云岩和细晶白云岩为主,另外包括中粗晶白云岩、含砂屑粉晶白云岩和泥粉晶含砂屑白云岩[1-3]。

(1)砂屑白云岩:龙王庙组储层最主要的岩石类型,砂屑含量为 50%~75%。砂屑颗粒分选好,磨圆程度高,母岩多为泥粉晶云岩。砂屑颗粒间多为泥粉晶白云石充填,部分为亮晶白云石胶结。在岩心观察中多发育中小溶洞及针孔。

(2)细晶白云岩:主要结构组分是晶粒,晶粒白云石呈嵌晶状发育,晶粒粒径一般处于 0.1~0.25mm。在磨溪地区细晶白云岩发育中小溶孔,为储层的主要岩石类型[图 4-4(a)]。

(3)中粗晶白云岩:主要结构组分是晶粒,晶粒白云石呈嵌晶状发育,晶粒粒径一般处于 0.25~1mm。在磨溪地区细晶白云岩发育大中溶孔,为储层的主要岩石类型[图 4-4(b)]。

(a)磨溪13井(4607.68m,细晶白云岩)

(b)磨溪204井(4667.27m,中粗晶白云岩)

图 4-4　四川盆地磨溪地区龙王庙组岩石类型

(4)含砂屑粉晶白云岩:砂屑含量为 25%~50%。砂屑颗粒分选好,磨圆程度高。砂屑颗粒间多为粉晶白云石充填,在岩心观察中多发育溶蚀针孔。

(5)泥粉晶含砂屑白云岩:砂屑含量为 25%~50%。砂屑颗粒分选好,磨圆程度高。砂屑颗粒间多为泥粉晶白云石充填,在岩心观察中多发育溶蚀针孔。

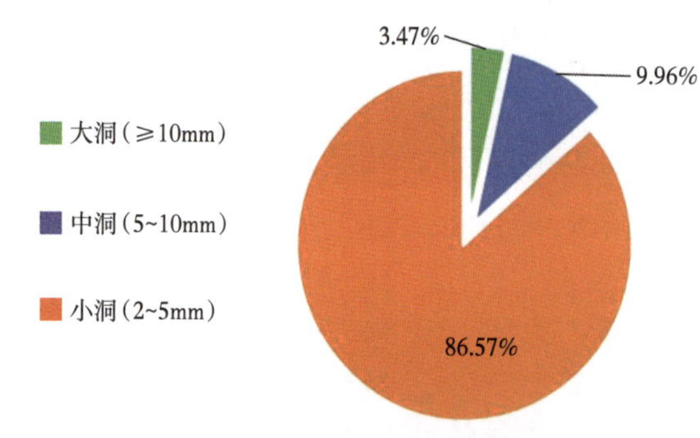

图 4-5　取心段溶洞类型分布饼状图

二、储集空间与储集类型

磨溪地区龙王庙组储集空间主要包括溶洞、粒间溶孔、晶间溶孔、晶间孔和裂缝五类。

(1)溶洞:根据洞径 10mm、5mm 和 2mm 划分大洞、中洞和小洞,分别占总洞数 3.47%、9.96%、86.57%,以孔隙扩溶型小溶洞为主(图 4-5),是龙王庙组储层的主要储集空间。龙王庙组溶洞直径明显大于岩石结构组分,包括两类:一类为基质溶孔(通常为粒间孔)的继续溶蚀扩大而成,受地表暴露控制作用明显,溶洞受岩相影响,多发育在砂屑云岩中;另一类为沿裂缝局部溶蚀扩大而成,多与抬升期构造缝有关,溶洞呈串珠状分布,不受原岩岩相影响。所有取心井岩心均有溶洞储层段发育,只是在磨溪 17 井、磨溪 19 井等井的溶洞发育厚度较小(图 4-6)。

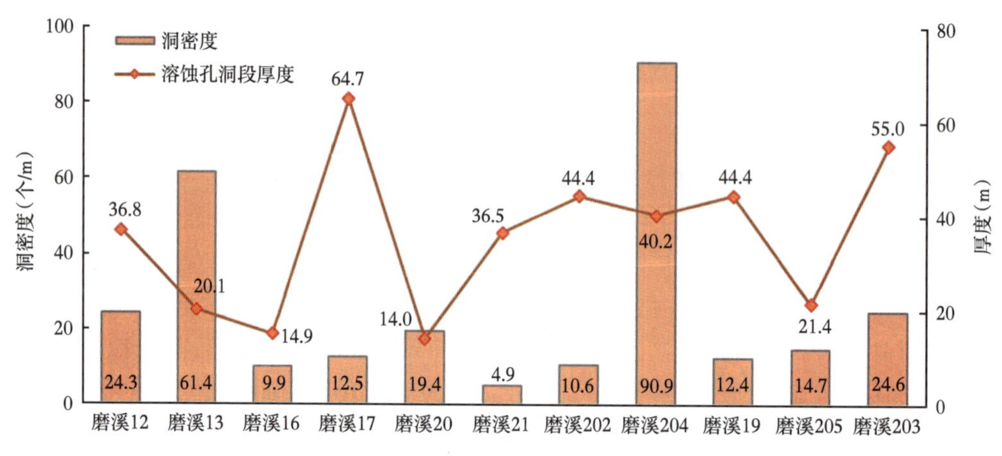

图 4-6　单井取心段洞密度分布柱状图

磨溪区块单井取心溶洞发育段平均洞密度在 23~215 个/m,磨溪 204 井取心见 40.22m 溶洞发育段,发育 7400 个溶洞,洞密度达 184 个/m。

(2)粒间溶孔:由于酸性流体或大气淡水淋滤的影响,颗粒间胶结物或基质部分被多期溶蚀叠合改造形成粒间溶孔[4-7]。龙王庙组储层粒间溶孔大量发育,主要发育于砂屑云岩和残余砂屑云岩中,镜下见到白云石胶结物溶蚀明显,甚至部分砂屑颗粒遭受溶蚀,孔隙内常被晚期白云石和沥青半充填。剩余孔隙孔径一般为 0.1~1.0mm,面孔率一般为 2%~10%。这类孔隙是安岳气田龙王庙组储层主要的储集空间,其形成与沉积作用密切相关,是高能环境下淘洗干净的粒间孔隙经历成岩期溶蚀改造叠合形成，主要发育在滩主体微相中。

（3）晶间溶孔：主要发育于重结晶强烈、原岩组构遭到严重破坏的细晶及中—粗晶云岩中。孔隙呈规则的三角状或多边形状，为晶间孔隙部分发生溶蚀形成。晶间溶孔也是龙王庙组储层较为重要的储集空间类型之一。晶粒云岩的原岩多为砂屑云岩等颗粒岩类，由颗粒强烈重结晶形成晶粒云岩，其孔隙受到重结晶的再分配和后期溶蚀的叠合影响，但孔隙分布仍受到颗粒组构影响。龙王庙组储层晶间溶孔内常见沥青充填，剩余孔径0.2~0.8mm，面孔率一般为2%~15%。

（4）晶间孔：与晶间溶孔类似，晶间孔发育于重结晶强烈的晶粒云岩中，孔隙多呈规则的三角状或多边形状。与晶间溶孔的区别在于，溶蚀作用弱，白云石晶粒规则，棱角清楚。晶间孔常受到一定程度的溶蚀，与晶间溶孔伴生。龙王庙组储层晶间孔多出现在早成岩期形成的花斑状白云岩中，部分发育溶洞内充填的晶粒白云岩中。晶间孔内常见沥青充填，剩余孔径0.1~0.3mm，面孔率一般为2%~10%。

（5）裂缝：张开度大且延伸长的构造缝较发育（图4-7）。裂缝对储层储集空间的贡献较小，对储层的贡献主要体现在有效沟通孔洞储集空间，起到优化改善储层渗透性的作用[7]。

4608.8~4610.01m，灰白色亮晶砂屑白云岩，见垂直缝1条，长1.21m

图4-7 磨溪13井岩心

基于岩心、薄片、核磁共振、CT扫描成像及物性分析等成果，依据孔、洞发育程度，将储集类型划分为溶蚀孔洞型、溶蚀孔隙型和基质孔隙型三种（图4-8）。

（1）溶蚀孔洞型：岩石类型主要为残余砂屑云岩和中—细晶云岩；溶蚀孔洞发育，CT扫描显示以大孔和小洞为特征，小洞（洞径2~5mm）占总洞数的86.6%；核磁共振谱呈现多峰形态；压汞曲线分析表明该类储层中值半径一般超过1μm。

（2）溶蚀孔隙型：岩石类型为砂屑云岩和细—粉晶云岩；粒间溶孔和晶间孔发育，岩心上针状溶孔清晰可见，偶见溶洞；CT扫描显示以孔隙为主，核磁共振呈现多峰形态，孔径较溶蚀孔洞型储层要小，储层中值半径主要分布于0.05~1μm，孔喉分选中等。

（3）基质孔隙型：岩石类型为泥—粉晶云岩、泥晶含砂屑白云岩；岩心观察未见孔洞，测井解释为有效储层；CT扫描显示以裂缝为特征；孔喉分选较好，中值半径一般小于0.1μm。

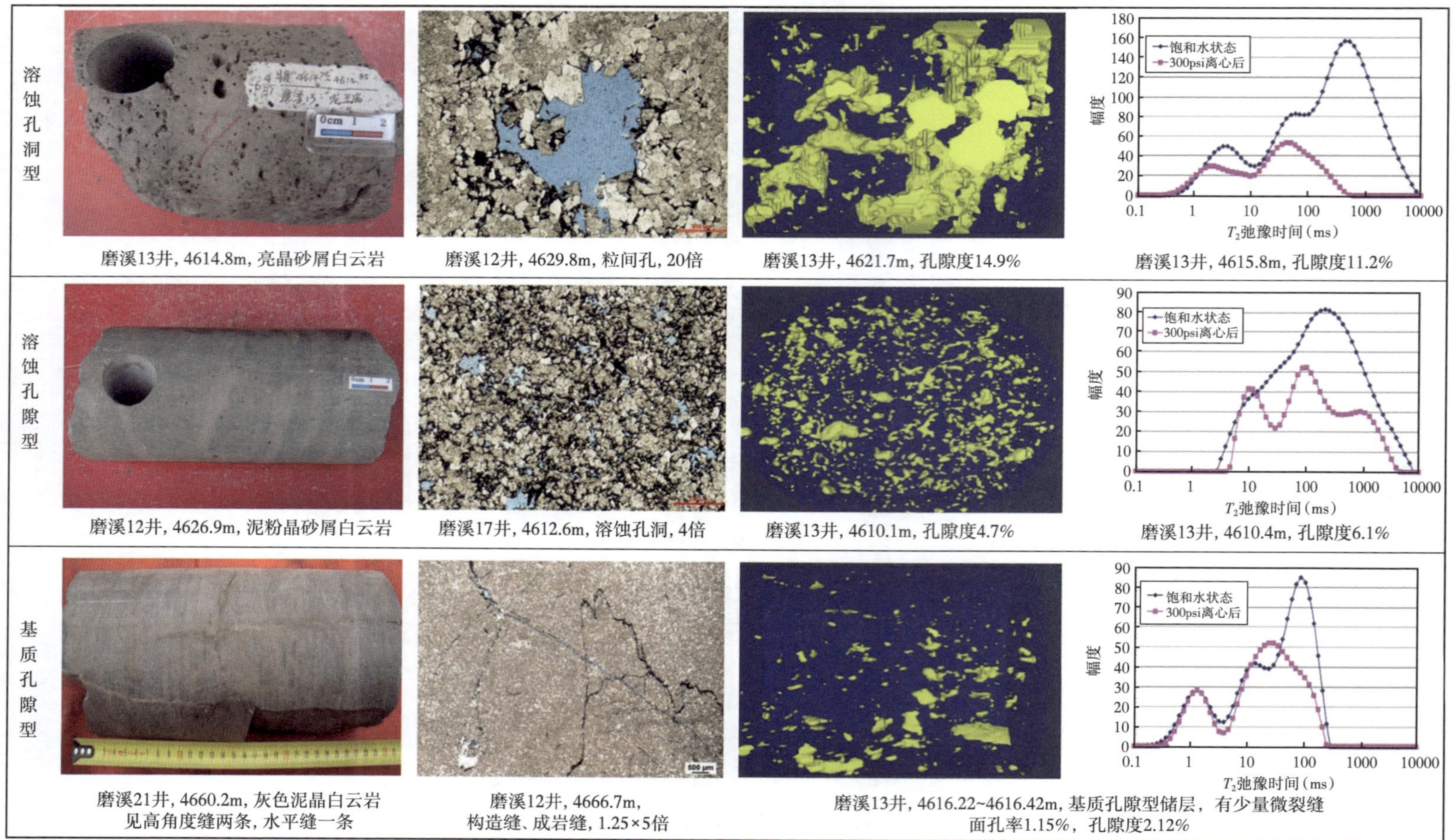

图 4-8　三种类型储集层岩心、薄片、CT 及核磁共振谱特征

溶蚀孔洞和溶蚀孔隙型储层孔隙度总体大于 4%，是该区产层的主要储集类型。岩心描述溶蚀孔洞发育段心长 190.5m，占取心总长度的 40.7%，孔隙度介于 6%～14%；溶蚀孔隙发育段心长 112.6m，占取心长度的 24.0%，孔隙度介于 4%～8%。

三、裂缝发育特征

龙王庙组地层经历三次较大的构造运动（分别发生于奥陶纪末的加里东运动塔科尼幕、印支运动二幕、喜马拉雅运动第二幕和第三幕）。受多期构造运动影响，磨溪区块龙王庙组构造裂缝十分发育，主要发育高角度构造缝、低角度斜交缝、水平缝三种天然裂缝（表 4-1），其中，高角度构造缝又可分为充填高角度构造缝和未充填高角度构造缝两类：充填高角度构造缝一般充填泥晶白云岩、碳质泥岩或煤屑，部分半充填，并伴有沿裂缝扩溶现象，应形成于油气大规模充注之前或与油气充注相伴生；未充填高角度构造缝规模大、延伸长，常切穿其他类型裂缝，岩心观察到的垂直缝最长可达 1～2m，且一般无充填或充填较弱（图 4-7）。

表 4-1 岩心观察天然裂缝类型、发育特征

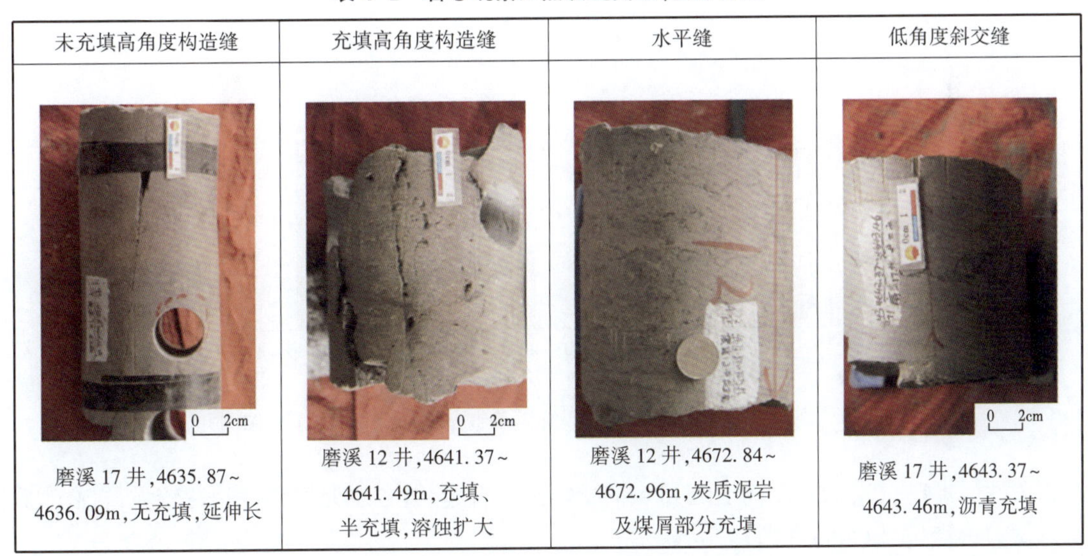

未充填高角度构造缝	充填高角度构造缝	水平缝	低角度斜交缝
磨溪 17 井，4635.87～4636.09m，无充填，延伸长	磨溪 12 井，4641.37～4641.49m，充填、半充填，溶蚀扩大	磨溪 12 井，4672.84～4672.96m，炭质泥岩及煤屑部分充填	磨溪 17 井，4643.37～4643.46m，沥青充填

裂缝按照倾角大小可分为 4 类：水平缝（0°～15°）、低角度斜交缝（15°～45°）、高角度斜交缝（45°～75°）和垂直缝（75°～90°）。磨溪区块龙王庙组天然裂缝以高角度缝和水平缝为主。岩心描述时，根据裂缝倾角大小，将裂缝分为垂直缝（包括高角度斜交缝）、水平缝和低角度斜交缝三大类进行统计，结果表明：垂直缝在各井均十分发育，水平缝在磨溪西南部的磨溪 12 井区、磨溪 13 井区、磨溪 20 井区、磨溪 21 井区及中部的磨溪 17 井区相对发育，低角度斜交缝相对不发育（图 4-9）。基于成像测井解释识别出的裂缝倾角主要集中在 0°～15°和 70°～90°范围内（图 4-10），即构造裂缝以垂直缝和水平缝为主，含有少量的低角度斜交缝，与岩心观察结果基本一致。

裂缝的充填情况直接关系其有效性，磨溪区块龙王庙组裂缝中充填物主要为白云石、黄铁矿、沥青和泥质。从充填程度看，高角度构造缝充填程度相对较弱，一般未充填或半充填，可极大改善储层的渗流能力，试气结果证实，气井无阻流量与射孔层段高角度构造缝线密度具明显

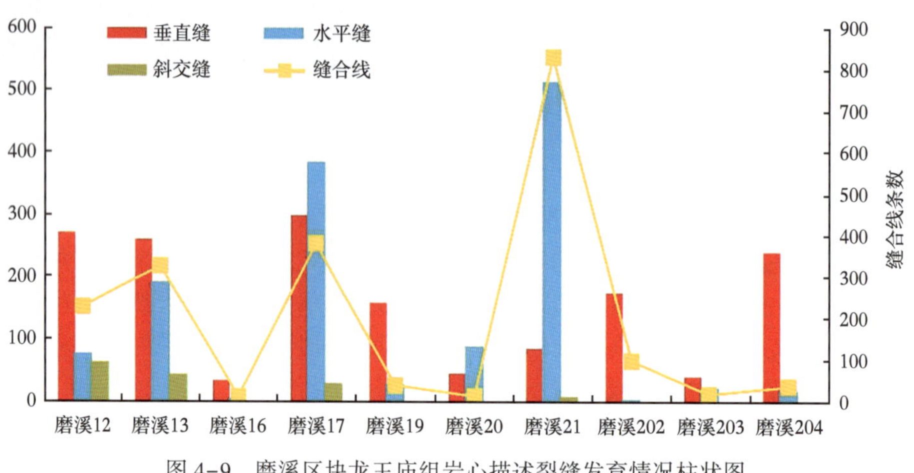

图 4-9　磨溪区块龙王庙组岩心描述裂缝发育情况柱状图

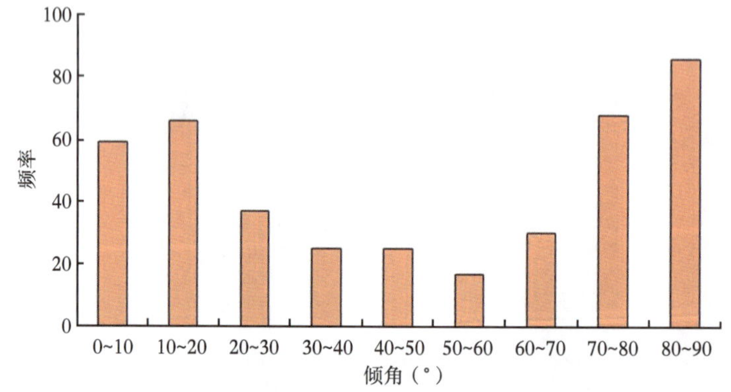

图 4-10　磨溪区块龙王庙组构造裂缝倾角直方图(资料来源于成像测井)

正相关性(图 4-11);低角度构造缝和水平缝以及成岩缝、缝合线充填程度相对较强,岩心观察见大量的黄铁矿、白云石和沥青充填。

龙王庙组高角度构造缝普遍发育,岩心描述统计高角度缝密度为 0.17~1.24 条/m,平均 0.69 条/m;成像测井解释裂缝密度为 0.01~0.9 条/m,平均 0.26 条/m。总体来看,岩心识别的高角度裂缝线密度远大于成像测井,两种方法识别的裂缝发育程度相对强弱不完全吻合,主要原因可能是:(1)岩心分辨率高,识别出开度小于 1mm 的微小宏观裂缝,成像测井分辨率相对较低,微小的宏观裂缝不能识别,两种方法识别的裂缝规模有大小之别,由能量守恒观点可知,不同规模的裂缝发育规模往往不具有一致性。(2)高角度缝发育规模一般较大,成像测井解释的一条裂缝在许多块岩心上均能看到。

高角度构造缝的形成、分布与储层岩石类型、溶洞溶孔发育情况密切相关。据岩心描述结果,高角度构造缝主要发育基质孔隙型储集层和非储集层段中(图 4-12),在溶蚀孔洞发育部位,发育程度较弱,主要原因可能包括两个方面:(1)溶蚀孔洞发育的地方,能够有效缓解构造应力变化,裂缝相对不容易形成。(2)充填的高角度缝形成于油气充注之前或与之相伴生,伴有沿裂缝扩溶现象,目前以溶蚀孔、洞的形式出现而非裂缝。

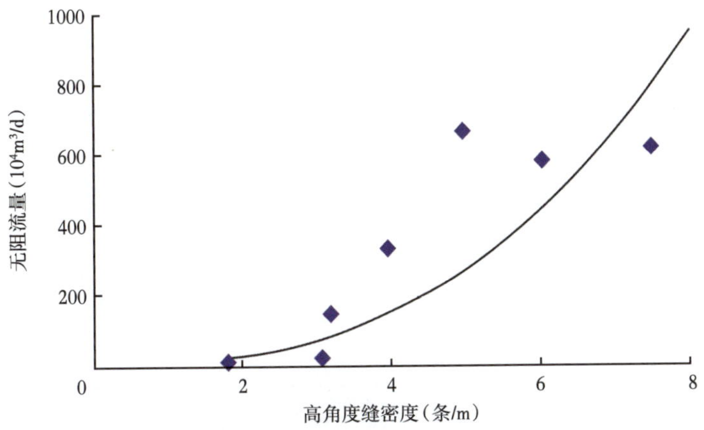

图 4-11 无阻流量与岩心观察高角度裂缝密度关系图

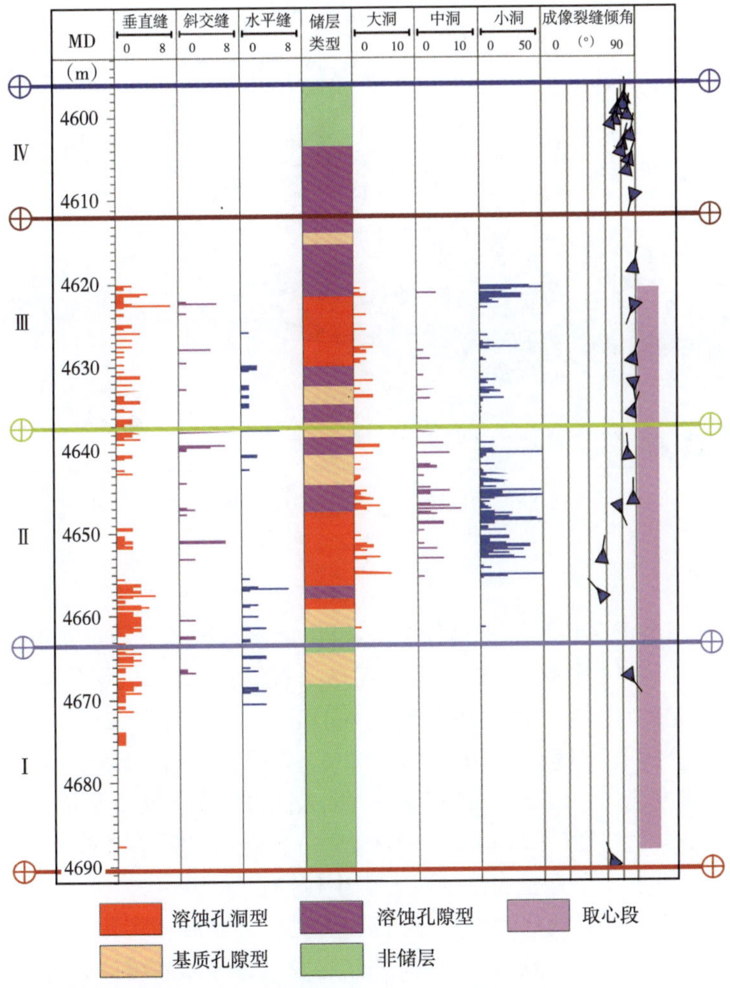

图 4-12 磨溪 12 井岩心描述与成像测井解释

龙王庙组地层自沉积后经历多次构造运动[8,9]。磨溪区块主体一直处于构造转换运动的枢纽部位，构造运动强烈，易形成裂缝。龙王庙组构造裂缝整体比较发育可能与此密切相关。不同时期形成的高角度构造缝，其发育特征和分布区域也有差异（图 4-13）。充填高角度缝走向主要为 NE—SW 向，集中分布于磨溪区块西部的构造背斜轴线部位，根据裂缝相互切割关系、裂缝充填程度与充填物成分差异、裂缝边缘溶蚀程度、烃源岩演化与埋藏史的匹配关系进行分析，应形成于油气大规模充注之前或与之相伴生；未充填高角度缝在全区均有分布，但主要集中分布于磨溪区块东部的磨溪 202 井区、磨溪 204 井区附近，走向 NW—SE 向，与断层（F3、F4、F5）基本一致，且距断层越近裂缝发育程度越高，该类裂缝规模大、延伸长、充填弱，推测应形成于气藏形成之后，即喜马拉雅期。

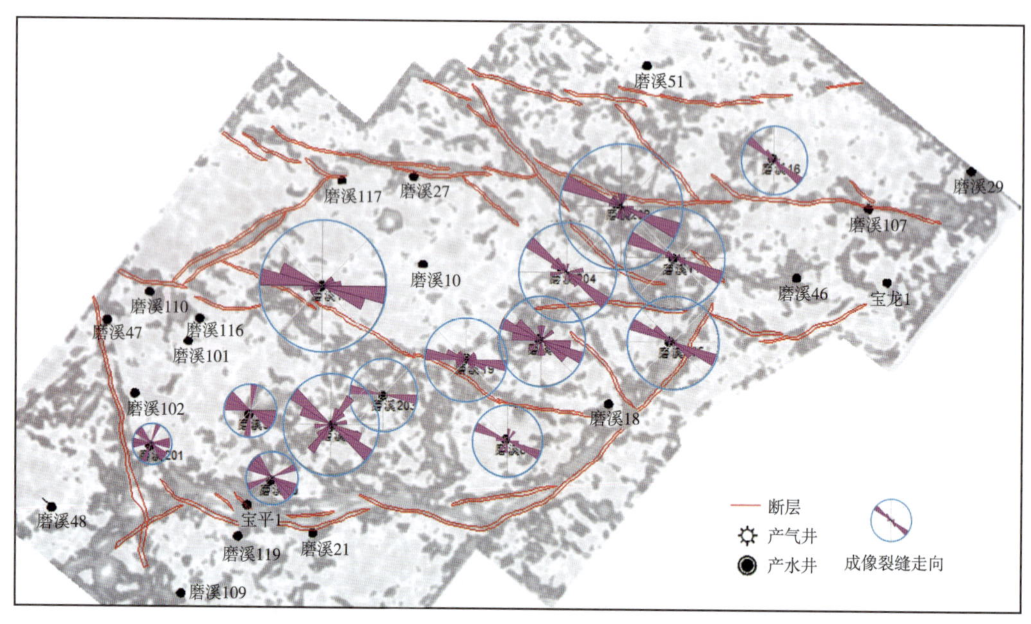

图 4-13　断层与高角度构造缝（成像解释）平面分布图

四、物性特征

通过对安岳气田磨溪区块物性资料分析与统计，磨溪地区龙王庙组储层孔隙度相对较低，基质渗透率差。小柱塞样物性分析，储层孔隙度在 2.00%～18.48%，平均 4.28%；基质渗透率主要分布 0.001～1mD（71.6%），渗透率大于 0.1mD 占 34.5%，平均 1.59mD（图 4-14）。岩心储层段全直径样品分析孔隙度在 2.01%～10.92%，单井岩心储层段平均孔隙度在 2.48%～6.05%，总平均孔隙度为 4.81%。统计结果表明，储层段岩心全直径孔隙（平均孔隙度为 4.81%）明显大于小样孔隙度（平均孔隙度为 4.28%），通过对磨溪 12 井储层全直径物性与小柱样物性数据的比较，发现全直径物性一般大于小柱样物性 1%～2%（图 4-15）。由于储层溶蚀孔洞发育，岩心全直径样品的代表性更好，孔隙度更接近储层真实孔隙度，因此，用全直径物性分析结果更能反映龙王庙组储层物性特征。储层段全直径样品统计分析表明（图 4-15），其中 2.0%～4.0% 的样品占总样品的 37.8%，4.0%～6.0% 的样品占总样品的 41.73%，大于 6.0%的样品占总样品的 20.47%，孔隙度主要分布在 4.0%～6.0%样品占样品总数的 41.73%

说明4.0%~6.0%是储层段的主要孔隙度范围。岩心储层段全直径样品分析渗透率在0.0101~78.5mD，单井平均渗透率在0.534~17.73mD，总平均渗透率3.91mD，将大于100mD的数据除外后，平均渗透率为1.39mD。由于储层非均质性较强，使得储层的宏观渗透率明显高于基质渗透率。

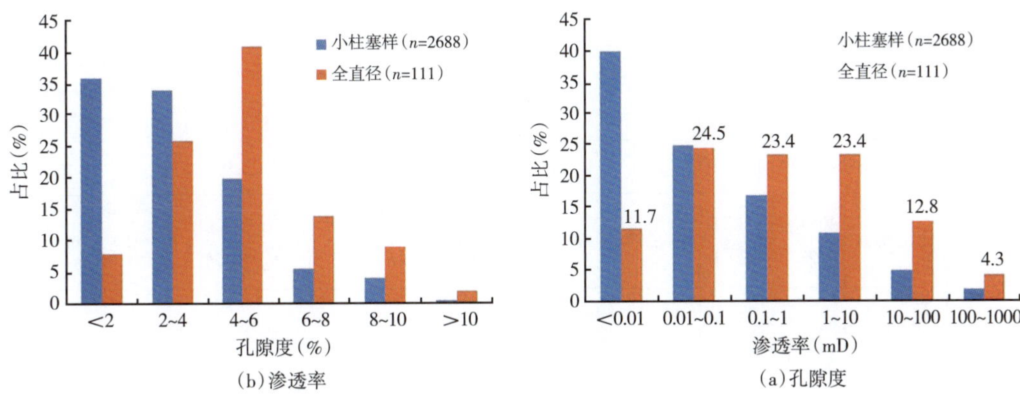

图4-14　磨溪区块龙王庙组岩心频率直方图

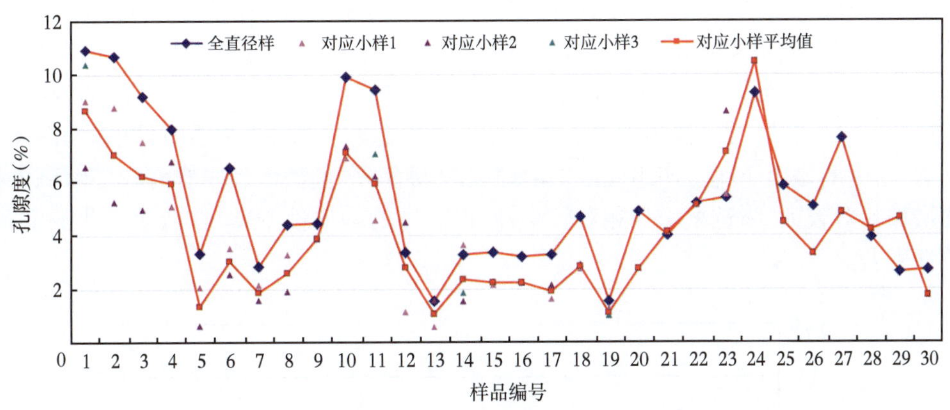

图4-15　磨溪12井全直径物性与小柱塞样物性比较

不稳定试井分析表明，受裂缝发育的影响，主体部位不稳定试井解释储层 Kh 值：183~19000mD·m，渗透率：3.24~925mD，较岩心分析渗透率高1~2数量级，储层整体表现为低孔隙度、中—高渗透特征（表4-2）。

表4-2　磨溪8井、磨溪10井、磨溪11井、磨溪16井不稳定试井解释成果表

井号	层位	层段（m）	有效厚度（m）	模型	S	Kh（mD·m）	K（mD）	R（m）	备注
磨溪8井	龙王庙下	4697.5~4713.0	11.8	径向复合	15.6	10916	925		酸化后
	龙王庙上	4646.5~4675.5	29.1/55.2	部分射开+径向复合	−5.95	$Kh_1=890$ $Kh_2=6742$	$K_1=15.3$ $K_2=115.9$	$R_1=161$	酸化后
	龙王庙	4646.5~4675.5 4697.5~4713.0	55.2	径向复合	21.5 $D=0.51$	$Kh_1=19000$ $Kh_2=4185$	$K_1=344.2$ $K_2=75.8$	$R_1=1890$	试采压恢

续表

井号	层位	层段 (m)	有效厚度 (m)	模型	S	Kh (mD·m)	K (mD)	R (m)	备注
磨溪 10	龙王庙	4646.0~4671.4 4680.0~4697.0	41.62	径向复合	-3.89	$Kh_1=249$ $Kh_2=1116$	$K_1=6.46$ $K_2=28.96$	$R_1=55.2$	酸化后
磨溪 11	龙王庙下	4723.0~4734.0	5.8	径向复合	-1.18	$Kh_1=488$ $Kh_2=1333$	$K_1=84.1$ $K_2=230$	$R_1=207$	酸化后
	龙王庙上	4684.0~4712.0	35.3	均质	-0.37	815	23.0		酸化后
	龙王庙组	4684.0~4712.0 4723.0-4734.0	56.77	径向复合	-2.83	$Kh_1=1090$ $Kh_2=183.50$	$K_1=19.3$ $K_2=3.24$	$R_1=155$	试采压恢
磨溪 16	龙王庙组	4743.0~4805.0	50.7	径向复合	-0.40	1.54	0.03		井储时间长、径向流段不明显

龙王庙组孔渗关系分析表明，小柱样和全直径样储层孔渗相关性均比较好，但是还存在差异。从岩心储层段柱塞样的孔隙度—渗透率关系分析（图 4-16），孔隙度 2%~6%的储层有部分裂缝影响外，储层渗透率随孔隙度增加明显，储层孔隙度—渗透率具有明显的正相关关系。岩心储层段全直径孔隙度—渗透率也表现出正相关的趋势，但相关关系明显较差（图 4-17），分析认为，这主要是由于龙王庙组储层中溶蚀孔洞发育，全直径样品中含有较多溶洞的影响，孔隙度增加相对较大，渗透率增加相对较小，使得储层的均质性变差，并造成了孔隙度和渗透率相关性变差。

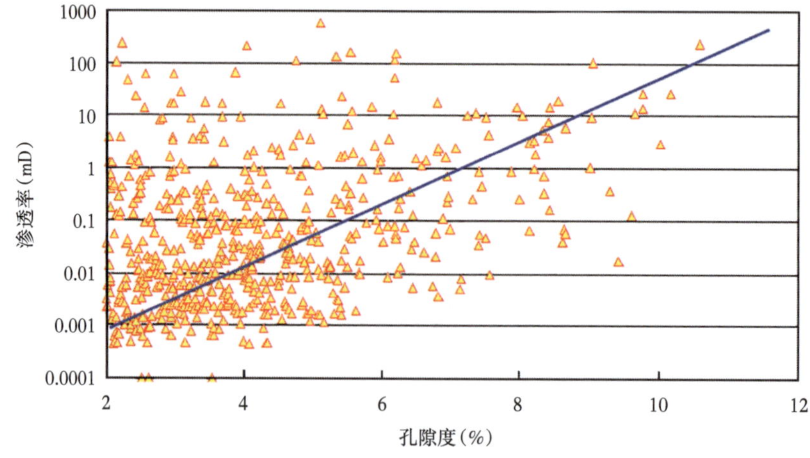

图 4-16　孔隙度与渗透率关系图（小柱塞样）

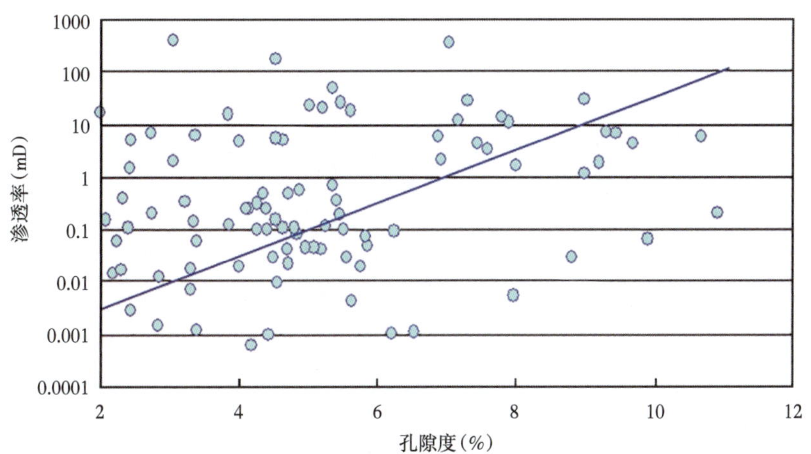

图 4-17 孔隙度与渗透率关系图(全直径)

第二节 优质储层形成的主控因素

沉积作用及其产物是碳酸盐岩储层形成、演化的基础,它不仅决定了优质储层的大致分布范围,奠定了储层发育的物质基础,并且影响后期成岩作用类型及强度。磨溪龙王庙组优质储层的形成与原始沉积环境,颗粒粗细以及后期的白云化作用、多期的溶蚀过程密切相关;成岩作用和构造破裂是储层形成和改造的关键,特别是成岩作用,既控制了储层的最终展布,又决定了储层内部的孔喉结构。众多学者对川中古隆起安岳气田龙王庙组颗粒滩储层的发育特征及控制因素进行了研究,杜金虎[8]、邹才能[9]、刘树根[10]和徐春春[11]等,认为川中古隆起、早寒武世烃源岩与颗粒滩岩溶储层是龙王庙组天然气富集与成藏的主要条件;姚根顺[12]、周进高[13]、金民东[14]、田艳红[15]等对龙王庙组颗粒滩储层进行了研究,认为颗粒滩体的发育主要受沉积古地貌和海平面变化的控制,颗粒滩储层发育主要受颗粒滩沉积、准同生溶蚀作用和表生岩溶作用的控制,尤其是表生岩溶作用对滩控岩溶型储集层贡献最大。

一、古地貌特征与沉积作用

四川盆地是一个典型的叠合含油气盆地,经历了多旋回构造运动及多类型盆地的叠加改造,形成了多套生储盖组合,具有多层系含油气的特点[16,17]。乐山—龙女寺古隆起是四川盆地形成最早、规模最大、延续时间最长、剥蚀幅度最大、覆盖面积最广的巨型隆起(图 2-12)[8,9,11]。其形成演化对龙王庙组的沉积具有重要的影响和明显的控制作用。

依据沉积学原理,海水深度和水动力条件的变化控制着颗粒滩的沉积和滩体旋回的形成与演化,古地貌差异决定了滩体平面展布区域。水体能量强的古地貌高地发育高能滩,滩体厚度大,可多期滩叠置发育;低地貌发育低能滩,滩体厚度和规模小,多见夹层。因此,古隆起通过宏观控制相带展布,进而控制滩体发育。

龙王庙组储层的发育与沉积作用密切相关(图 4-18),主要表现两个方面:一方面,沉积分异作用使沉积岩相早期分异,不同沉积环境发育不同沉积相类型,颗粒滩相作为龙王庙组主要储集相类型,其分布决定了区域上储层的发育分布格局;另一方面,沉积作用为后期的成岩改造提供的物质基础,质纯、层厚、原生孔隙保存较好的颗粒滩相碳酸盐岩,可以为后期的溶蚀作用提供物质基础。

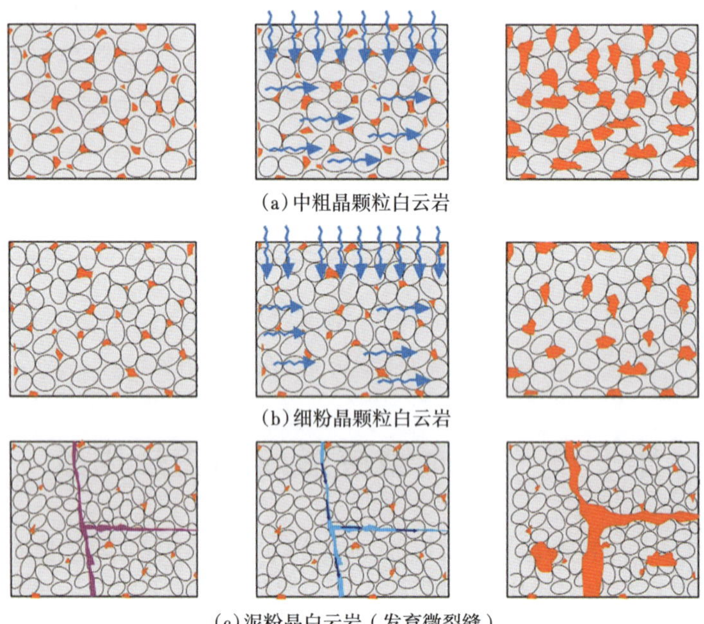

图 4-18 不同岩石类型孔洞发育机理

通过对龙王庙组 12 口井岩心的精细观察,储层的岩石类型主要为砂屑白云岩、中细晶白云岩及少量泥粉晶白云岩。孔洞的发育主要与岩石颗粒的粗细有明显的关系,大的孔洞主要在中粗晶砂屑白云岩发育,针状溶蚀孔洞主要在细粉晶白云岩中发育,而泥晶白云岩、粉晶白云岩等很少见到溶蚀孔洞的发育。通过对不同粗细颗粒的溶蚀孔洞发育机理研究发现,中粗晶颗粒白云岩沉积时期保留的原始孔隙较大,在后期经受岩溶作用的时候,原生孔隙可以被溶蚀成大孔大洞,磨溪 204 井从 4650~4680m 岩心上观察到了整段均为孔洞发育层;细粉晶白云岩在沉积时期仅仅保留一部分的原始孔隙,在后期的岩溶过程中,可以出现针状溶蚀孔洞发育段;泥粉晶白云岩在沉积过程中,受压实作用的影响,只保留很少的孔,如有裂缝发育,也可以形成有效储层。

颗粒滩的分布决定了储层垂向和平面的分布。储层发育程度与滩体厚度具正相关关系,滩体规模越大,储层越发育。通过岩心观察、储层参数统计发现,安岳气田龙王庙组储层累计厚度与颗粒滩累计厚度变化关系密切。颗粒滩规模越大,储层越发育,累计厚度越大,正相关关系明显。根据安岳气田 18 口井龙王庙组滩体累计厚度和测井解释储层累计厚度统计,滩体累计厚度最大的磨溪 12 井,滩体厚度可达 76m,储层累计厚度达到 54m;滩体累计厚度最小的安平 1 井,滩体厚度 15m,储层累计厚度 11.8m,储层发育规模明显小于磨溪 12 井(图 4-19)。

颗粒滩按其物质组分和发育位置可分为滩主体和滩边缘(图 4-20)。滩主体微相由中粗晶砂屑白云岩组成,颗粒及晶粒粒度较粗,原始粒间空隙较大,有利于后期大气淡水和酸性水

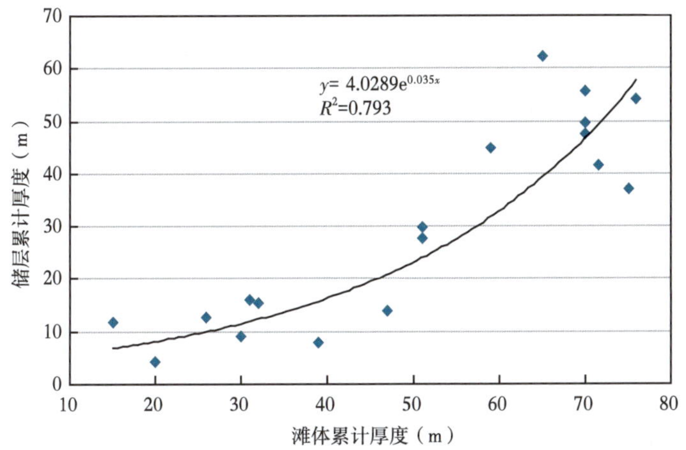

图 4-19　单井龙王庙组滩体厚度与储层厚度关系图

沿构造缝及微裂缝的溶蚀扩大，形成溶蚀孔洞及针孔状云岩；滩边缘微相以由粉—细晶砂屑白云岩夹少量泥晶白云岩组成，发育递变层理和交错层理。经历溶蚀作用后多形成针孔状云岩。据岩心实测物性资料，颗粒滩不同位置的储层发育规模和储渗特征差异明显，滩主体微相的储层发育厚度较大，一般为 5～20m，以大孔大洞为特征，孔隙度为 4%～12%。滩边缘孔隙度为 1%～7%，发育微裂缝和小型垂直缝。储层较薄，厚度一般为 0.3～5m。

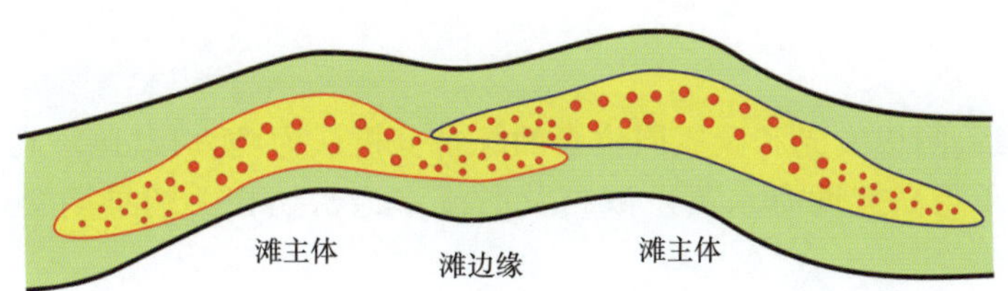

图 4-20　磨溪地区龙王庙组滩主体及滩边缘微相模式图

二、成岩作用与孔隙度演化

根据储层发育特征、成岩作用和成岩史的分析，认为寒武系龙王庙组碳酸盐岩储层的发育与沉积作用、成岩作用和构造作用都有较为密切的关系，孔隙类型和孔隙演化也同时受到埋藏史，构造运动史，烃类的生成、运移、聚集史的控制和影响[12-14,18]。

（一）成岩作用

寒武系储层沉积之后，由于经历了长期的埋藏作用和几次大的构造运动，成岩作用十分强烈。先后经历了同生期海底成岩作用阶段、准同生期表生成岩作用阶段和浅—中深埋藏期成岩作用阶段以及抬升暴露成岩阶段，成岩作用类型包括压实作用、胶结充填作用、溶蚀作用、白云石化作用和交代作用等（表 4-3）。主要成岩作用按对储层性质的影响可分为建设性成岩作用和破坏性成岩作用两种类型。建设性成岩作用有白云石化作用、溶蚀作用等；破坏性成岩作用有压实、胶结、交代等类型。

表 4-3 安岳气田龙王庙组主要成岩作用与成岩阶段划分表

成岩作用	成岩环境阶段						
	同生成岩阶段			早成岩阶段	表生成岩阶段	中成岩阶段	晚成岩阶段
	海底	淡水	混合水	浅—中埋藏	抬升暴露	中—深埋藏	深埋藏
压实	★			★			
压溶				★		★	★
方解石纤状环边胶结	★	★	★		★		
白云石马牙状环边胶结	★	★	★		★		
白云石细晶粒胶结				★			
白云石中粗晶粒胶结						★	★
硬石膏胶结	★				★		
自生石英胶结充填						★	★
黄铁矿充填						★	★
重结晶				★		★	
白云石化	★		★				
溶蚀作用		★	★		★	★	★

1. 白云石化作用

通过薄片观察、阴极发光和碳氧同位素的综合分析认为：四川盆地寒武系龙王庙组层状白云岩的成因属于与高盐度海水蒸发浓缩及回流渗透密切相关的早期交代成因。具有以下特征：

（1）白云石的组构和发光性表明龙王庙组共发育三期白云石，具有地层意义的第一期白云石形成于海底成岩阶段。

①第一期白云石晶粒发暗红光，晶粒细小，多为泥—粉晶，受后期持续结晶作用影响，少数级别达细—中晶。这一期白云石具有成层分布的特征，普遍发光很弱。在恢复出来的结构当中，可发现颗粒周缘为海底马牙状白云石环边胶结，颗粒本身为泥、粉晶白云石构成，颗粒与马牙状胶结物都发暗红光。说明这类颗粒白云岩形成于海底成岩阶段。

②第二期白云石以胶结充填孔隙方式产出，晶粒发较明亮红光，晶粒变化较大，从粉晶—粗晶不等。这类白云石形成于浅埋藏阶段。

③第三期白云石选择性交代颗粒或是以充填裂缝、溶洞方式产出，也可在缝合线附近富集。晶粒发明亮红光。晶粒变化较大，从细晶—粗晶不等，这类白云石形成时间晚，形成于中深埋藏阶段。

（2）通过对四川盆地寒武系龙王庙组沉积相的编制发现，高石梯—磨溪地区主要发育砂屑滩，东部的座洞崖地区发育膏盐湖，说明在沉积期间龙王庙组整体处于一个海退的环境，局部地区为蒸发环境，有利于早期的白云岩化。

（3）通过对磨溪 17 井龙王庙组岩心的系统取样，做碳氧稳定同位素分析，表明龙王庙组白云岩属较高盐度的蒸发环境下海水蒸发浓缩及回流渗透成因。根据龙王庙组岩心白云岩碳、氧稳定同位素测定结果，参考上扬子及塔里木寒武系碳氧稳定同位素结果，采用 $\delta^{13}C$—$\delta^{18}O$、$\delta^{13}C$—Z 图解法分析（图 4-21 和图 4-22），龙王庙组白云岩 $\delta^{13}C_{PDB}$一般-1.5~0.5，$\delta^{18}O_{PDB}$一般-7.5~-5.7，其中磨溪 17 井龙王庙组顶部的两个点的样品明显受淡水影响，表现出碳、氧同位素值均向负向偏移、计算 Z 值较小（<120）外，龙王庙组碳、氧同位素在 $\delta^{13}C$—$\delta^{18}O$、$\delta^{13}C$—Z 关系图中集中分布，均表现为 $\delta^{13}C$ 接近零的低负值、$\delta^{18}O$ 为较高负值、Z 值均大于 120，反映出龙王庙组沉积及白云石化时期处于较高盐度的蒸发环境中，这符合海水蒸发浓缩及回流渗透白云石化模式。从 $\delta^{13}C$、$\delta^{18}O$ 测试结果也与塔东地区寒武系回流渗透白云岩碳、氧同位素基本一致。

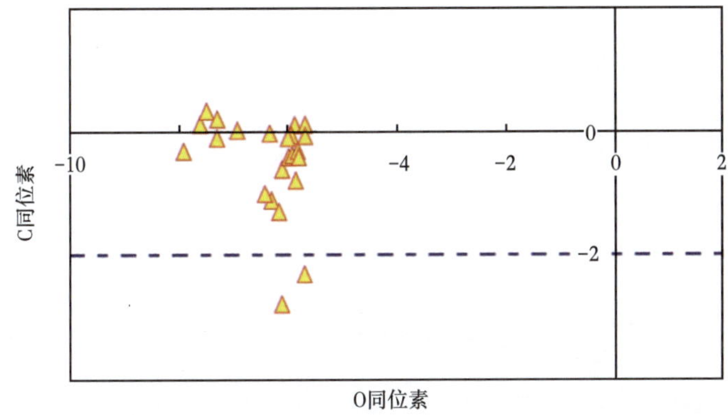

图 4-21　磨溪地区 17 井龙王庙组碳酸盐岩 $\delta^{13}C$—$\delta^{18}O$ 关系图

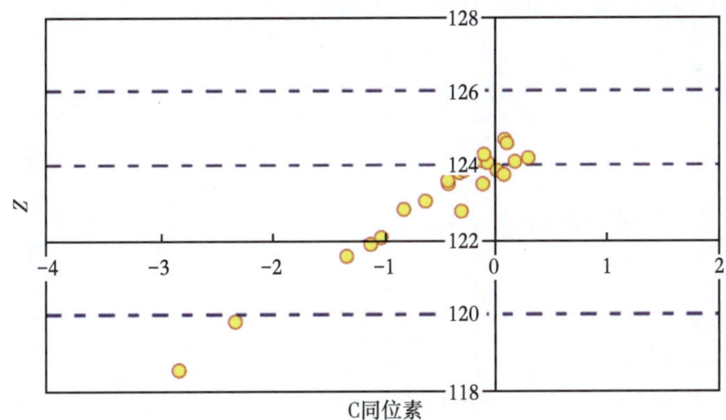

图 4-22　磨溪地区 17 井龙王庙组碳酸盐岩 $\delta^{13}C$—Z 关系图

根据钻井及野外调查资料，建立了四川盆地龙王庙组与高盐度海水蒸发浓缩及回流渗透密切相关的早期交代成因模式（图 4-23）。白云石化作用主要发生在古隆起颗粒岩发育区，其东南方向紧邻膏盐岩发育区[19-21]。巨厚的膏盐岩为大面积白云石化提供了充足的 Mg^{2+}，古隆起区发育的颗粒岩原生粒间孔为白云石化流体通道，蒸发浓缩—回流渗透是白云石化流体通过碳酸盐沉积物的驱动机制。

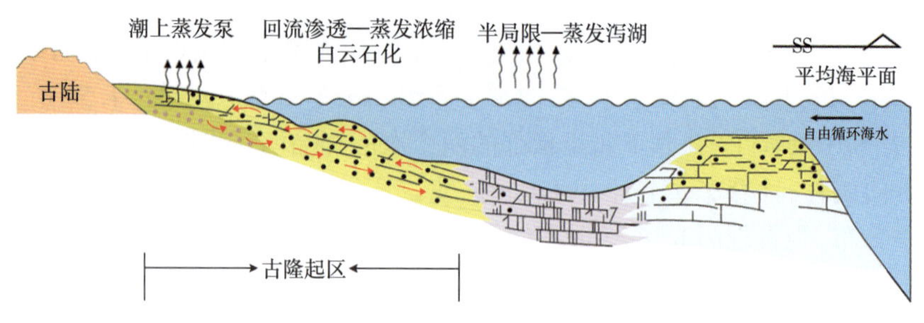

图 4-23　四川盆地龙王庙组白云石化模式图

2. 溶蚀作用

酸性地下水或大气降水使沉积物或岩石发生选择性或非选择性溶解作用,并产生孔、洞的建设性成岩作用。根据溶蚀作用发生的时间和环境的不同,可分为同生期—准同生期溶蚀作用,埋藏溶蚀作用和表生期溶蚀作用。安岳气田龙王庙组受三种溶蚀作用影响(图 4-24),其中表生期溶蚀作用对龙王庙组储层影响表现最为明显[22-25]。

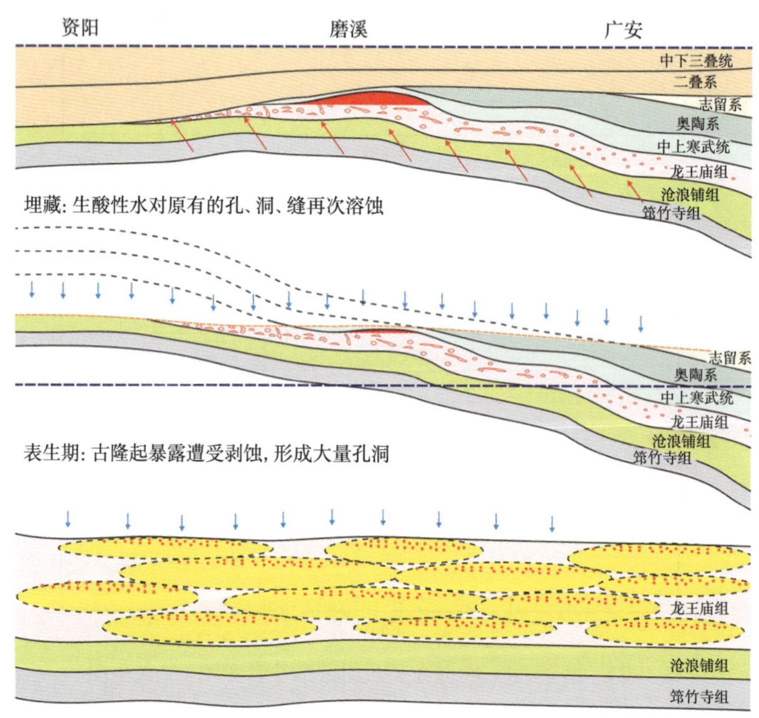

图 4-24　四川盆地寒武系龙王庙组三期岩溶作用模式图

1) 同生期—准同生期溶蚀作用

同生期—准同生期溶蚀作用也称为近地表溶解作用,孔隙系统是开放—半开放的,大气淡水是溶解的主要原因。由于碳酸盐沉积物还未完成矿物学稳定化过程,文石质、高镁方解石质结构组分在不同条件下发生优先溶解，使溶解作用表现出选择性，可以形成粒内溶孔或铸模孔。同生期—准同生期溶蚀作用与当时的沉积环境密切相关，通过前面磨溪地区龙王庙组沉积相的精细刻画表明，在磨溪地区高部位主要为浅水颗粒滩沉积，受寒武系整体海退的影响，颗粒滩容易暴露或接近海平面附近遭受到大气淡水的淋滤改造，形成最原始的溶蚀孔[10,15,26]。

通过薄片观察安岳气田龙王庙组见到粒内溶孔，受后期胶结作用影响，绝大多数早期溶蚀孔被胶结，仅部分溶蚀孔残留(图 4-25)。另外在龙王庙组取心段，砂屑云岩中见到大量花斑状白云岩，花斑多为细—中晶残余砂屑云岩，晶粒较粗，为明显的雾心白云石。研究认为花斑状白云岩是颗粒云岩经同生期—准同生期溶蚀作用形成残余砂屑，后经早期白云石化作用使原始组分被彻底云化而成。花斑状白云岩早期孔隙发育，更有利于埋藏期和表生期的溶蚀，储层更优越。

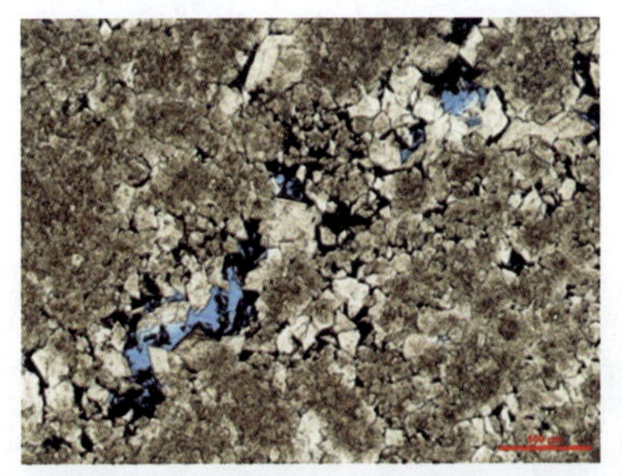

(a)磨溪17井，4614.58m，溶蚀孔洞成带状分布，4×5（目镜倍数×物镜倍数）

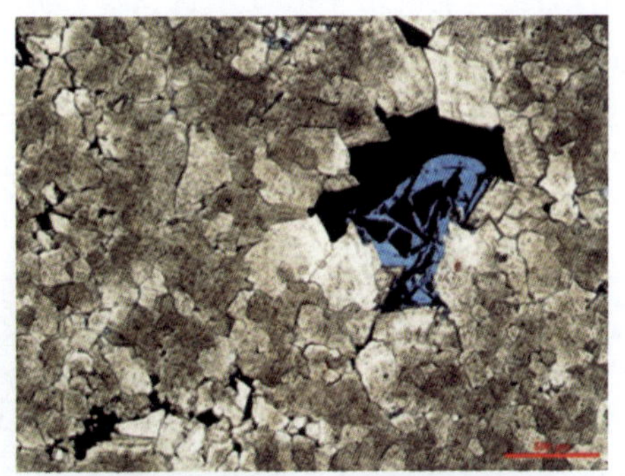

(b)磨溪17井，4626.27m，亮晶白云岩，孔发育，见沥青充填，4×5（目镜倍数×物镜倍数）

图 4-25　磨溪地区龙王庙组早期溶蚀孔

同生期—准同生期溶蚀作用的产生与沉积物所处的沉积环境有密切的关系，处于高部位的浅水颗粒滩滩顶在海退背景下很容易暴露或接近海平面附近遭受大气淡水的淋滤改造。但总的来看，龙王庙组的早期暴露持续时间不长，没有形成陆上的暴露不整合面，要形成优质储层还需要埋藏期和晚期表生阶段的岩溶的叠加和改造。

2)风化壳岩溶作用

乐山—龙女寺古隆起核部及周缘斜坡寒武系和奥陶系碳酸盐岩地层在沉积并固结成岩之后曾经经历过两次大规模的褶皱隆升和剥蚀，在地层中留下两个区域不整合，同时伴随着两期风化壳岩溶。第一次隆起剥蚀是志留纪末期直到中石炭世黄龙期之前的大约 1 亿年的风化剥蚀，使乐山—龙女寺古隆起的高部位普遍缺失志留系和泥盆系地层。第二次隆起剥蚀是中石炭世末至二叠系沉积前，历经一千多万年的风化剥蚀，乐山—龙女寺古隆起上普遍缺失石炭系沉积。乐山—龙女寺古隆起大部分地区二叠系直接覆盖在寒武系—奥陶系之上(图 4-26)，两期岩溶难以区分开来，现今所发现的风化壳岩溶现象应该是两期岩溶叠加的产物。根据钻井、岩心观察描述、测井录井资料和分析化验资料的分析研究，认为寒武系龙王庙组以下几个显著的风化壳岩溶现象和标志：

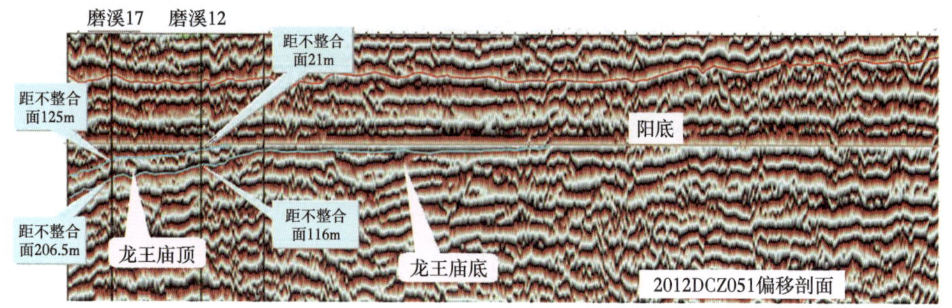

图 4-26　磨溪地区龙王庙组发育大型不整合界面

取心见到洞穴堆积岩。如磨溪 17 井 4620～4626.2m 井段为泥岩夹岩溶角砾岩(图 4-27),角砾大小不一、呈棱角—次棱角状,粒间为泥质充填,泥质充填物中含黑色沥青质和大量的黄铁矿,磨溪 17 井岩心见蓝灰色泥岩,镜下见陆源石英,说明沉积期间该地区离物源区较近,为周缘地区剥蚀充填形成;磨溪 19 井 4641～4642.09m 岩心见溶洞充填黄铁矿和碳酸盐岩角砾;另外在磨溪 202 井龙王庙组也见到溶洞充填的含岩溶角砾泥岩[27]。

图 4-27　磨溪 17 井龙王庙组溶蚀孔洞充填泥砾

溶蚀加宽的裂缝为泥质与黄铁矿充填。龙王庙组取心段广泛发育近垂直溶缝,并沿缝发育串珠状的溶蚀孔、洞,部分溶缝中充填黑色沥青、泥质与黄铁矿。如磨溪 12 井龙王庙组 4668.52～4668.74m 附近见垂直溶扩缝(图 4-28),缝中充填泥质与黄铁矿。

溶蚀孔洞发育。龙王庙组取心段普遍发育溶蚀孔洞,磨溪 12 井、磨溪 13 井、磨溪 21 井、磨溪 202 井、磨溪 204 井等以及高石 10 井取心段均观察到溶洞发育,以孔隙扩溶型溶洞为主(图 4-29),磨溪 13 井取心段岩心溶洞极发育,呈蜂窝状,最大洞径 10cm×15cm,洞中充填沥青、石英、白云石。

图 4-28　磨溪 12 井龙王庙组垂向分布溶缝

(a) 磨溪203井, 4778.53m, 溶蚀孔洞发育

(b) 磨溪204井, 4667.27m, 溶蚀孔洞发育

图 4-29　磨溪地区岩心典型溶蚀孔洞发育特征

薄片观察发现,龙王庙组常见非选择性溶蚀孔洞,部分颗粒被溶蚀,充填大量的溶蚀残余并多被沥青侵染(图 4-30)。

以上证据表明,龙王庙组确实曾遭受表生期风化壳岩溶影响。取心段溶蚀孔洞的普遍发育和大面积厚层分布表明,表生期溶蚀作用对龙王庙组储层影响强烈,是优质储层大面积发育的关键成岩因素。古隆起区龙王庙组尖灭线附近是与表生岩溶有关的滩相储层发育有利区域。

3) 埋藏溶蚀作用

埋藏溶蚀作用是沉积物在固结成岩以后处于埋藏期的成岩作用,与同生期—准同生期溶蚀作用或表生期岩溶作用相比,埋藏期发生的溶蚀作用处于一个封闭的成岩流体系统当中。埋藏溶蚀作用的酸性流体成因与含有 CO_2、有机酸等有关,其成因机理可能有以下三种:(1) 有

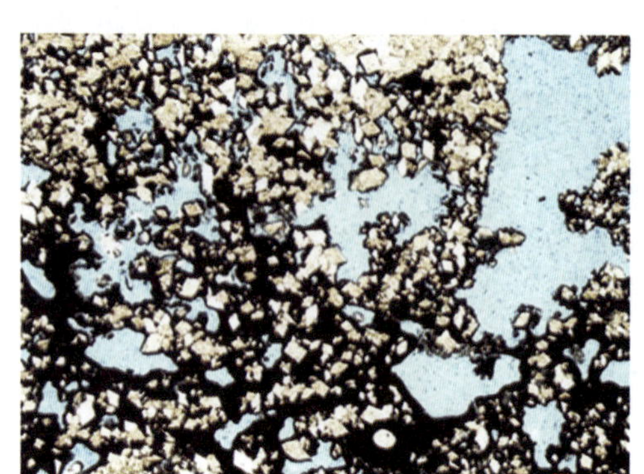

(a)磨溪12井，4634m，残余砂屑粉晶白云岩，溶蚀孔发育，4×5(目镜倍数×物镜倍数)

(b)磨溪12井，龙王庙，4622.05m，中晶砂屑白云岩，粒间溶孔发育，4×5(目镜倍数×物镜倍数)

图4-30 磨溪区块镜下典型溶蚀孔发育特征

机质脱羧和干酪根生油阶段伴生 CO_2、有机酸、H_2S 等。(2)在深埋阶段，黏土矿物的转化及其与碳酸盐反应也可生成大量的 CO_2。(3)断裂活动造成富含 CO_2 流体上侵也是引起溶蚀的一种主要作用。

埋藏溶蚀作用是龙王庙组白云岩储层有效储集空间形成的最直接的控制因素，但是其对储层的发育改造与先期孔隙层的存在密切相关。即埋藏溶蚀作用表现出一种选择性和继承性，酸性流体通过裂缝沟通进入早期孔隙层，溶解前期各种孔、洞、缝中的亮晶胶结物和颗粒组分，部分恢复或扩大原来的储集空间。

龙王庙组经历加里东运动的抬升后，在海西和印支区，开始沉降，大量筇竹寺组的烃源岩开始生烃，有机酸顺着断层进入储层，促使早期形成的孔洞缝再次发生扩容，进一步改善储层。埋藏溶蚀作用表现出一种选择性和继承性，酸性流体通过裂缝沟通进入早期孔隙层，溶解前期各种孔、洞、缝中的亮晶胶结物和颗粒组分，部分恢复或扩大原来的储集空间。

龙王庙组埋藏溶蚀作用具有以下特点：(1)溶蚀作用主要发生在颗粒间或晶粒间，形成粒间或晶间溶孔、溶洞，而粒内溶蚀不发育。这与埋藏溶蚀发生时间较晚，不稳定的矿物组分已经转化为稳定矿物，酸性地下水更易于在孔隙内流动有关。(2)构造破裂缝的溶蚀，形成溶缝。(3)晚期胶结物的溶蚀：孔洞、裂缝内细—中晶白云石充填物的溶蚀。

(二)孔隙度演化

综合考虑研究区的埋藏史、构造发展史、生烃史、成岩史特征，结合沉积与储层特征的研究，认为龙王庙组滩相储层的孔隙演化划分为四个阶段：

1. 同生成岩阶段

同生成岩阶段是指沉积物沉积期及到浅埋藏阶段之前，包括同生期海底成岩环境和大气水成岩环境。

沉积期，在浅水高能的台内粒屑滩环境中，颗粒分选磨圆好、淘洗干净，形成颗粒支撑格架，粒间孔隙发育良好，推测原始孔隙度达到40%～50%。

进入海底成岩环境后，发生以第一期方解石胶结作用为代表的成岩变化。纤状方解石胶结物围绕颗粒呈栉壳状环边，导致原生粒间孔迅速缩小。孔隙度降低到 10%～15%，孔隙类型以残余粒间孔为主（图 4-31）。

当海平面发生暂时性下降时，粒屑滩出露海面，进入大气水成岩环境。在大气淡水渗流带，由于发生以大气淡水选择性溶蚀作用为主的成岩变化，新形成粒内溶孔、铸模孔、粒间溶蚀孔等，一般使孔隙度增加 10%左右。在随后的大气淡水潜流带，发生以粒状白云石为特征的第二期胶结充填作用，导致孔隙度降低到 5%～10%。

2. 早成岩阶段

随着上覆沉积物逐渐增厚和沉积物逐渐脱离大气水环境的影响，开始进入埋藏环境，至志留纪末期，研究区的寒武系碳酸盐岩储层达到第一次最大埋藏深度，根据志留系的区域厚度，推测埋深 2000 余米。埋藏深度的增加，也使储层发生强烈的压实、重结晶、胶结等成岩现象，并伴随着储层孔隙度的急剧降低。该阶段龙王庙组储层孔隙度降低到 5%以下。

3. 表生岩溶阶段

志留纪末期的加里东运动使寒武系储层发生褶皱、抬升，并伴随有构造裂缝的产生，储层得到改造。在古隆起高部位，石炭纪末期的云南运动更进一步加剧了研究区寒武系储层的褶皱和隆升，寒武系被不断剥蚀风化、形成表生期岩溶并进入风化壳岩溶阶段。而构造低部位则仅仅是被抬升，但未暴露，其上还残留有数百米的奥陶统和志留系地层，可能并未受抬升期大气酸性水的影响，并一直到二叠纪才继续被加深埋藏。

安岳气田位于乐山龙女寺古隆起高部位，寒武系—奥陶系碳酸盐岩地层在志留纪末期—石炭纪末被抬升至地表遭受风化淋滤，发生广泛的表生期岩溶作用。磨溪构造西部已经剥蚀至寒武系，在富含 CO_2 的酸性水的影响下，龙王庙组受到表生期岩溶影响，酸性水沿着先期孔隙或者先前的构造裂缝进入储层，对先期基岩进行溶蚀，形成大量的溶孔和溶洞，使得储层孔隙度增大到 10%以上。

4. 中成岩—晚成岩阶段

从二叠纪开始直到早—中三叠世，地壳持续下沉，接受沉积，乐山—龙女寺古隆起地下潜伏隆起被逐渐埋藏，同时隆起周围寒武系、志留系等烃源岩的埋深也逐渐加大，并趋于成熟。安岳气田龙王庙组碳酸盐岩储层再次处于浅—中等埋藏阶段，埋藏深度最大约 2000m，储层孔隙度的演化趋势以缩减孔隙的胶结、压溶作用、重结晶作用和埋藏充填作用为主，孔隙度降低至 5%左右（图 4-31）。

中三叠世，隆起周围寒武系筇竹寺组、志留系页岩等烃源岩开始进入大规模排烃期，由于有机质成烃过程中排出的有机酸的参与，伴随着油气的进入，龙王庙组碳酸盐岩储层发生一期较显著的埋藏期岩溶作用，孔隙度增加至 7%左右，对先期形成的粒间溶孔、晶间溶孔等孔隙扩溶，油气在隆起高部位聚集成藏，构成原始古油藏，该油藏的范围可能遍布古隆起的核部。

至侏罗纪末期，随着储层埋深的继续增加，古油藏的液态烃开始发生裂解，形成湿气和干气，原油的裂解产生沥青，并充填部分孔隙，孔隙度再次降至 4%左右。至喜马拉雅期前，龙王庙组碳酸盐岩储层的埋深逐渐加大，最深达到 6000 余米。早喜马拉雅期，四川盆地新一轮构造变动来临，它使震旦系至古近系以来的沉积盖层全面褶皱，并使盆地内不同时期、不同地域

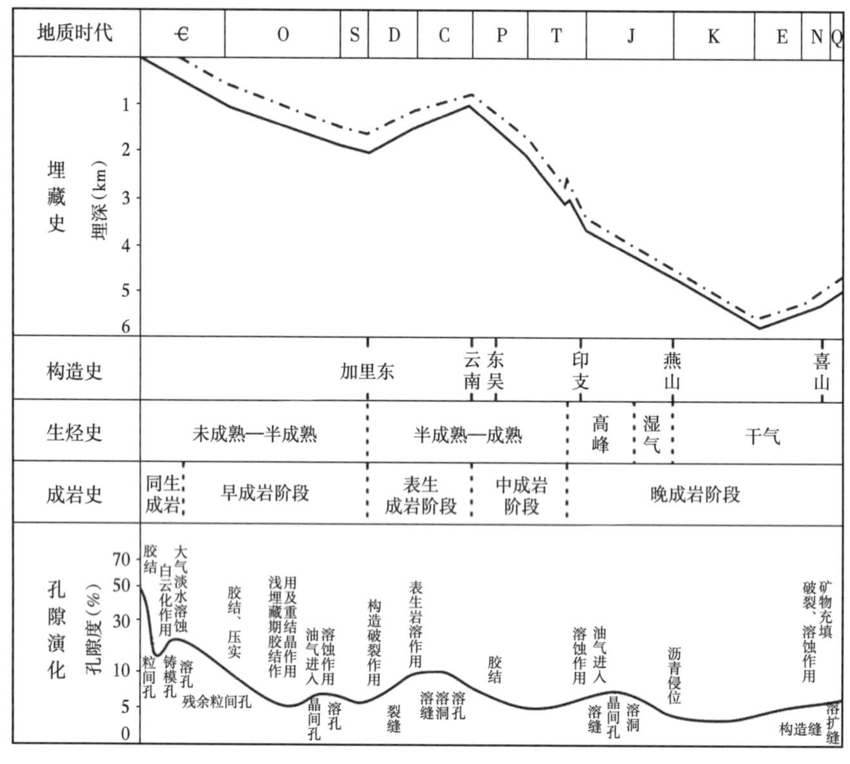

图 4-31 安岳气田龙王庙组"四史"演化关系图

的褶皱和断裂连成一体。此次构造运动使磨溪地区龙王庙组产生部分裂缝，酸性地层流体再次顺裂缝发生运移，并对周围基岩进行进一步溶蚀，从而使储层孔隙度增高，该埋藏期岩溶作用使储层孔隙度增加至 6%左右。

三、晚期构造运动对储层的改造作用

龙王庙组地层经历三次较大的构造运动，发育高角度构造缝、低角度斜交缝、水平缝三种天然裂缝，其中，未充填高角度构造缝规模大、延伸长，常切穿其他类型裂缝，岩心观察到的垂直缝最长可达 1~2m，且一般无充填或充填较弱。

裂缝的发育，特别是高角度构造缝的存在，对储层渗流性能起到明显改善作用。根据小柱塞样、全直径岩心分析和试井解释解释，磨溪区块龙王庙组储层不同尺度渗透率差异明显，试井解释渗透率明显高于岩心分析和测井解释渗透率，高产气井裂缝对储层渗透率的贡献可达 45.6%~98.5%。

根据厘米级岩心精细描述的孔、洞、缝发育特征，建立了磨溪 13 井精细单井地质模型（图 4-32）。模拟结果表明，高角度构造缝能够有效沟通储层，使储层渗透率提高 2 个数量级以上。

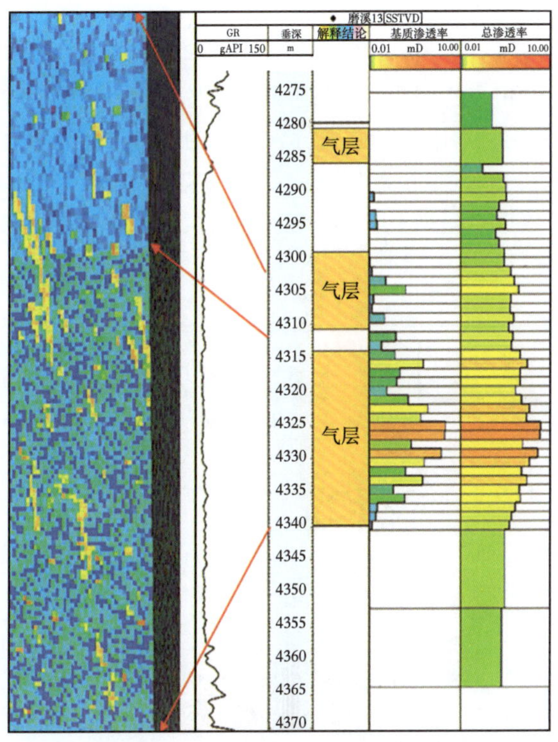

图 4-32 磨溪 13 井单井地质模拟

第三节 优质储层分布特征

针对磨溪龙王庙组储层非均质性问题,在溶蚀孔洞型储层微观特征研究基础上,通过动、静态资料结合,地质、测井、地震、生产动态、测试等资料结合,开展磨溪龙王庙组储层分类评价,建立储层分级评价体系,在此基础上由点即线、由线到面开展储层展布研究,明确了磨溪龙王庙组气藏优质储层展布规律。

一、有效储层下限标准确定

安岳气田龙王庙组储集岩岩性为白云岩,其测井电性特征清楚,识别方法可靠。储层常规测井表现为低自然伽马、中低电阻率、低密度和高声波时差、较高补偿中子孔隙度的“三低两高”特征,随着物性变好,自然伽马、密度降低,而声波、中子增大,具有较好的相关性,储层段一般无铀伽马小于 20API,声波时差大于 46μs/ft,中子孔隙度大于 4%,密度小于 2.8g/cm^3,电阻率为高阻背景上相对降低,一般小于 10000Ω · m,当储层含气时,电阻率升高,一般在 55 Ω · m以上,非储层段具有高伽马或高电阻率的特征。

(一)含气性标准

磨溪地区龙王庙组大量测井与测试资料分析表明,利用测井孔隙度—含水饱和度交会图(ϕ—S_w)、深浅双侧向比值与深电阻率交会图(R_t/R_{xo}—R_t)对含气性的判别最为有效,是磨溪地区龙王庙组储层含气性判别的主要方法。

1. 测井孔隙度—含水饱和度交会图法

测井孔隙度—含水饱和度交会图法是源于阿尔奇公式的一种快速直观解释方法，针对磨溪地区龙王庙组孔隙型储层，利用该方法进行含气性判别是可行的。对于气层（地层中只含束缚水），$\phi—S_w$ 交会图上的数据点呈近似双曲线分布特征（图 4-33）；对于水层，则不具备此特征，$\phi—S_w$ 交会图中的数据点呈散乱无章分布。所以，可以从 $\phi—S_w$ 交会图上是否具有双曲线特征来判别储层的含气性。

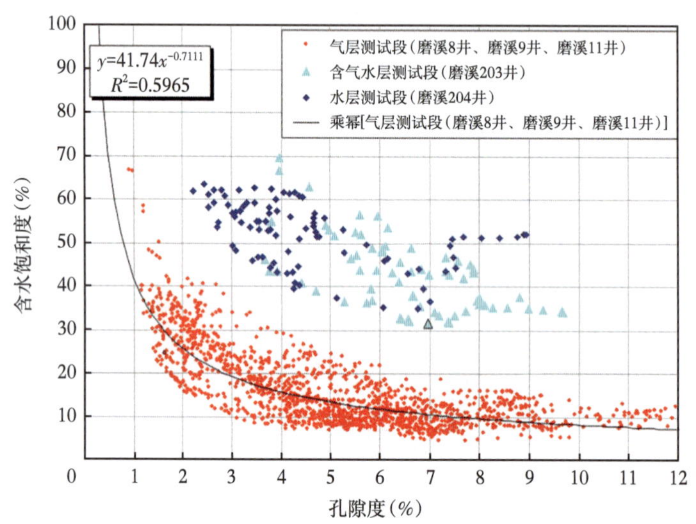

图 4-33 磨溪地区龙王庙组测试气层段、水层段（MDT）孔饱特征图

2. 深浅双侧向比值与深电阻率交会图法

深浅双侧向比值与深电阻率交会图法是利用深侧向电阻率绝对值与深浅双侧向比值的关系对储层流体性质进行判别。由深浅双侧向仪器原理知道，深侧向探测到的主要是原状地层的电阻率，而浅侧向的探测深度相对较浅，可部分反映冲洗带的电阻率。由于天然气的电阻率大于地层水的电阻率，含气性好时深电阻率增大，双侧向正差异也较大，地层含水时深电阻率降低，双侧向重合，甚至变为负差异。因此，利用深浅双侧向值的高低以及其差异特征可以判别储层的流体性质。

根据磨溪地区龙王庙组测井及试气资料，建立了龙王庙组流体性质判别图版（图 4-34），从图上可以看出，气层段绝对电阻率值都在 55Ω · m 以上，深浅双侧向比值一般大于 1.2，水层段绝对电阻率值小于 55Ω · m。

（二）物性标准

有效储层孔隙度下限采用试油法、最小流动孔喉半径法、产能模拟法和孔渗关系法综合确定。

试油法就是利用完井试气资料确定有效储层物性下限。高石 3 井龙王庙组两段射孔井段 4555~4577m 和 4606~4622m（图 4-35）。射孔段测井解释孔隙度主要集中在 1.7%~2.4%，

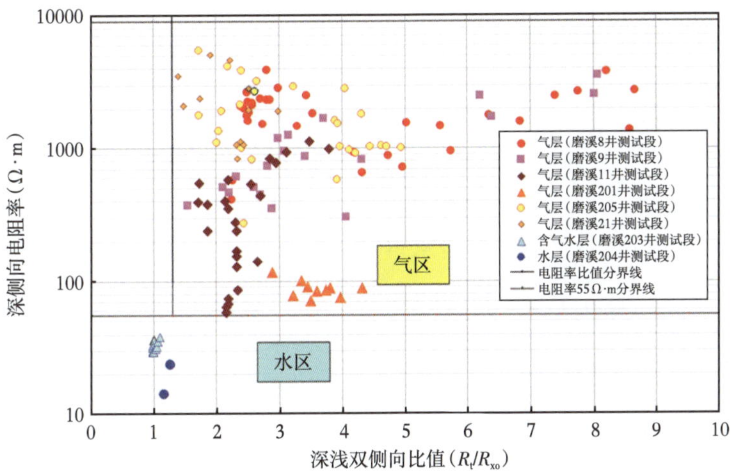

图 4-34　磨溪地区龙王庙组流体性质判别图版

发育 5 套薄储层，累计厚度 4.1m，射孔酸化测试，产气量为 $0.33\times10^4\text{m}^3/\text{d}$，无水，测试结果为含气层。该井测试表明，龙王庙组储层在厚 4.1m，孔隙度在 1.7%～2.4%时，就具备产气能力，对产层有贡献。

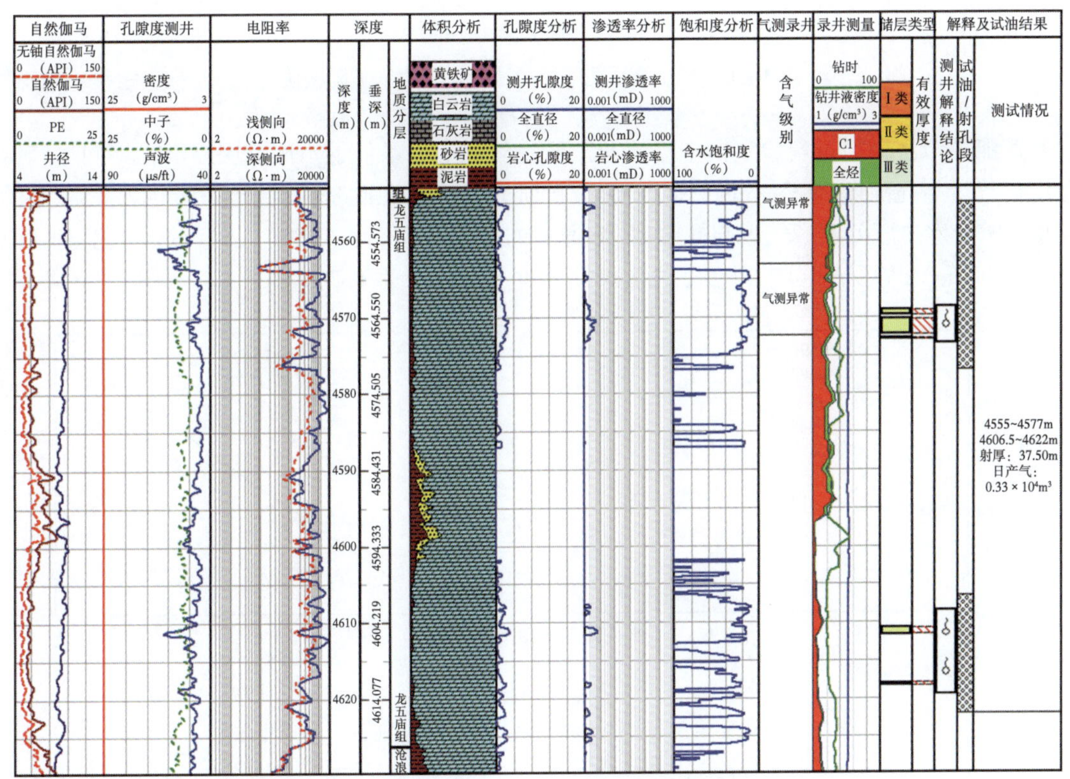

图 4-35　高石 3 井龙王庙组测井解释成果图

岩石的宏观孔渗特征是岩石微观孔隙结构及喉道大小的反映。岩石的孔隙及喉道是油气储集和流动的空间或通道，油气能否在一定压差下从岩石中流出取决于喉道的粗细，即孔喉半径的大小，这种既能储集油气又能使油气渗流的最小孔隙通道称为最小流动孔喉半径。

实验室确定产层的最小流动孔喉半径后，再据孔喉半径与常规物性参数的关系，确定产层的物性下限。磨溪气田龙王庙组储层的岩心样品，采用吸附法测定水膜厚度(孔隙喉道半径)为 0.0311μm。可以认为龙王庙组储层最小含气喉道半径为 0.0311μm。将最小含气喉道半径带入孔隙度—中值喉道半径关系式，可求得龙王庙组储层孔隙度下限为 1.98%(图 4-36)。

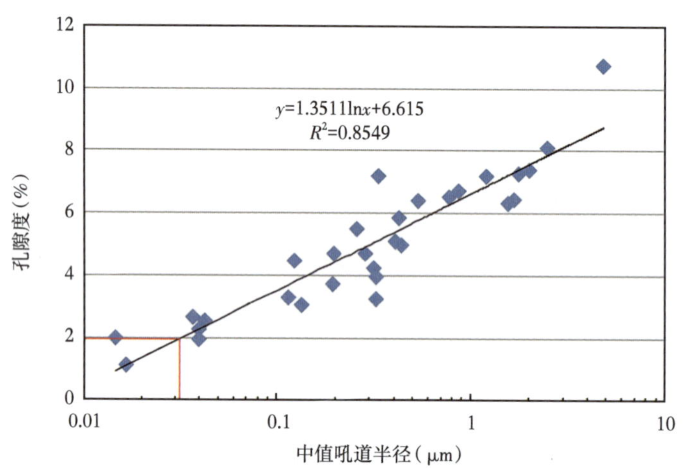

图 4-36　最小流动孔喉半径法确定孔隙度下限图版

产能模拟法即通过实验室模拟磨溪龙王庙组气藏地层条件下不同储层厚度在不同生产压差下产气量与孔隙度、渗透率的关系，开展分析研究工作。在此基础上，进一步选取 15m 厚的储层 5MPa 生产压差下产气量与孔隙度、渗透率的数学关系(图 4-37)，将气藏最低工业气流标准 20000m^3/d 代入即可求得工业气流的孔隙度下限标准为 1.7%。

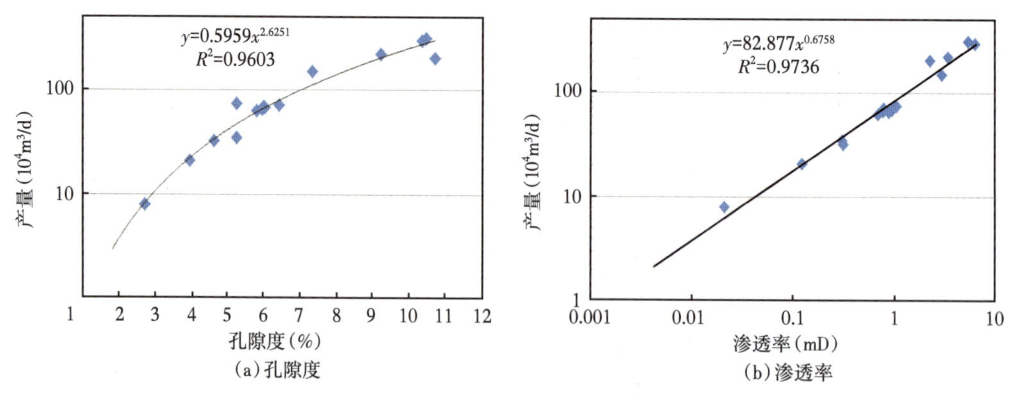

图 4-37　5MPa 生产压差下 15m 储层产气量与孔隙度、渗透率关系

从磨溪龙王庙气藏储渗段所取岩心样品的孔隙度—渗透率关系上分析，孔隙度低于 2%的样品数据点分布散乱，孔渗关系差；孔隙度 2%以上样品孔隙度—渗透率之间呈较好的线性

关系，具有孔隙型储层特征。结合试油法、最小流动孔喉半径法、产能模拟法分析结果，综合认为可以选取2%作为龙王庙组储层的孔隙度下限（图4-38）。

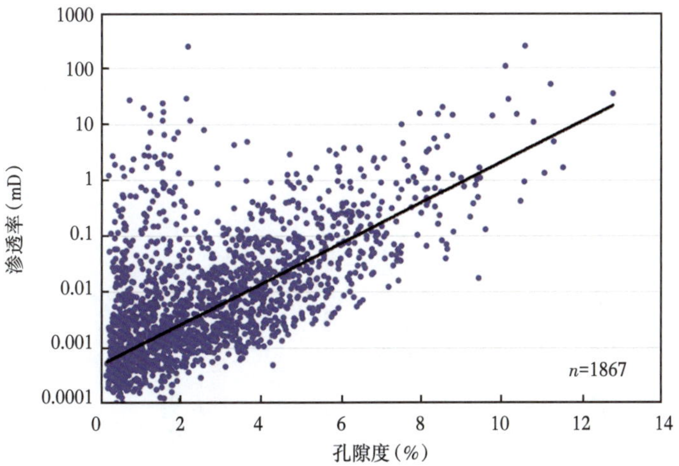

图4-38 磨溪龙王庙气藏储渗段岩心孔隙度—渗透率关系图

二、储层分级评价

磨溪龙王庙组的岩心、薄片及CT扫描等资料表明，储层主要发育溶蚀孔洞型、溶蚀孔隙型、基质孔隙型三种储集空间组合类型（图4-8），其各自的物性特征差异大，岩心特征、测井曲线特征、地震"亮点"响应特征都比较明显容易综合识别，且产能也有较大的差异。

（一）物性特征

通过对三种类型的储层物性定量对比研究表明，溶蚀孔洞型储层物性明显优于溶蚀孔隙型和基质孔隙型（图4-39和图4-40）[18]。溶蚀孔洞型储层576个样品平均孔隙度为5.21%，

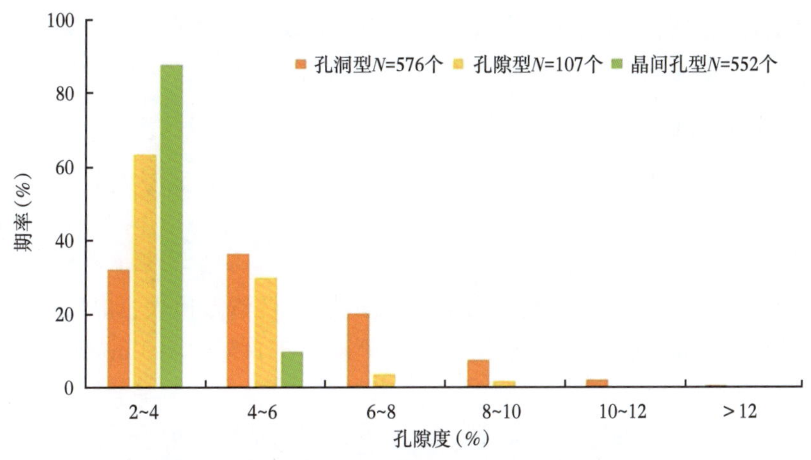

图4-39 不同类型储层岩心孔隙度分布直方图

溶蚀孔隙型 107 个样品的平均孔隙度 3.81%，基质孔隙为 3.10%，以溶蚀孔洞型的孔隙度最高。三种类型渗透率的规律也一样，溶蚀孔洞型岩心样品的平均渗透率为 0.95mD，溶蚀孔隙型平均为 0.49mD，基质孔隙型为 0.25mD。因此，以溶蚀孔洞型储层物性最好，其次是孔隙型，基质孔隙比较致密。

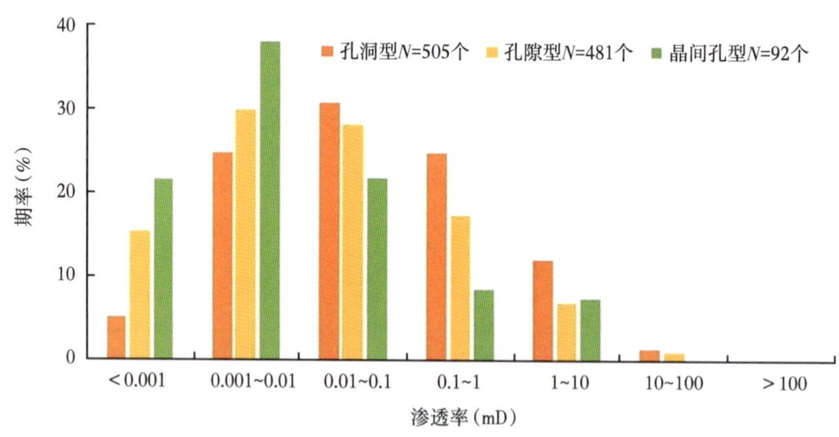

图 4-40　不同类型储层岩心渗透率分布直方图

(二)测井响应特征

采取岩心标定成像测井、成像测井标定常规测井的方式，掌握了不同类型储层的测井响应特征，建立了相应的测井响应模式。常规测井曲线上，溶蚀孔洞型储层自然伽马低值，电阻率值中高值，双侧向曲线“正差异”，三孔隙度曲线明显左偏，AC、CNL 值明显增大，DEN 值明显减小。溶蚀孔隙型储层与溶蚀孔洞型储层具有相似特征，自然伽马低值，电阻率值中高值，双侧向曲线“正差异”，三孔隙度曲线略左偏，AC、CNL 值略增大，DEN 值略减小。基质孔隙型电阻率值高，双侧向差异不明显，AC 时差低，DEN 高。在成像测井图上，溶洞发育的溶蚀孔洞型储层为斑状模式，大小不均、形状不规则小圆状或者椭圆形的暗色斑状特征明显。溶孔发育的溶蚀孔隙型在成像测井图上具有黑色与亮色的过渡暗色块状异常的特征。基质孔隙型的成像图上为块状模式，基本为同一色彩(亮色)，很少见斑状(图 4-41)。

(三)地震响应特征

利用岩心、测井资料建立的单井模式标定地震，研究认为三种储层类型对应以下三种地震相应模式。

(1)溶蚀孔洞型储层地震响应特征。

孔洞型储层在地震剖面上具有龙王庙组内部强波峰，且清晰粗大，如磨溪 204 井，该井溶蚀孔洞型储层厚 29.47m，储层平均孔隙度 5.6%，测试产气 $115.62\times10^4m^3/d$，地震剖面上龙王庙组内部“粗胖”型反射特征明显(图 4-42)。

表 4-4 为 40 口井的主要储层情况、测试产量及储层段地震反射特征，其单井溶蚀孔洞型储层平均厚度 17.4m，平均孔隙度 4.6%，平均测试产量高达 $137.6\times10^4m^3/d$。具有龙王庙组顶部弱波峰内部强波峰或者内部强波峰，即内部“粗胖”型反射亮点特征[28]。

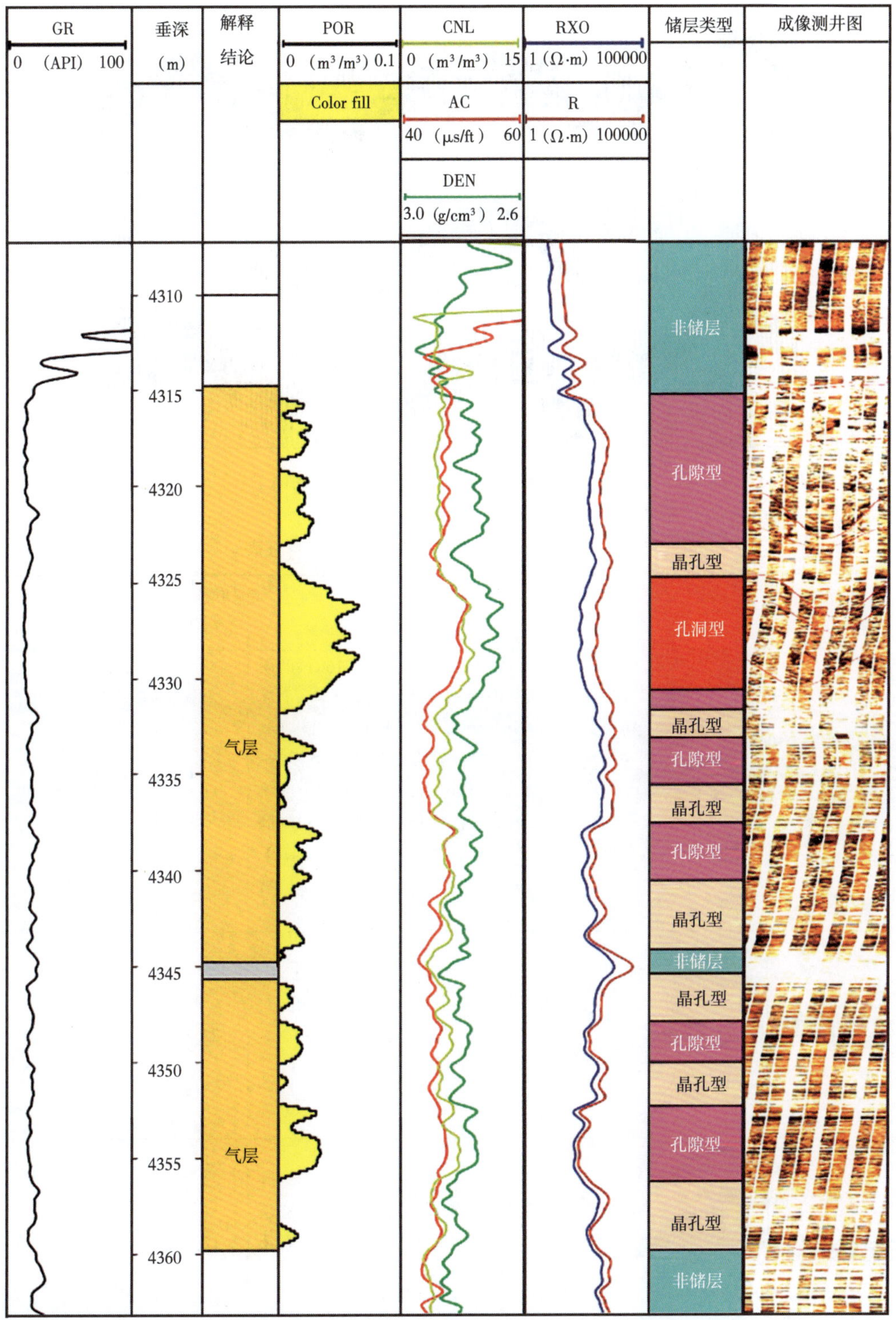

图 4-41　龙王庙组不同类型储层测井响应特征

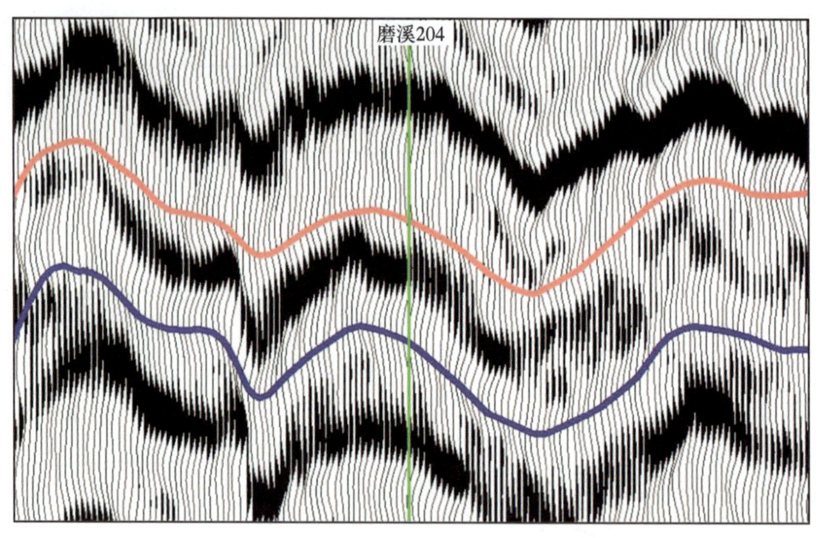

图 4-42　磨溪 204 井龙王庙组地震剖面

表 4-4　龙王庙组孔洞型储层地震响应特征表

模式图	反射特征	代表井号	储层厚度（m）	孔隙度（%）	测试产量（$10^4m^3/d$）
	内部强波峰	磨溪 10、磨溪 12、磨溪 16C1、磨溪 22、磨溪 32、磨溪 42、磨溪 46、磨溪 46X1、磨溪 47、磨溪 107、磨溪 204、磨溪 205，磨溪 008-H1、磨溪 6-X1、磨溪 6-X2、磨溪 7-H1、磨溪 11-X1、磨溪 15-H1、磨溪 X16、磨溪 17-X1、磨溪 18-X1、磨溪 H19、磨溪 009-3-X2、磨溪 4-X1、磨溪 X5	17.0	4.3	133.4
	顶部弱波峰内部强波峰	磨溪 9、磨溪 11、磨溪 13、磨溪 17、磨溪 101、磨溪 201，磨溪 009-X2、磨溪 3-X1	22.3	5.0	133.7
	顶部强波峰内部强波峰	磨溪 8、磨溪 20、磨溪 203，磨溪 008-20-H2、磨溪 009-X1、磨溪 2-H2、磨溪 X6	12.5	4.6	145.8
平　均			17.4	4.6	137.6

(2)孔隙型储层地震响应特征。

孔隙型储层地震响应模式为龙王庙组内部弱波峰、复波或杂乱反射,如磨溪 19 井,该井孔洞型储层厚 4.3m,储层平均孔隙度 3.9%,测试产气 $27.8\times10^4m^3/d$,地震剖面上龙王庙组内部弱波峰反射特征明显(图 4-43)。

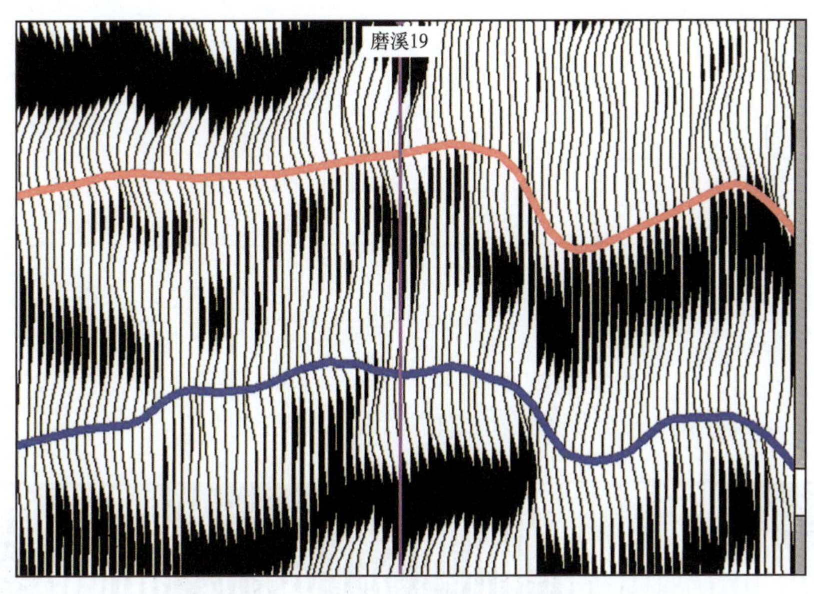

图 4-43　磨溪 19 井龙王庙组地震剖面

表 4-5 为 11 口井的主要储层情况、测试产量及储层段地震反射特征,其单井孔洞型储层平均厚度 5.5m,平均孔隙度 3.6%,平均测试产量高达 $27.8\times10^4m^3/d$。龙王庙组顶部弱波峰,内部弱波峰、杂乱反射,即内部“散乱”型亮点。

表 4-5　龙王庙组孔隙型储层地震响应特征表

模式图	反射特征	代表井号	孔洞型储层厚度(m)	孔隙度(%)	测试产量($10^4m^3/d$)
	内部弱波峰(4 口)	磨溪 18、磨溪 202、磨溪 203C1,磨溪 008-H8	2.8	3.3	35.5
	杂乱反射(3 口)	磨溪 51、磨溪 008-X2、磨溪 008-H3	6.4	3.3	42.4

续表

模式图	反射特征	代表井号	孔洞型储层厚度（m）	孔隙度（%）	测试产量（$10^4m^3/d$）
	顶部强波峰内部弱波峰（4 口）	磨溪 16、磨溪 19、磨溪 27、磨溪 48	7.4	4.2	5.5
	平均（11 口）		5.5	3.6	27.8

（3）晶间孔隙型储层地震响应特征。

晶间孔隙型储层地震响应模式为龙王庙组顶部强波峰内部无强峰反射，为“空白”型亮点模式，如磨溪 21 井，该井孔洞型储层厚仅 1.15m，储层平均孔隙度 3.4%，测试产气 $7.3\times10^4m^3/d$，龙王庙组内部无强峰反射，即具有“极弱”型反射特征（图 4-44）。

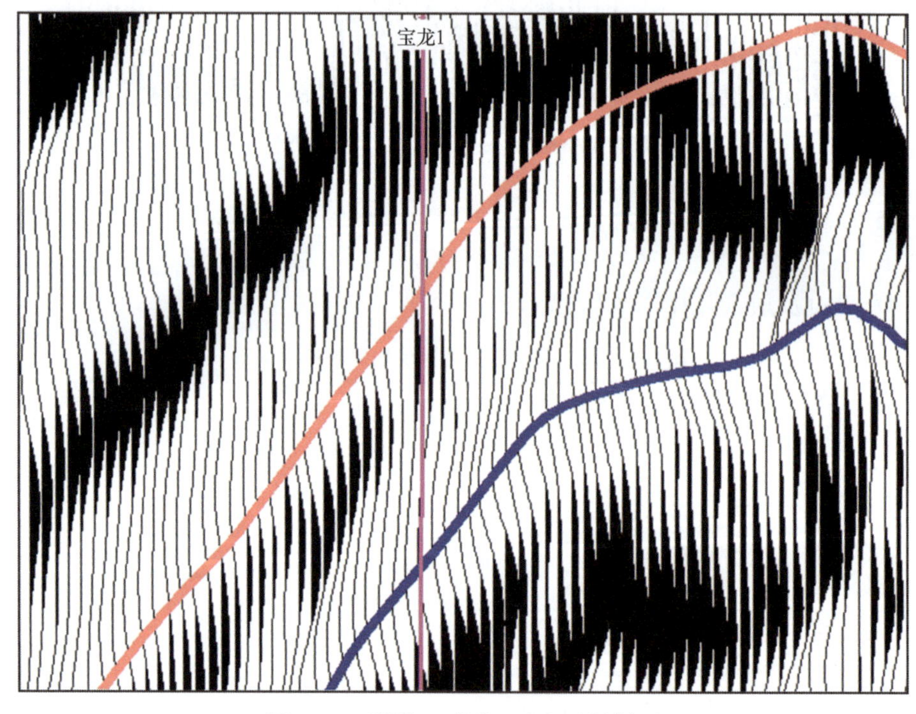

图 4-44　磨溪 21 井龙王庙组地震剖面

（四）产能特征与储层分级

磨溪龙王庙组储层孔隙度分布在 2%～10%、渗透率分布在 0.01～100mD，碳酸盐岩储集岩分类标准（SY/T 6110—2016）中的分类孔隙度按 2%～6%、6%～12%、≥12%，渗透率按 0.001～

0.1mD、0.1~10mD、≥10mD 来看，该区储层以Ⅱ类、Ⅲ类为主，几乎没有Ⅰ类储层。然而，磨溪区块一系列的钻探，获得30余口百万方以上的工业气井，多口井的试井渗透率均大于5mD，明显优于国内绝大部分的海相碳酸盐岩气藏，说明磨溪地区龙王庙组储层有别于一般的碳酸盐岩储层。缝洞型储层孔隙结构特征研究认为该区毫米级的小洞和微细裂缝极为发育，孔、洞、缝形成的网络系统渗流能力强。

不考虑井筒大小、射开程度等因素的影响，通过分析龙王庙组测试井无阻流量与各类型储层厚度的关系，认为溶蚀孔洞型和溶蚀孔隙型储层孔隙度一般超过4%，是该区的优质储层。溶蚀孔洞和溶蚀孔隙两种类型储层的发育程度控制气井测试产量的高低，无阻流量超过 $400×10^4m^3/d$ 的气井，优质储层厚度比例均在60%以上，且两者具有明显的正相关关系(图4-45)。

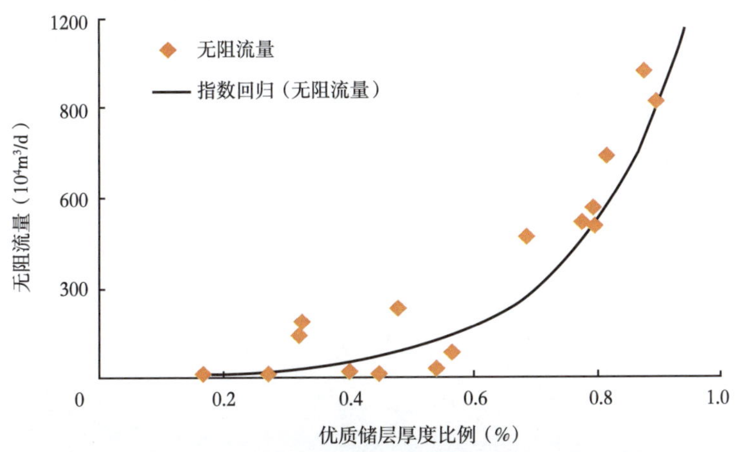

图4-45 龙王庙组无阻流量与优质储层厚度比例关系图

三、优质储层展布特征

完钻井区域按前面建立的储层分级评价体系进行刻画；未钻井区域基于地层模型的全局自动地震解释 Paleoscan 新技术、高分辨率地质统计学、关键井信息地震正演等研究，掌握各类储层的地震相应模式。在此基础上动、静态资料结合分层分区块刻画各类储层分布，明确优质储层展布规律。

(一)实钻井对比研究优质储层纵向展布特征

逐井单层判别储层类型，然后进行区块内连井剖面对比，绘制分类储层连井剖面分布图。磨溪区块优质的孔洞型储层总体较为发育，但井间差异大，局部井区孔洞型储层不发育。磨溪8井区发育两套孔洞型储层，累计厚度大，上部优于下部(图4-46)；磨溪9井区孔洞型储层厚层状、集中分布在地层中下部，向磨溪8井区方向(磨溪②号断层)，上部孔洞型储层变好(图4-46)。

(二)井震结合明确优质储层平面展布特征

磨溪龙王庙组储层单层厚度分布0.2~43.4m，平均值为8.7m，地震可精细识别的厚度下限为30m，利用三维地震预测单个储渗难度加大，必须结合单井发育情况进行研究。模型正演

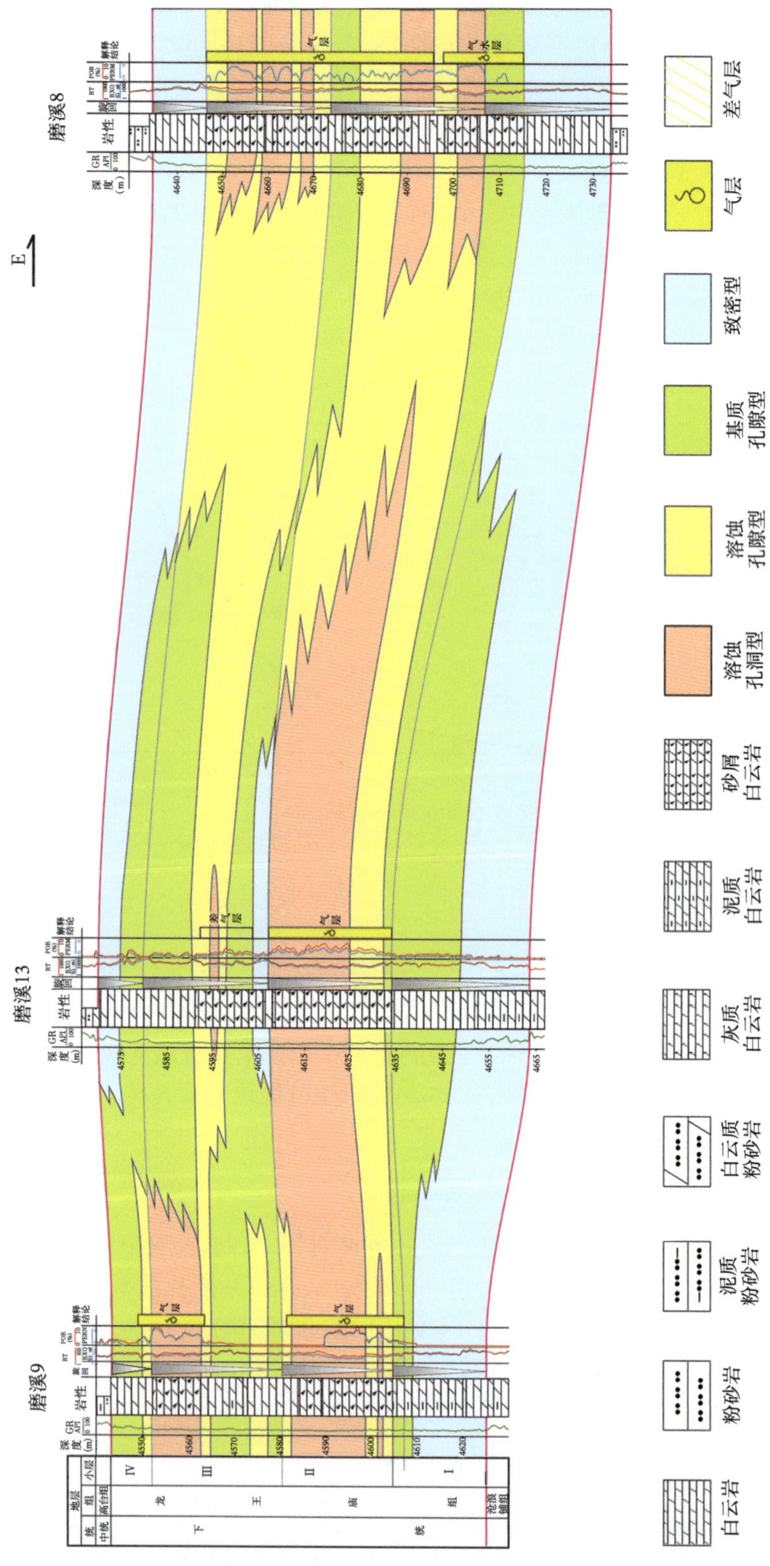

图 4-46 磨溪 9—磨溪 13—磨溪 8 龙王庙组储层对比图（高台组拉平）

表明,内部“极弱”型亮点,以基质孔型储层为主,含少量孔隙型储层,气井测试产量低;内部“散乱”型亮点,以孔隙型储层为主含少量孔洞型储层,其井测试产量中等;内部“粗胖”型亮点,以孔洞型储层为主,气井测试产量较高,其中“亮点、双轴、上弱下强”为最有利的储层地震响应模式,孔洞型储层厚度和孔隙度的增加,内部“亮点”振幅变强。

在此基础上,根据各种类型储层的三维地震响应特征,基于地层模型的全局自动地震解释和“亮点”识别,提取该区振幅能量分布图,黄—红色区域对应高能滩体控制的溶蚀孔洞和溶蚀孔隙型储层发育区,绿色区域对应低能滩体控制的基质孔隙型储层发育区,优选出磨溪 8 井区、磨溪 9 井区、磨溪 12 井区、磨溪 204 井区、磨溪 16 井区、磨溪 46 井区等“两带十区”优质储层发育区(图 4-47)。通过大量岩心物性分析、测井储层解释参数统计和试井解释参数对比研究,认为磨溪龙王庙组高渗区分布范围内优质储层厚度占总储层比例在 60%以上或者孔洞型储层垂厚在 5m 以上,平均孔隙度大于 4%、基质渗透率大于 0. 1mD。

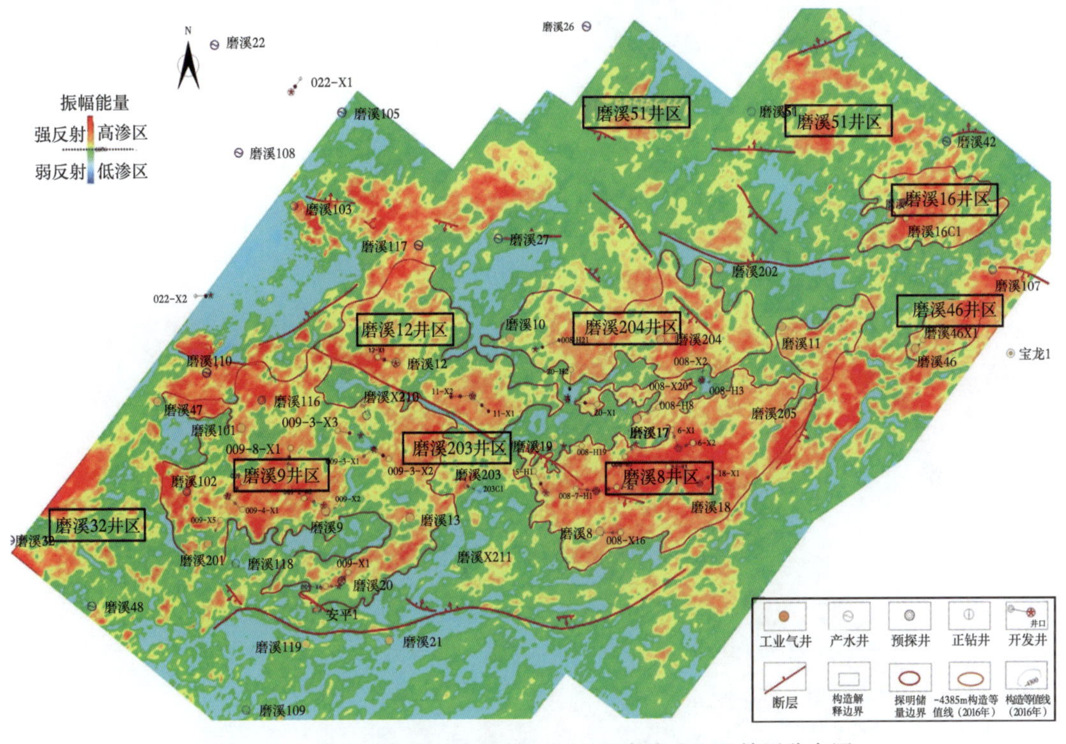

图 4-47　磨溪区块龙王庙组“两带十区”高渗孔洞型储层分布图

在溶蚀孔洞型储层综合识别模式和连井剖面分布基础上,以单井统计不同储层类型厚度为基础数据,以地震平均振幅能量属性平面分布图为约束,绘制三种储层类型的厚度平面分图(图 4-48 至图 4-50)。结果显示:溶蚀孔洞和溶蚀孔隙型储层主要分布于磨溪 8 井区、磨溪 10—磨溪 12 井区、磨溪 9—磨溪 201 井区,受沉积和成岩作用影响,两类储层在纵横向的分布具有一致性。基质孔隙型储层在磨溪 17—磨溪 19 井区、磨溪 205 井区附近较发育。

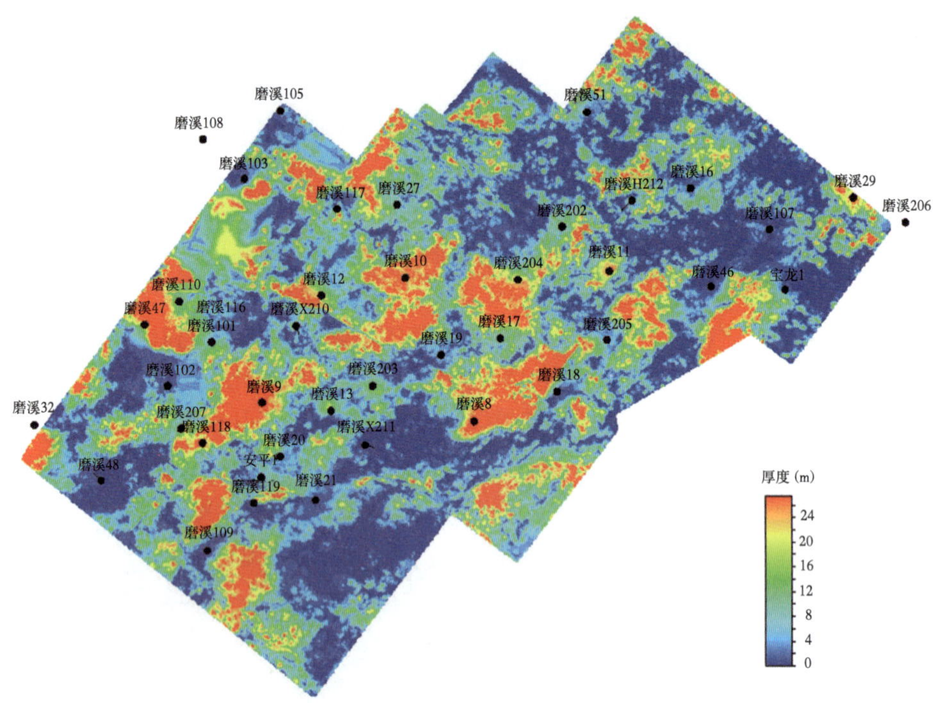

图 4-48　龙王庙组溶蚀孔洞型储层厚度展布

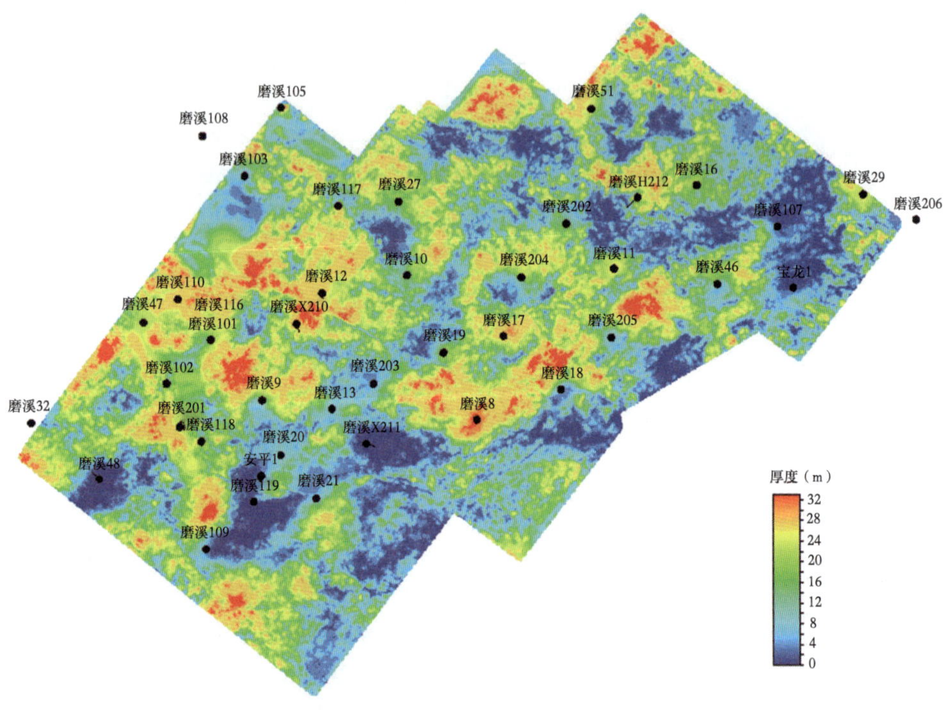

图 4-49　龙王庙组溶蚀孔隙型储层厚度展布

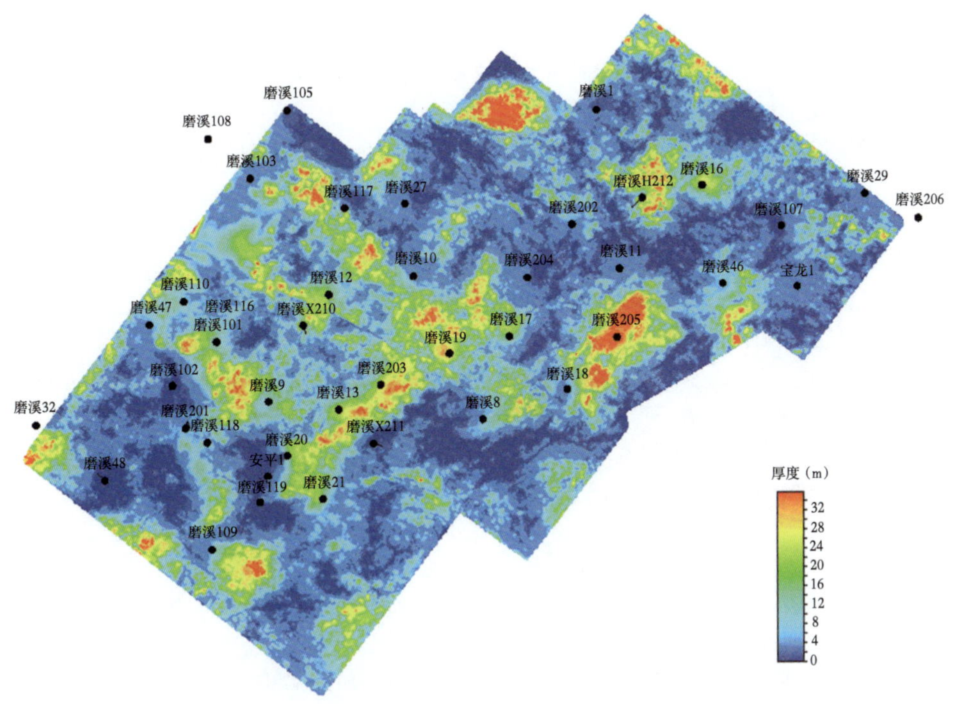

图 4-50　龙王庙组基质孔隙型储层厚度展布

参 考 文 献

[1] 代林呈,王兴志,杜双宇．四川盆地中部龙王庙组滩相储层特征及形成机制[J]. 海相油气地质, 2016,21(1):19-28.

[2] 杨雪飞,王兴志,杨跃明,等．川中地区下寒武统龙王庙组白云岩储层成岩作用[J]. 地质科技情报,2015,34(1):35-41.

[3] 黄文明,刘树根,张长俊,等．四川盆地寒武系储层特征及优质储层形成机理[J]. 石油与天然气地质,2009,30(5):566-575.

[4] 赵彦彦,郑永飞．碳酸盐沉积物的成岩作用[J]. 岩石学报,2001,27(2):501-519.

[5] 强子同．碳酸盐岩储层地质学[M]. 北京:石油大学出版社,1998.

[6] 王恕一,蒋小琼,管宏林,等．川东北普光气田鲕粒白云岩储层粒内溶孔的成因[J]. 沉积学报,2009,28(1):10-16.

[7] 高树生,胡志明,安为国,等．四川盆地龙王庙组气藏白云岩储层孔洞缝分布特征[J]. 天然气工业,2014,34(3):103-109.

[8] 杜金虎,邹才能,徐春春,等．川中古隆起龙王庙组特大型气田战略发现与理论技术创新[J]. 石油勘探与开发,2014,41(3):268-277.

[9] 邹才能,杜金虎,徐春春,等．四川盆地震旦系—寒武系特大型气田形成分布、资源潜力及勘探发现[J]. 石油勘探与开发,2014,41(3):278-293.

[10] 刘树根,宋金民,赵异华等．四川盆地龙王庙组优质储层形成与分布的主控因素[J]. 成都理工大学学报(自然科学版),2012,41(6):657-670.

[11] 徐春春,沈平,杨跃明,等. 乐山—龙女寺古隆起震旦系—下寒武统龙王庙组天然气成藏条件与富集规律[J]. 天然气工业,2014,34(3):1-7.

[12] 姚根顺,周进高,邹伟宏,等. 四川盆地下寒武统龙王庙组颗粒滩特征及分布规律[J]. 海相油气地质,2013,18(4):1-8.

[13] 周进高,房超,季汉成,等. 四川盆地下寒武统龙王庙组颗粒滩发育规律[J]. 地质勘探,2014, 34 (8):27-36.

[14] 金民东,谭秀成,李凌,等. 四川盆地磨溪—高石梯地区下寒武统龙王庙组颗粒滩特征及分布规律[J]. 古地理学报,2015,17 (3):347-357.

[15] 田艳红,刘树根,宋金民,等. 四川盆地中部地区下寒武统龙王庙组储层成岩作用研究[J]. 成都理工大学学报:自然科学版,2014,41(6):671-683.

[16] 何登发,李德生,张国伟,等. 四川多旋回叠合盆地的形成与演化[J]. 地质科学,2011,46(3):589-606.

[17] 郭正吾,邓康龄,韩永辉,等. 四川盆地形成与演化[M]. 北京:地质出版社,1996.

[18] 谢武仁,杨威,李熙喆,等. 四川盆地川中地区寒武系龙王庙组颗粒滩储层成因及其影响[J]. 天然气地球科学, 2018,29 (12):1715-1726.

[19] 徐美娥,张荣强,彭勇民,等. 四川盆地东南部中、下寒武统膏岩盖层分布特征及封盖有效性[J]. 石油与天然气地质, 2013,34(3):301-306.

[20] 林良彪,陈洪德,淡永,等. 四川盆地中寒武统膏盐岩特征与成因分析[J]. 吉林大学学报:地球科学版,2012,42(增刊2):95-103.

[21] 彭勇民,张荣强,陈霞,等. 四川盆地南部中下寒武统石膏岩的发现与油气勘探[J]. 成都理工大学学报:自然科学版,2012,39(1):63-69.

[22] 王雅萍,杨雪飞,王兴志,等. 川中磨溪地区龙王庙组晶粒白云岩储集性能及成因机制[J]. 地质科技情报,2019,38(2):297-205.

[23] 张满郎,郭振华,张林,等. 四川安岳气田龙 王庙组颗粒滩岩溶储层发育特征及主控因素[J]. 地学前缘,2020,6(1-16).

[24] 杨威,魏国齐,谢武仁,等. 川中地区龙王庙组优质储层发育的主 控因素及成因机制[J]. 石油学报,2020,41(4):422-432.

[25] 杨雪飞,王兴志,唐浩,等. 四川盆地中部磨溪地区龙王庙组沉积 微相研究[J]. 沉积学报,2015,33(5):972-982.

[26] 金民东,曾伟,谭秀成,等. 四川磨溪—高石梯地区龙王庙组滩控岩溶型储集层特征及控制因素[J]. 石油勘探与开发,2014,41(6):650-660.

[27] 周慧,张宝民,李伟,等. 川中地区龙王庙组洞穴充填物特征及油气地质意义[J]. 成都理工大学学报(自然科学版),2016,43(2):188-198.

[28] 张光荣,冉崎,廖奇,等. 四川盆地高磨地区龙王庙组气藏地震勘探关键技术[J]. 天然气工业,2016,5:31-37.

第五章　气井产能特征

受限于气藏面积大和钻完井时间长、产出天然气中含 H_2S(5.70~11.19g/cm^3)的特点,截止开发方案编制前,仅有探井18口(45km^2/口),其中测试14口,测试时间仅2~9h;3口井试采,但时间短、强度低,龙王庙组气藏动静态资料有限。本章主要对如何充分挖掘有限数据信息、评价气井高产和稳产能力的方法和认识进行介绍,包括不稳定试井储渗特征分析、气井产能分布特征和气井高产稳产能力评价三部分。

第一节　不稳定试井储渗特征

一、气井渗流特征

针对裂缝发育储层存在的特殊的流动特征,1960年由苏联的渗流力学专家巴兰布拉特提出了双重介质的概念,并建立了数学模型,确定了具有双重介质流动特征的压恢双对数典型曲线。图5-1和图5-2分别给出了双重介质储层流动过程示意图和典型压恢双对数曲线图。根据双重介质模型,典型的压恢曲线依次包括以下几个流动段:裂缝流动段、过渡流动段、总系统流动段,有时气井由于受井底污染影响,掩盖了裂缝流动段,只出现过渡流动段和总系统流动段(图5-2)。压力导数曲线上两段径向流之间的下凹的过渡流动段,是判断是否存在流动上的双重介质特征的主要依据[1]。

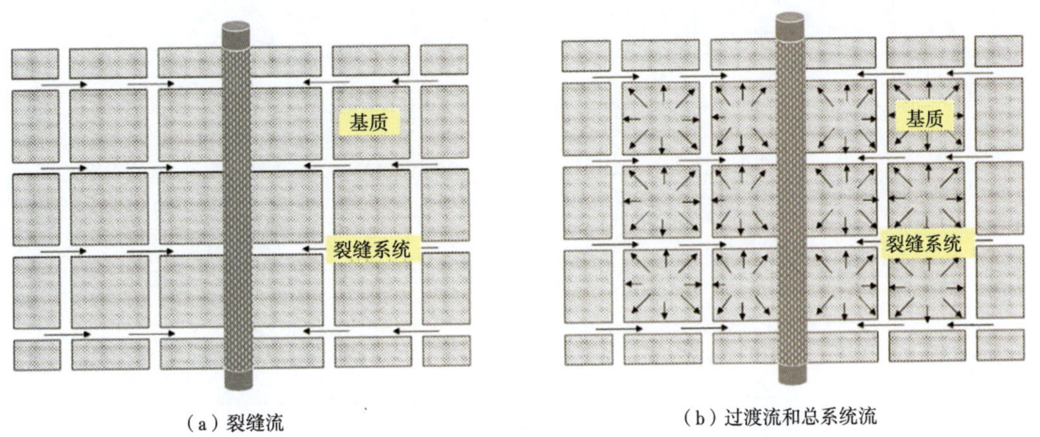

(a)裂缝流　　(b)过渡流和总系统流

图5-1　双重介质储层流动过程示意图

从前述章节岩心描述、成像测井和断裂分析等地质认识来看,磨溪龙王庙储层裂缝普遍发育,起到了整体改善储层渗流能力和连通性的作用,但从实际气井不稳定试井压恢曲线形态来看(图5-3),磨溪龙王庙气藏储层表现出视均质储层特征,未表现出明显的双重介质特征。这是由于龙王庙储层历经三期岩溶作用,沿裂缝和易溶储集体大面积顺层溶蚀[2]。多数位于滩

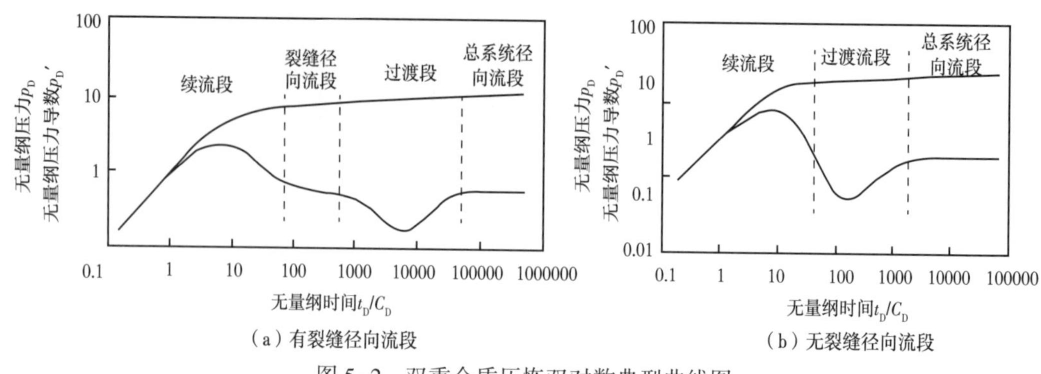

（a）有裂缝径向流段　　（b）无裂缝径向流段

图 5-2　双重介质压恢双对数典型曲线图

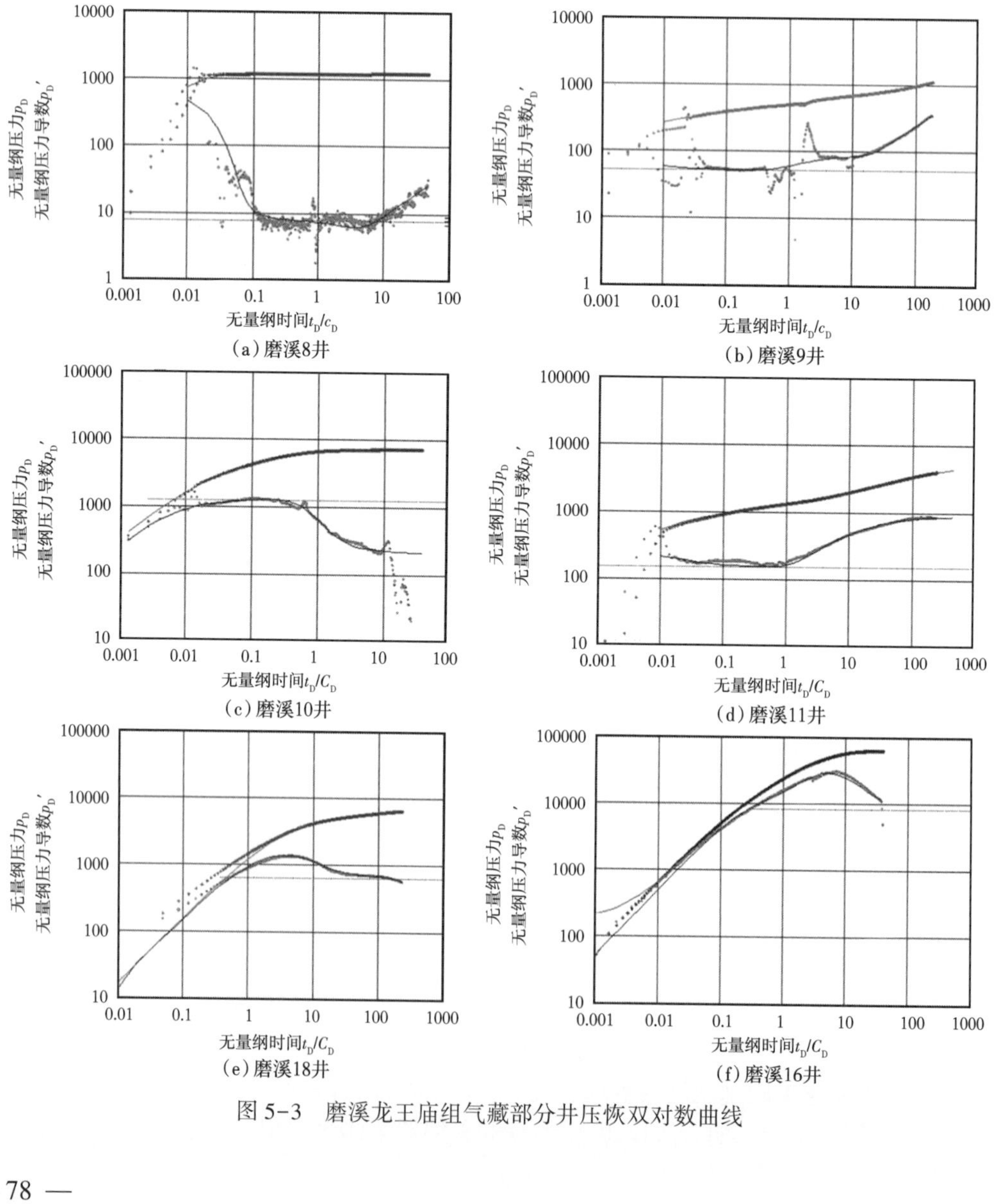

（a）磨溪8井

（b）磨溪9井

（c）磨溪10井

（d）磨溪11井

（e）磨溪18井

（f）磨溪16井

图 5-3　磨溪龙王庙组气藏部分井压恢双对数曲线

主体部位的井溶蚀孔洞发育，而且与测试产量具有正相关性，说明溶蚀孔、洞本身具有一定的渗透性；此外，天然裂缝与溶蚀孔、洞匹配关系好，形成整体连通的缝洞体系，使得压恢曲线表现出视均质流动特征。气藏投产后，滩主体部位气井的长期生产动态也证实了储层的视均质特征，即在高配产条件下（100~150）×$10^4m^3/d$，气井产量和压力变化平稳（图 5-4）。

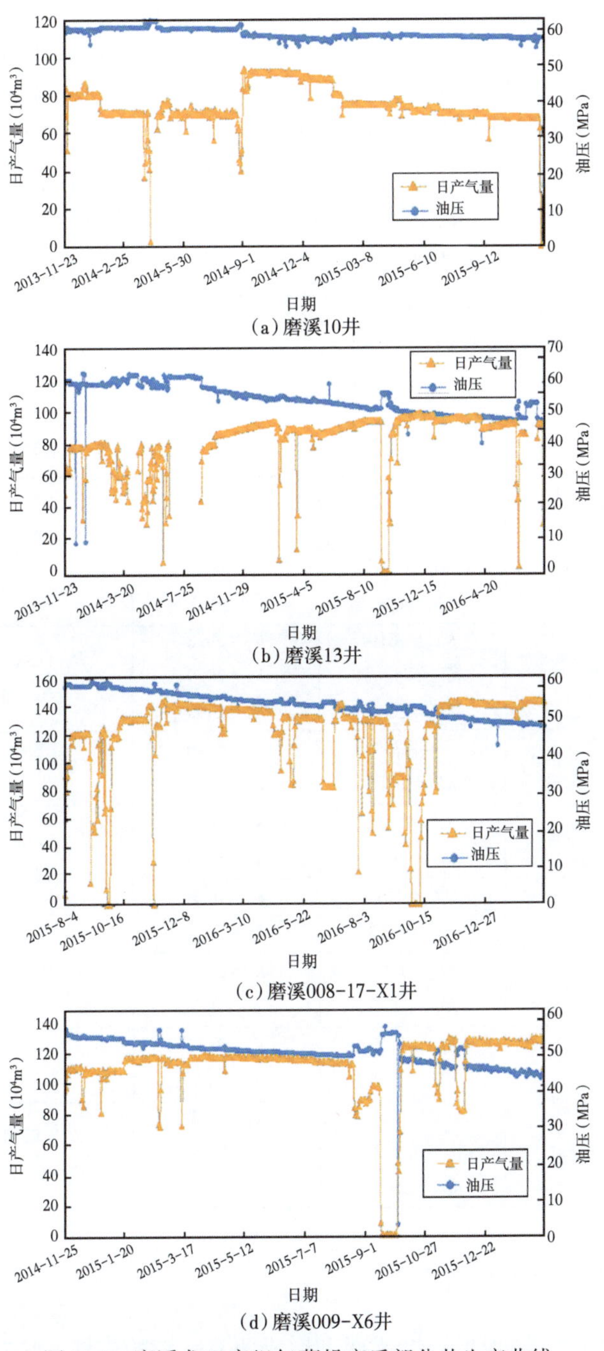

（a）磨溪10井

（b）磨溪13井

（c）磨溪008-17-X1井

（d）磨溪009-X6井

图 5-4　磨溪龙王庙组气藏投产后部分井生产曲线

二、储层物性特征

磨溪龙王庙气藏孔隙度低(孔隙度范围 2%~16%,平均孔隙度 4.28%),从不稳定试井解释结果来看(表 5-1),储层物性主要表现出以下两种特征[3]。

一是储层物性好,整体表现出中—高渗透特征。表 5-1 中 8 口评价井试井解释 *Kh* 值 1~19000mD·m,渗透率 0.01~300mD,多数井试井解释渗透率介于 5~50mD,说明裂缝的存在大幅度提高了溶蚀孔洞型储层的渗流能力,使得储层整体表现出中—高渗透特征。

二是储层非均质性强。受多期溶蚀和裂缝发育影响,滩体不同部位物性差异大。滩主体部位储层物性好,不稳定试井解释 *Kh* 值 42.37~19000mD·m,不稳定试井解释渗透率 5~50mD,而滩边缘溶蚀孔洞不发育,边部裂缝不发育区储层较致密,渗透率主要为 0.01~1.0mD。比如位于边部的磨溪 16 井两次酸化后关井压力恢复较慢,续流段长,不稳定试井解释 *Kh* 值 1.54mD·m,渗透率 0.03mD。此外,储层非均质性还表现在井控范围内的物性差异,表 5-1 中给出的多数井的压恢双对数曲线都表现出径向复合(两区复合、三区复合)特征,内区半径 50~2000m,说明在井控范围内,储层具有非均质性。

表 5-1 磨溪龙王庙组气藏部分气井不稳定试井解释结果表

井号	模型	*Kh* (mD·m)	*K* (mD)	*R* (m)	*M* (D)
磨溪 8	径向复合井	$Kh_1=19000$ $Kh_2=4185$	$K_1=344.2$ $K_2=75.8$	$R_1=1890$	4.5
磨溪 9	径向复合井	$Kh_1=1610$ $Kh_2=847.4$ $Kh_3=80.5$	$K_1=39.8$ $K_2=20.9$ $K_3=1.99$	$R_1=132.4$ $R_2=614.8$	$M1(D1)=1.9$ $M2(D2)=20$
磨溪 10	径向复合井	$Kh_1=249$ $Kh_2=1116$	$K_1=6.46$ $K_2=28.96$	$R_1=55.2$	0.23
磨溪 11 井	径向复合井	$Kh_1=960$ $Kh_2=197.9$	$K_1=16.9$ $K_2=3.48$	$R_1=144$	4.85
磨溪 13 井	径向复合井	$Kh_1=551$ $Kh_2=2623$	$K_1=10.8$ $K_2=51.4$	$R_1=236$	0.21
磨溪 16 井	径向复合井	$Kh_1=1.63$ $Kh_2=16.3$	$K_1=0.03$ $K_2=0.3$	$R_1=50$	0.1
磨溪 18 井	径向复合井	$Kh_1=11.9$ $Kh_2=59.5$	$K_1=0.82$ $K_2=4.1$	$R_1=487$	0.2
磨溪 204 井	径向复合井	$Kh_1=1850$ $Kh_2=616.67$ $Kh_3=26.49$	$K_1=61.7$ $K_2=20.57$ $K_3=0.88$	$R_1=82.4$ $R_2=634.8$	$M1(D1)=3$ $M2(D2)=70$

三、滩体连通性和展布特征

龙王庙气藏纵向上发育四期滩体,平面上形成两滩一沟的格局,滩主体是井位部署和气田开发的主要区域[4]。分析滩主体部位储层纵横向连通性,对优化开发井位,提高储量动用具有重要意义。

从滩体的平面连通性来看，图 5-3 中给出的气井不稳定试井压恢双对数曲线后期形态均未出现明显的断层、岩性等不渗透边界反应，说明滩主体横向分布范围大，内部连通性好。

从储层的纵向连通性来看，磨溪 8 井龙王庙上段压恢测试具有部分射开特征(图 5-5)，分析认为未射开的龙王庙下段也得到动用，而且分层测试无阻流量与合层测试无阻流量基本相同(表 5-2)，其他进行了分层与合层测试的井也表现出了同样的产能特征。说明储层纵向连通性好，普遍发育的高角度裂缝起到了纵向沟通储层的作用。

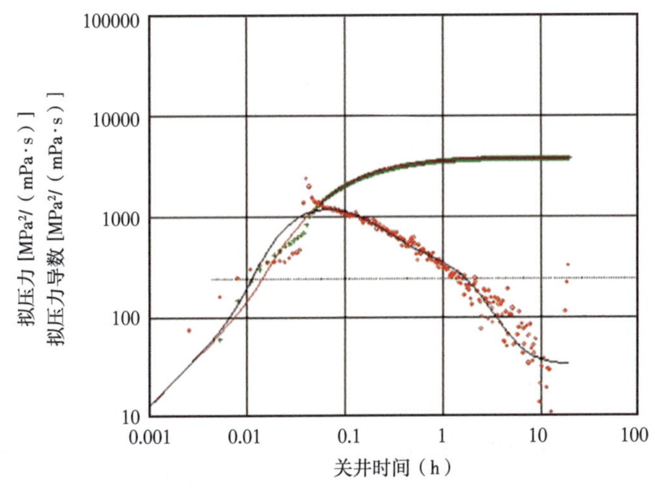

图 5-5　磨溪 8 井龙王庙组上段(4646.5~4675.5m)(压恢双对数曲线)

表 5-2　龙王庙组气藏部分井分层及合层测试无阻流量

井号	测试层段（m）		测试产量（$10^4m^3/d$）	无阻流量（$10^4m^3/d$）
磨溪 8 井	龙王庙组上段	4646.5~4675.5	83.5	820.6
	龙王庙组下段	4697.5~4713	107.2	1305.2
	合层测试	4646.5~4713	84.0	1011.6
磨溪 11 井	龙王庙组上段	4684~4712	108	857.7
	龙王庙组下段	4723~4734	109.5	564.0
	合层测试	4684~4734	78.8	559.3

第二节　气井产能分布特征

一、气井无阻流量计算

(一) 气井产能测试特征

在前期评价阶段，磨溪龙王庙组气藏共有 12 口井进行了试油测试，其中系统产能试井 3 口，其余为单点测试，具体测试结果见表 5-3，气井测试产量范围(7.27~154.3)×$10^4m^3/d$，12

口井中有 8 口井测试产量大于 $100\times10^4 m^3/d$,预示磨溪龙王庙气藏有较高的产能前景。

(二) 系统产能试井分析

利用系统产能试井数据,建立气井产能方程,计算无阻流量并绘制 IPR 曲线,是产能试井分析的主要任务。气井产能方程包括二项式和指数式两种形式,针对磨溪龙王庙组气藏采用国内常用的二项式形式,包括二项式拟压力、二项式压力平方、二项式压力一次方三种形式[5],具体公式如下。

二项式拟压力形式:

$$\psi_R - \psi_{wf} = Aq_g + Bq_g^2 \tag{5-1}$$

二项式压力平方形式:

$$p_R^2 - p_{wf}^2 = Aq_g + Bq_g^2 \tag{5-2}$$

二项式压力一次方形式:

$$p_R - p_{wf} = Aq_g + Bq_g^2 \tag{5-3}$$

式中 ψ—— 拟压力,$\psi = 2\int_{p_b}^{p} \frac{p}{\mu_g Z} dp$;

ψ_R——地层压力 p_R 对应的拟压力,$MPa^2/(mPa \cdot s)$;

ψ_{wf}——井底流压 p_{wf} 对应的拟压力,$MPa^2/(mPa \cdot s)$;

p_R——地层压力,MPa;

p_{wf}——井底流动压力,MPa;

A,B——二项式系数。

表 5-3 磨溪龙王庙组气藏评价井产能测试及无阻流量计算结果表

井号	层位	层段 (m)	Q_g $(10^4m^3/d)$	p_t (MPa)	p_{wf} (MPa)	p_r (MPa)	Δp (MPa)	Q_{AOF} $(10^4m^3/d)$	备注
磨溪8井	龙王庙下	4697.5~4713.0	107.2	54.55	75.47	75.68	0.2	1305.2	完井测试
	龙王庙上	4646.5~4675.5	83.5	53.67	74.3	75.56	1.26	820.6	完井测试
	龙王庙	4646.5~4675.5 4697.5~4713.0	26.7	62.21	75.56	75.64	0.081	1011.6	产能试井
			48.5	60.39	75.47		0.17		
			61.5	58.84	75.39		0.25		
			83.8	54.77	75.22		0.42		
磨溪9井	龙王庙	4549.0~4607.5	154.3	50.04	72	75.56	3.56	516.7	完井测试
磨溪10井	龙王庙	4646.0~4671.0 4680.0~4697.0	60.5	59.3	74.47	75.65	1.19	916.2	产能试井
			80.2	59.2	74.05		1.6		
			101.7	59.54	73.5		2.15		
			121.0	59.06	73.09		2.56		

续表

井号	层位	层段(m)	Q_g ($10^4m^3/d$)	p_t (MPa)	p_{wf} (MPa)	p_r (MPa)	Δp (MPa)	Q_{AOF} ($10^4m^3/d$)	备注
磨溪11井	龙王庙下	4723.0~4734.0	109.5	50.14	72.67	75.62	2.96	564.1	完井测试
	龙王庙上	4684.0~4712.0	108.0	51.78	73.89	75.55	1.66	857.7	完井测试
	龙王庙	4684.0~4700.0 4723.0~4734.0	33.8		74.64	75.155	0.52	559.3	产能试井
			49.6		74.34		0.81		
			64.8		73.98		0.18		
			78.8		73.59		1.56		
磨溪12井	龙王庙	4603.5~4637.0	116.77	50.67	73.21	75.02	1.81	664.9	完井测试
磨溪13井	龙王庙	4575.5~4648.5	128.84	50.5	71.32	74.57	3.25	529.91	
磨溪16井	龙王庙	4743.0~4805.0	11.47	32.4	44.73	76.17	31.44	19.78	
磨溪21井	龙王庙	4601.0~4655.0	7.27	35.31	46.25	75.32	29.07	15.37	
磨溪201井	龙王庙	4548.0~4608.5	132.2	50.12	68.55	75.74	7.18	507.3	
磨溪202井	龙王庙	4634.5~4711.5	14.54	45.3	59.56	76.2	16.64	34.3	
磨溪204井	龙王庙上	4654.0~4697.0	115.62	50.72	72.08	75.6	3.52	711.9	
磨溪205井	龙王庙	4588.5~4654.5	116.87	50.03	67.71	74.86	7.14	446.9	

图5-6给出了磨溪10井利用系统产能试井确定的三种压力形式的产能指示曲线和IPR曲线，具体产能方程和无阻流量分别为

二项式压力一次方：$p_R - p_{wf} = 0.0179q_g + 0.00003q_g^2$，$Q_{AOF} = 1316.4\times10^4m^3/d$；

二项式拟压力：$\psi_R^2 - \psi_{wf}^2 = 53.3159q_g + 0.0087q_g^2$，$Q_{AOF} = 1180.4\times10^4m^3/d$；

二项式压力平方：$p_R^2 - p_{wf}^2 = 2.7102q_g + 0.003861q_g^2$，$Q_{AOF} = 916.2\times10^4m^3/d$。

根据气体在孔隙介质中流动的偏微分方程可知，二项式拟压力形式是最准确的气井产能计算方程，在压力较高时（p大于20.7MPa）可以近似成二项式压力一次方形式，在压力较低时（p小于13.8MPa）可以近似成二项式压力平方形式。磨溪龙王庙气藏原始地层压力75.95MPa，因此从初始阶段三种压力形式的无阻流量计算结果来看，压力一次方计算结果与拟压力计算结果比较接近。考虑到现场实际应用的可操作性和习惯，以及在开发跟踪中产能计算结果的可对比性，无阻流量计算结果以常用的二项式压力平方形式为主。

（三）一点法无阻流量计算

针对仅进行了单点产能测试的气井，通常采用“一点法”公式计算无阻流量，包括传统的陈元千“一点法”产能计算公式和利用本气藏系统产能试井数据建立的“一点法”产能计算公式[6]。

利用磨溪8井、磨溪10井、磨溪11井系统产能试井资料，对传统陈元千一点法产能公式进行了修正，建立适用于磨溪龙王庙区块的一点法产能计算公式。传统一点法产能计算公式为

$$Q'_{AOF} = \frac{6q_g}{\sqrt{1 + 48p_D} - 1} \tag{5-4}$$

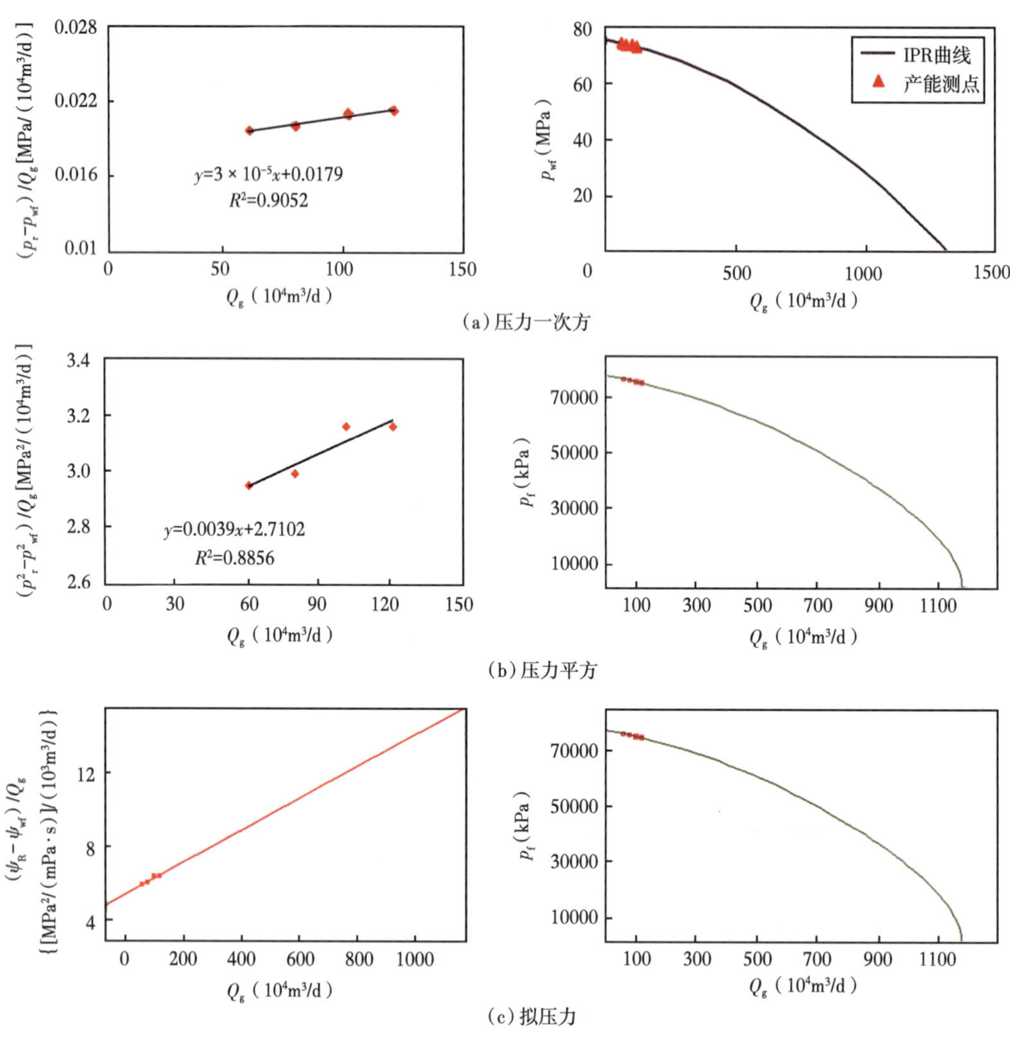

图 5-6 磨溪 10 井三种压力形式的产能指示曲线和 IPR 曲线

其中，$p_D=\dfrac{p_R^2-p_{wf}^2}{p_R^2}$。

传统“一点法”适用于测试生产压差较大的气井，在测试产量高、生产压差小的情况下计算无阻流量存在很大的误差，通过建立气井系统产能试井无阻流量 Q_{AOF} 与传统“一点法”无阻流量 Q'_{AOF} 的比值与 p_D 关系，对传统一点法进行了修正[7]。图 5-7 给出了利用磨溪 8 井、磨溪 10 井、磨溪 11 井系统产能试井回归的 $\dfrac{Q'_{AOF}}{Q_{AOF}}$ — p_D 关系图，由此确定磨溪区块龙王庙组一点法产能计算公式为

$$Q_{AOF}=\frac{Q'_{AOF}}{0.1568p_D^{-0.5202}} \tag{5-5}$$

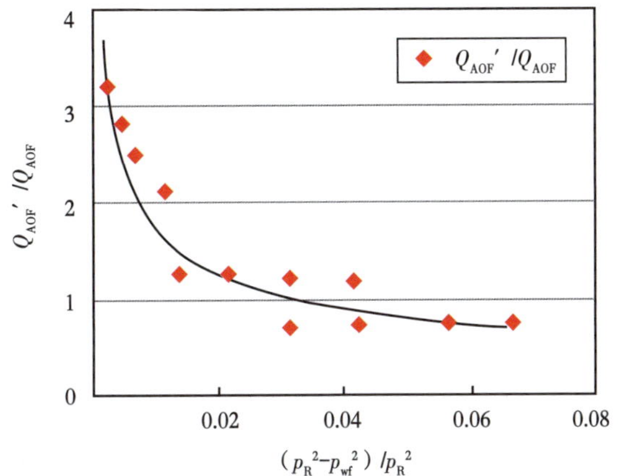

图 5-7　龙王庙气藏气井 Q'_{AOF}/Q_{AOF}—p_D 关系

从图中可以看出，当 p_D>0.3 时，气井产能试井确定的无阻流量 Q_{AOF} 与传统一点法无阻流量 Q'_{AOF} 的比值接近常数，即：$Q_{AOF}=1.35\times Q'_{AOF}$。

图 5-8 给出了直接利用系统产能试井数据建立 q_g/Q_{AOF} 与 p_D 关系曲线，确定一点法产能计算公式：

$$\frac{q_g}{Q_{AOF}}=0.3824\left(1-\frac{p_{wf}^2}{p_R^2}\right)^{0.3981} \tag{5-6}$$

以上两种方法在原理和计算结果上没有本质差别，在对磨溪龙王庙组气藏单点测试井进行产能评价时，主要采用第一种方法。在前期评价阶段磨溪龙王庙组气藏仅有 3 口系统产能试井数据，回归公式存在一定误差，随着系统产能试井数据增加，应不断更新和完善一点法产能公式，建立适用于磨溪龙王庙区块裂缝孔洞型颗粒滩储层一点法产能计算公式。

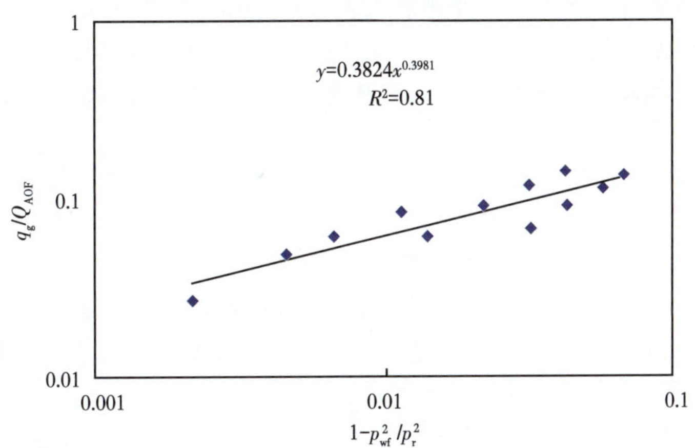

图 5-8　龙王庙气藏气井 q_g/Q_{AOF}—p_D 关系

(四) 气井产能计算结果分析

表 5-3 和图 5-9 给出了龙王庙组气藏评价井无阻流量计算结果，气井无阻流量范围

$(20 \sim 1000) \times 10^4 m^3/d$,滩主体部位气井无阻流量介于$(500 \sim 1000) \times 10^4 m^3/d$,再一次说明了在溶蚀孔洞、裂缝发育情况下,颗粒滩体具备的高产能力,滩边缘溶蚀孔洞不发育部位气井无阻流量较低,介于$(15 \sim 50) \times 10^4 m^3/d$。气井产能分析结果与不稳定试井解释储层物性认识结果一致,即受整体非均质性影响,气井产能差异大,滩主体部位储层物性好,单井产能高,滩边缘部位储层物性差,单井产能低[8]。

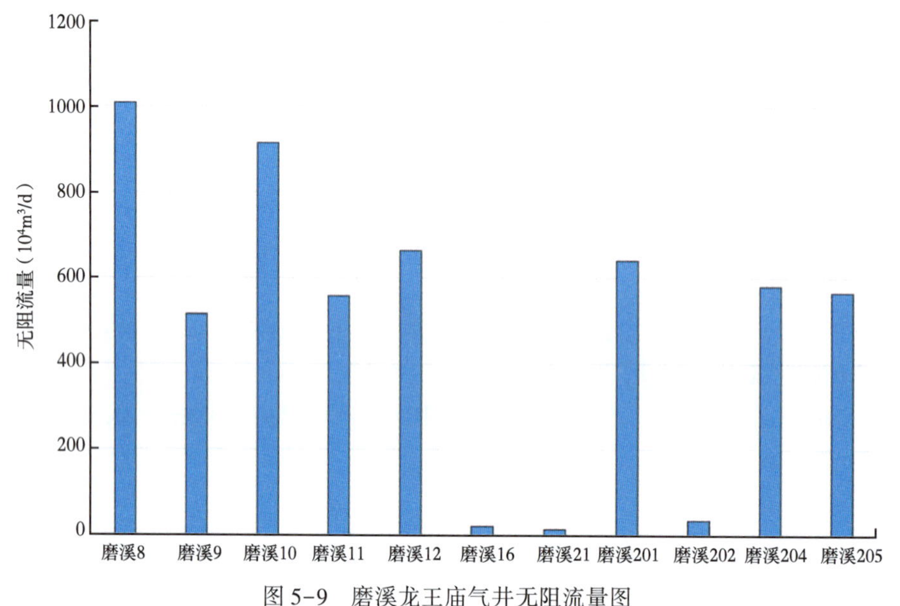

图 5-9　磨溪龙王庙气井无阻流量图

二、气井产能影响因素分析

2013 年编制方案时,共有 12 口井进行过产能测试(表 5-3),从无阻流量计算结果来看,气井产能差异大,颗粒滩主体区域单井测试无阻流量$(516 \sim 3362) \times 10^4 m^3/d$(磨溪 8 井考虑摩阻效应时计算的无阻流量),东北及西南边部$(12.9 \sim 34.3) \times 10^4 m^3/d$(图 5-9)。结合地质研究中对裂缝、溶蚀孔洞发育情况的认识,认为磨溪龙王庙储层产能影响因素主要包括以下三个方面:

(1)相对优质储层(孔隙度大于 4%)的厚度决定了气井产能的级别。

根据前述储集类型划分,认为孔隙度大于 4%的储层是溶蚀孔、洞比较发育的优质储层。在产能影响因素分析时,首先分析了相对优质储层(孔隙度大于 4%)的厚度对气井产能影响。从图 5-10 来看,相对优质储层厚度决定了气井产能的级别,气井无阻流量与孔隙度大于 4%的储层厚度比例具有正相关性,说明储层溶蚀孔(洞)发育,具有高产的物质基础。

(2)裂缝发育是影响气井产能的关键因素。

单井岩心描述和成像测井显示磨溪龙王庙储层裂缝普遍发育,从全直径岩心分析结果来看(图 5-11),岩心渗透率分布区间:0.01~100mD,其中带裂缝岩心渗透率主要分布区间 10~100mD,高于基质岩心 1~2 个数量级。气井无阻流量与裂缝密度、全直径岩心平均渗透率具有正相关关系(图 5-12 和图 5-13),由此说明裂缝发育改善了储层渗流能力,提高了单井产能,裂缝发育规模较小的边部区域(磨溪 21 井区、磨溪 16 井区),气井产能低。

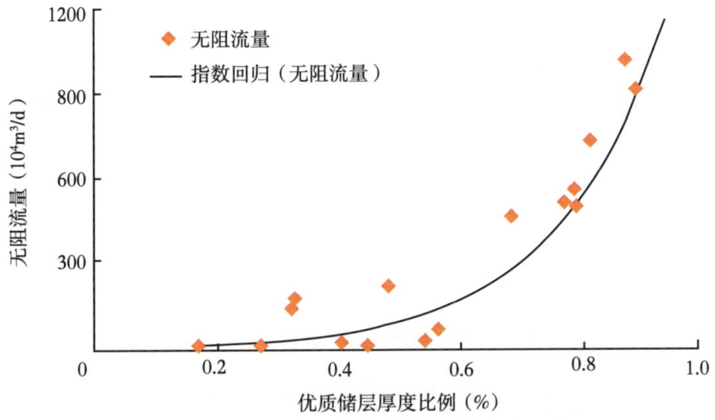

图 5-10　气井无阻流量与优质储层厚度比例关系

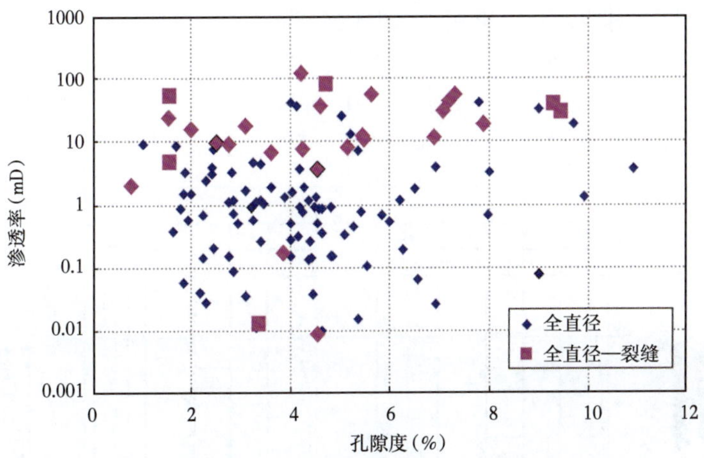

图 5-11　磨溪龙王庙气藏全直径岩心孔渗关系图

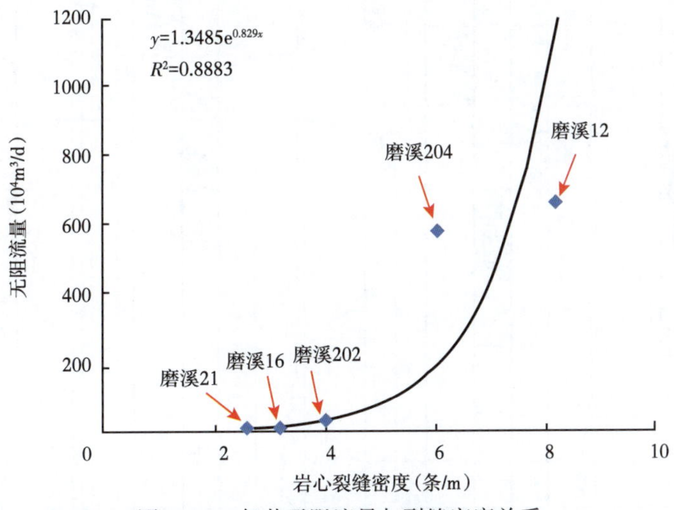

图 5-12　气井无阻流量与裂缝密度关系

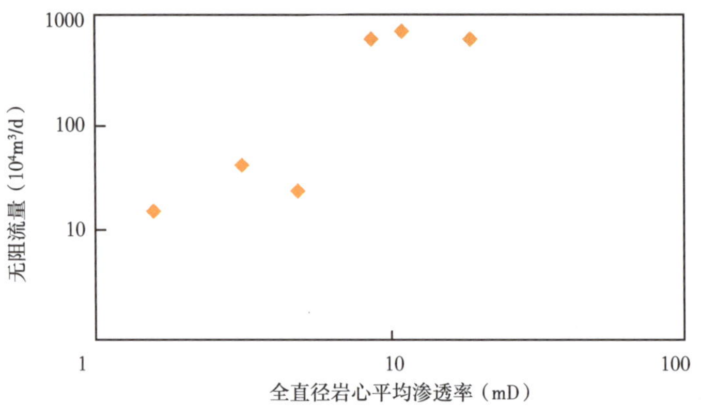

图 5-13　气井无阻流量与岩心渗透率关系

(3)溶蚀孔洞的成因和分布也影响着气井的产能。

例如磨溪 202 井和磨溪 205 井，从表 5-4 来看，磨溪 202 井各项储层参数均好于磨溪 205 井，但测试产能差异明显，成像测井显示磨溪 202 井储层段孔洞沿高角度缝纵向分布，横向连通性差(图 5-14)，磨溪 205 井表现出明显的“顺层”溶蚀特征。

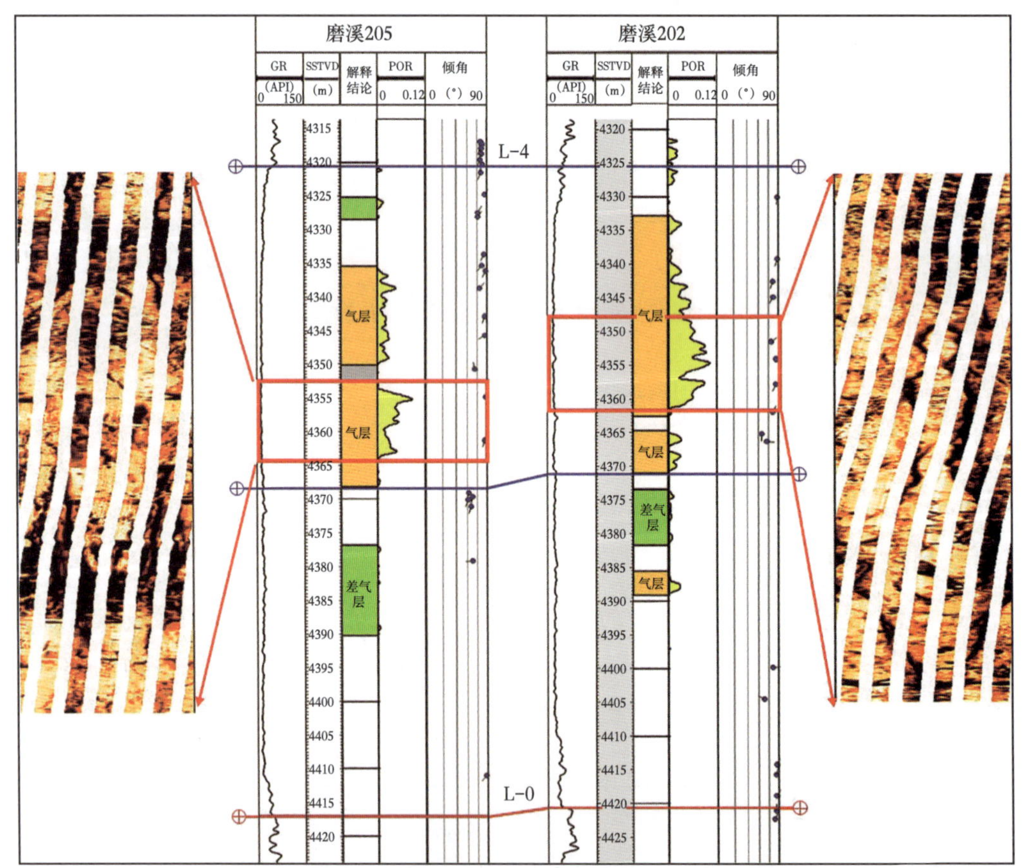

图 5-14　磨溪 205 井与磨溪 202 井成像测井溶蚀孔洞发育特征

表 5-4　磨溪 202 井与磨溪 205 井参数对比表

井号	气层厚度(m)		孔隙度(%)		裂缝密度(条/m)	无阻流量($10^4m^3/d$)
	$\phi \geqslant 2\%$	$\phi \geqslant 4\%$	最大	平均		
磨溪 202 井	49.6	22.3	10.5	4.2	0.20	34.3
磨溪 205 井	48.4	10.9	9.1	3.2	0.18	567.6

三、气井产能分布预测

龙王庙组气藏含气面积大，储层非均质性强，不同部位气井产能差异大，而且在前期评价阶段产能测试井数有限。因此有必要利用已获气井产能和物性认识，预测不同部位气井产能分布特征，为开发设计中井位部署和高产井培育提供依据[9]。

在进行磨溪龙王庙组气藏产能分布预测时，分别采用实测点回归方法和理论公式法，建立无阻流量与 Kh 值关系。图 5-15 为利用不稳定试井解释和无阻流量计算结果，回归单井无阻流量与地层产能系数 Kh 值、表皮系数 S 关系，具体回归公式为

$$Q_{AOF} = 59.789\left[Kh/(\ln 0.472\frac{r_e}{r_w} + S)\right]^{0.5299} \tag{5-7}$$

根据回归公式预测在表皮系数 $S=0$，$Kh=200\sim10000mD\cdot m$ 时，气井的无阻流量范围为 $(400\sim1700)\times10^4m^3/d$（表 5-5）。

利用气井二项式产能方程理论公式，其中主要参数取值为：气体相对密度 $r_g=0.582$、气藏压力 $p=75.80MPa$、气藏温度 $T=142℃$、非达西流系数 $D=0.04(1/10^4m^3/d)$（来自试井解释）、表皮系数 $S=0$，预测在 $Kh=200\sim10000mD\cdot m$ 时，气井无阻流量范围 $(200\sim2200)\times10^4m^3/d$（表 5-5 和图 5-16）。

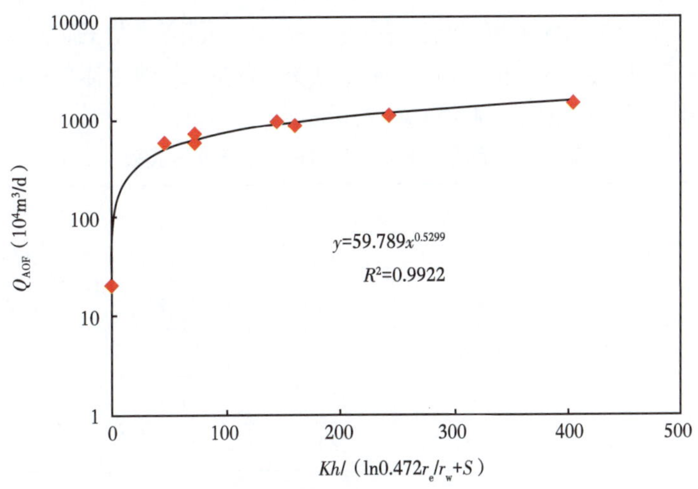

图 5-15　气井无阻流量与 $Kh/(\ln 0.472r_e/r_w+S)$ 关系

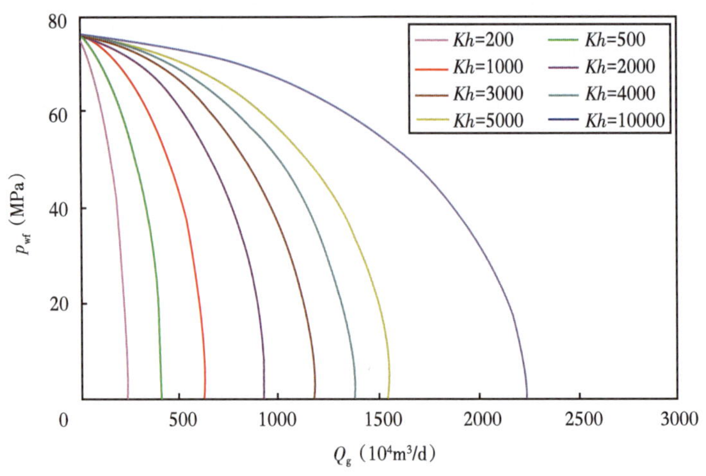

图 5-16 利用理论公式预测不同 *Kh* 值情况下无阻流量(D=0.04,S=0)

表 5-5 气藏不同 *Kh* 值情况下无阻流量预测表

预测方法		*Kh*(mD·m)							
		200	500	1000	2000	3000	4000	5000	10000
回归全气田产能方程预测	Q_{AOF}($10^4m^3/d$)(S=0)	458	609	756	938	1065	1165	1300	1693
理论公式预测	Q_{AOF}($10^4m^3/d$)(S=0,D=0.04)	245	421	635	939	1173	1371	1553	2229

在地质建模过程中,综合测井解释基质孔隙度、渗透率分布、单井成像测井裂缝发育情况以及区块总体裂缝分布预测,利用现有井不稳定试井解释对裂缝渗透率进行刻度,预测了不同部位 *Kh* 值。根据前面给出的无阻流量与储层 *Kh* 关系,预测了磨溪龙王庙储层不同部位气井无阻流量分布(图 5-17 和表 5-6)。根据预测结果,初步认为在颗粒滩主体部位储层 *Kh* 值介于 200~4000mD·m,气井无阻流量范围(400~1100)×$10^4m^3/d$。

表 5-6 磨溪龙王庙组气藏按无阻流量分类表

分类	*Kh*(mD·m)	无阻流量($10^4m^3/d$)	面积		储量	
			大小(km^2)	比例(%)	大小(10^8m^3)	比例(%)
Ⅰ	>2000	>800	72.3	10.1	684.24	17.9
Ⅱ	500~2000	400~800	216.8	30.4	1584.89	41.3
Ⅲa	100~500	200~400	154.7	21.7	862.98	22.5
Ⅲb	10~100	20~200	269.4	37.8	701.1	18.3

利用龙王庙组气藏储层 *Kh* 值分布及产能预测结果,将磨溪龙王庙气井分为三类,具体分类结果和各类气井的比例见表 5-6。Ⅰ类井 *Kh* 大于 2000mD·m,无阻流量大于 800×$10^4m^3/d$,

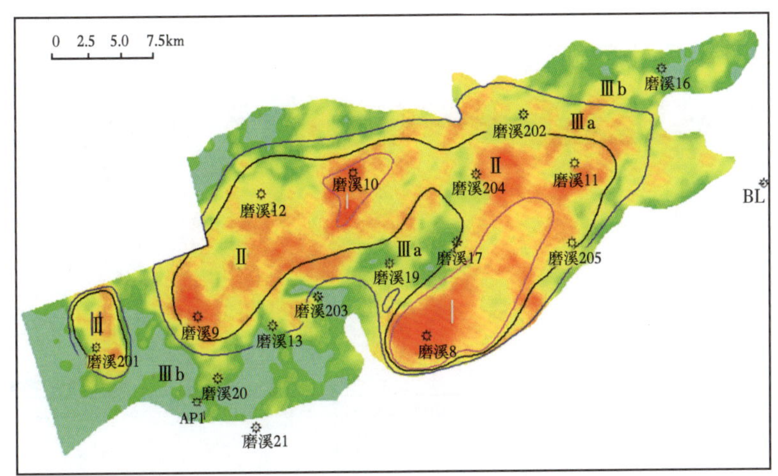

图 5-17　磨溪龙王庙组气藏无阻流量分布图

这类井面积占比为 10.1%，储量占比为 17.9%；Ⅱ类井 $Kh=500\sim2000\text{mD}\cdot\text{m}$，无阻流量($400\sim800$)$\times10^4\text{m}^3/\text{d}$，这类井面积比为 30.4%，储量占比为 41.3%；Ⅲa 类井 $Kh=100\sim500\text{mD}\cdot\text{m}$，无阻流量($200\sim400$)$\times10^4\text{m}^3/\text{d}$，这类井面积占比为 21.7%，储量占比为 22.5%，Ⅲb 类井 $Kh=10\sim100\text{mD}\cdot\text{m}$，无阻流量($20\sim200$)$\times10^4\text{m}^3/\text{d}$，这类井面积占比为 37.1%，储量占比为 18.3%。气井产能分布预测结果为龙王庙气藏确定了有利布井范围。

第三节　气井高产稳产能力评价

一、气井试采特征分析

在评价阶段有针对性地对气井开展试采，有助于在生产动态资料有限的情况下，认识气井长期生产过程中储层连通情况、井控范围和高产情况下稳产能力，为气藏开发设计中合理规模确定和单井配产提供依据。

磨溪龙王庙组气藏在评价阶段有 3 口井进行了试采，分别是磨溪 8 井、磨溪 9 井和磨溪 11 井(表 5-7、图 5-18 至图 5-20)。试采井产气量($30.5\sim63.5$)$\times10^4\text{m}^3/\text{d}$，产水量 $2.3\sim14.5\text{m}^3/\text{d}$，

表 5-7　磨溪龙王庙组气藏试采井生产概况表

井号	累计试采天数*(d)	产气量($10^4\text{m}^3/\text{d}$)	产水量(m^3/d)	生产压差(MPa)	累计产气量(10^4m^3)	单位压降采气量($10^4\text{m}^3/\text{MPa}$)	井控半径(m)	井控储量(10^8m^3)
磨溪 8	391	63.5	4.4	0.27	14447	26300	4420	190
磨溪 9	236	30.5	2.30	0.332	5669		2520	63
磨溪 11	287	61.6	14.5	1.80	12516	7120	1810	56

* 累计试采天数为从试采开始到 2013 年 12 月 31 日的天数。

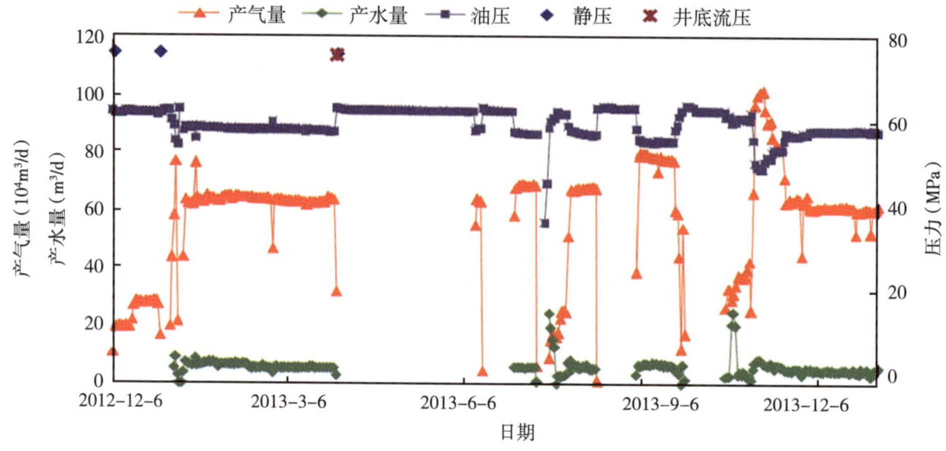

图 5-18 磨溪 8 井试采曲线

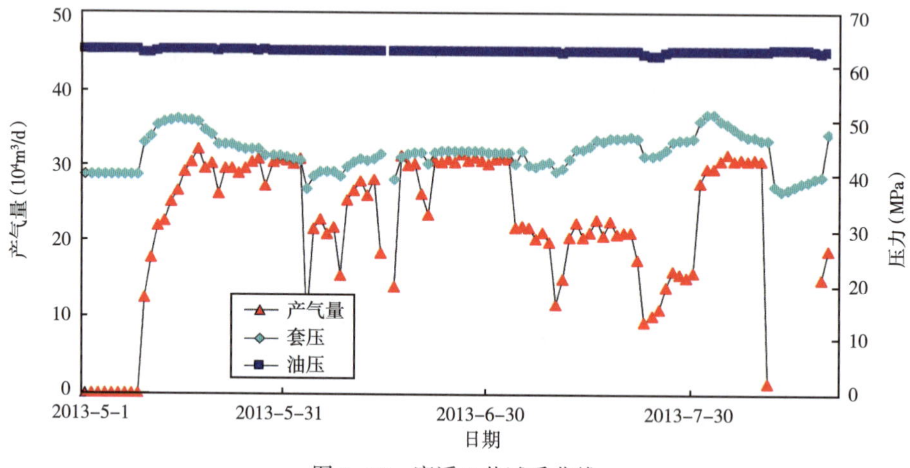

图 5-19 磨溪 9 井试采曲线

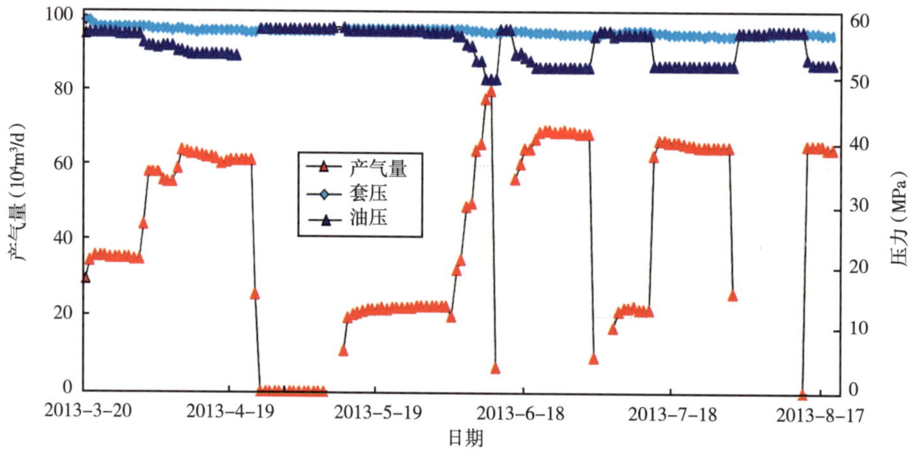

图 5-20 磨溪 11 井试采曲线

为凝析水和反排工作液。试采生产压差 0.27～1.80MPa，单位压降采气量 7120～26300MPa。试采井产量、油压稳定，从产量和对应生产压差来看，试采产能认识与试气产能认识一致，进一步证明了气井具备的高产能力。

二、气井井控范围及井控储量

气井井控范围和井控储量是气井长期稳产的基础，同时也是井网和井距确定的依据。由于磨溪龙王庙组气藏试采井生产历史较短，静压测试点少，而且压力下降幅度不明显，采用常规的物质平衡法计算动态储量误差大。上述 3 口试采井磨溪 8 井、磨溪 9 井和磨溪 11 井，都在试采过程进行了关井压力恢复，在对试采井进行压恢解释同时，进行了试采全周期生产历史拟合（图 5-21 至图 5-23），来确定井控范围和井控储量（表 5-7）。

3 口试采井压恢双对数曲线匀未表现出不渗透边界特征，与短期试气压恢认识一致。根据试采生产历史拟合确定 3 口井井控半径 1800～4400m，井控储量（56～190）$\times10^8m^3$，说明滩体展布范围大，连通性好，具备高产稳产的条件。

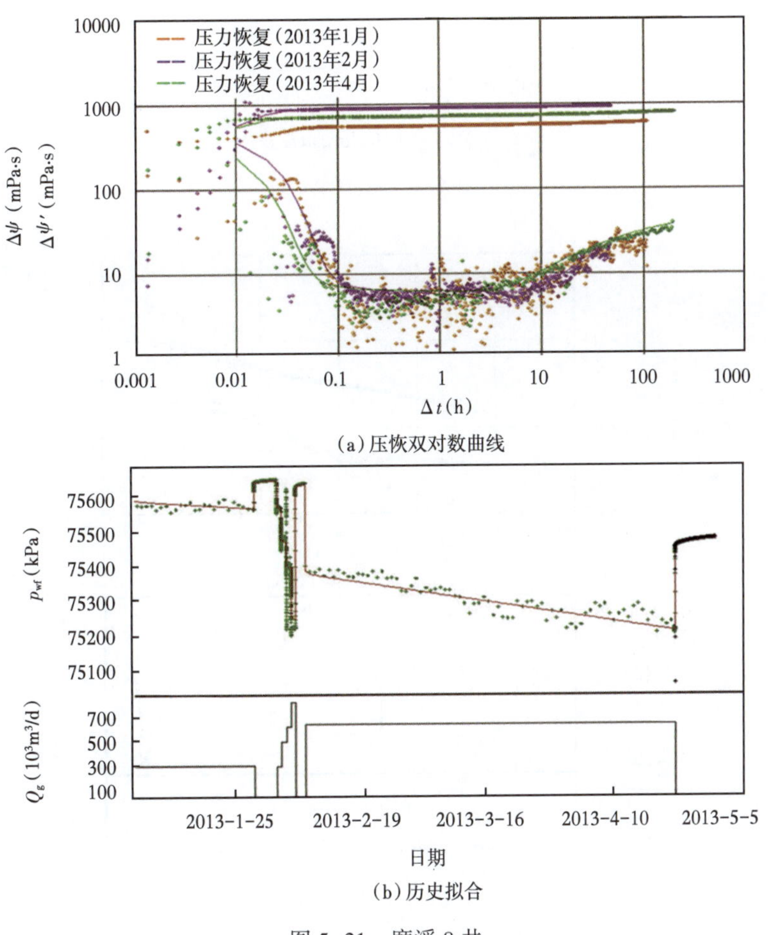

（a）压恢双对数曲线

（b）历史拟合

图 5-21　磨溪 8 井

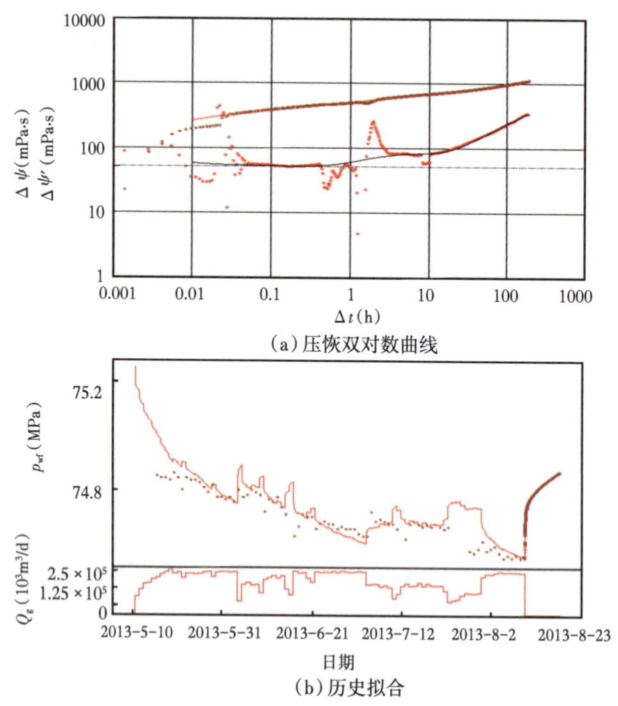

(a)压恢双对数曲线

(b)历史拟合

图5-22　磨溪9井

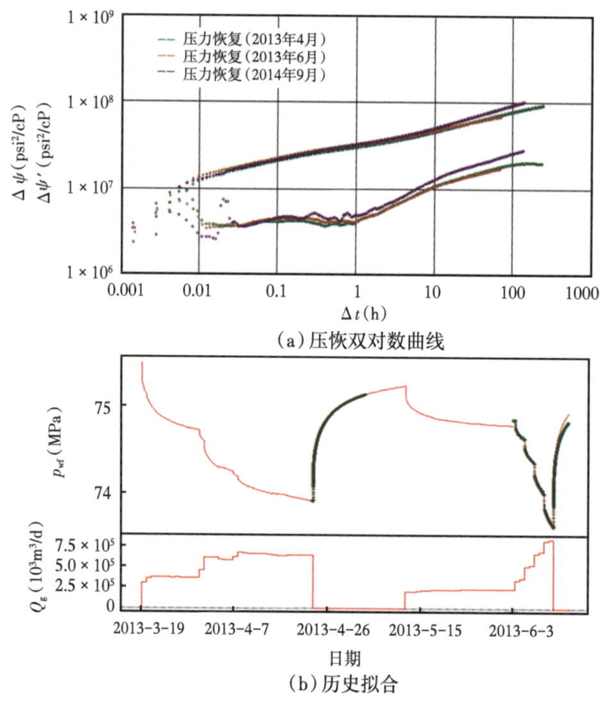

(a)压恢双对数曲线

(b)历史拟合

图5-23　磨溪11井

参考文献

[1] 庄惠农. 气藏动态描述和试井 第二版[M]. 北京:石油工业出版社, 2009.

[2] 朱东亚,张殿伟,李双建.四川盆地下组合碳酸盐岩多成因岩溶储层发育特征及机制[J].海相油气地质,2015,20(1):33-44.

[3] 杨威,魏国齐,谢武仁.川中地区龙王庙组优质储层发育的主控因素及成因机制[J].石油学报,2020,41(4):421-432.

[4] 李熙喆,郭振华,万玉金.安岳气田龙王庙组气藏地质特征与开发技术政策[J].石油勘探与开发,2017,44(3):398-406.

[5] 黎洪,彭苏萍.高压气井产能评价方法研究[J].石油勘探与开发,2001(6):77-79+12-4+3.

[6] 陈元千.确定气井绝对无阻流量的简单方法[J].天然气工业,1987(1):59-63+6.

[7] 胡建国,张宗林,张振文.气田一点法产能试井资料处理新方法[J].天然气工业,2008(2):111-113+173-174.

[8] 梁健,王丹玲.川中地区磨溪气田龙王庙组有利储集相带分布特征[J].地质学刊,2018,42(1):88-94.

[9] 余忠仁,杨雨,肖尧,等.安岳气田龙王庙组气藏高产井模式研究与生产实践[J].天然气工业,2016,36(9):69-79.

第六章　气藏类型

本章主要对磨溪龙王庙组气藏的温压系统、流体性质、气水分布特征进行介绍，并结合构造、沉积、储层特征，确定气藏类型及由于动静态资料有限所造成的气井产能和快速水侵风险。

第一节　温压系统

基于储层静压测试结果（表6-1），磨溪区块龙王庙组气藏的气层中部压力75.72~76.56MPa，压力系数1.60~1.65。磨溪构造主体内龙王庙组气层压力变化小，气层压力与海拔相关性好，压力梯度为0.266MPa/100m，属于同一压力系统。磨溪南断高的磨溪21井的地层压力较低，中部压力72.01MPa，压力系数1.56，与磨溪构造主体属于不同的压力系统（图6-1）。

表6-1　安岳气田磨溪区块龙王庙组气层温度、压力测试结果

井号	层位	井段（m）	测试时间	压力计深度（m）	储层中深（m）	中深海拔（m）	测点压力（MPa）	中部压力（MPa）	压力系数	测点温度（℃）	中部温度（℃）
磨溪8	龙王庙下	4697.5~4713	2012年8月29至9月21日	4578.9	4705.2	-4367.3	75.681	76.025	1.62	136.2	139.1
	龙王庙上	4646.5~4675.5	2012年9月29日至10月9日	4556.1	4661.0	-4323.0	75.562	75.848	1.63	135.4	137.8
	龙王庙	4646.5~4675.5 4697.5~4713	2012年12月29日至2013年1月10日	4550.0	4679.8	-4341.8	75.63	75.999	1.62	140.6	143.6
磨溪9	龙王庙	4549.0~4563.5 4581.5~4607.5	2013年3月6日	4400.0	4578.3	-4265.3	75.233	75.718	1.65	135.8	140.5
磨溪10	龙王庙	4646.0~4671.0 4680.0~4697.0	2013年1月20日至2月5日	4557.7	4671.5	-4350.1	75.655	75.948	1.63	138.4	141.0
磨溪11	龙王庙下	4723.0~4734.0	2012年10月19日至11月4日	4630.3	4728.5	-4389.5	75.627	75.905	1.61	137.6	140.6
	龙王庙上	4684.0~4712	2012年11月5日至11月16日	4588.2	4698.0	-4359.0	75.551	75.862	1.61	135.9	139.0
	龙王庙	4723.0~4734.0 4684.0~4712.0	2013年1月23日	4600.0	4709.0	-4370.0	75.770	76.079	1.62	141.7	144.8
磨溪16	龙王庙	4743.0~4805.0	2013年6月16日	4617.9	4774.0	-4430.9	76.170	76.563	1.60	136.3	140.7
磨溪204	龙王庙上	4654.0~4697.0	2013年6月		4675.5	-4364.7		75.853	1.62		
磨溪21	龙王庙	4601.0~4655.0	2013年6月		4628.0	-4325.6		72.010	1.56		
磨溪204	龙王庙下（水层）	4700.0~4710.0	2013年6月15日	4691.0	4705.0	-4393.7	76.329	76.476	1.63		
磨溪203	龙王庙下（水层）	4765.5~4782.5	2013年6月18日	4754.1	4773.5	-4400.0	76.131	76.340	1.60		

磨溪区块龙王庙组气层中部温度为 137.8~144.8℃（表 6-1），地温梯度为 2.3℃/100m（图 6-2）。上述资料表明，磨溪区块龙王庙组气藏属于高温、高压气藏，被磨溪①-2 号断层切割，分割为北部的磨溪主高点圈闭和南部的磨溪南断高圈闭，形成磨溪构造主体和磨溪南断高两个压力系统[1]。

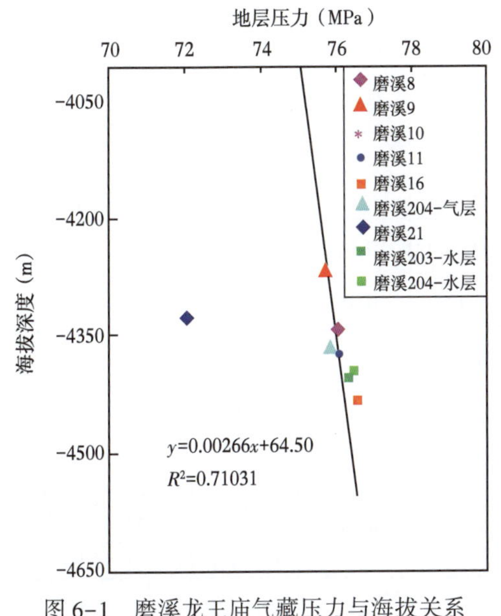

图 6-1　磨溪龙王庙气藏压力与海拔关系

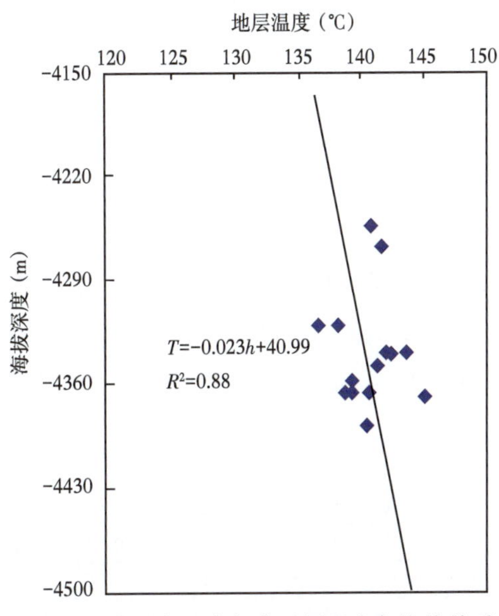

图 6-2　磨溪龙王庙气藏地层温度与海拔关系

第二节　流体性质

一、天然气组分特征

从磨溪区块龙王庙组气藏天然气组分统计表可以看出（表 6-2），磨溪龙王庙气藏具有甲烷含量高（甲烷 95.10%~97.98%，C_{3+} 含量低）、相对密度低（0.5718~0.5920）、中含 H_2S（0.38%~0.83%）、中—低含 CO_2（1.67%~3.01%）等特征。

表 6-2　磨溪区块龙王庙组气藏天然气组分统计表

井号	层位	天然气组分，[%（摩尔分数）]						相对密度	临界温度（K）	临界压力（MPa）	样品数（个）
		CH_4	C_2H_6	C_{3+}	CO_2	N_2	H_2S				
磨溪 8	全段	95.65~96.23	0.15~0.2	0.01	1.74~2.29	0.67~1.19	0.47~0.78	0.581~0.585	193.51	4.67	12
		96.14	0.18	0.01	2.02	0.93	0.625	0.583			
	下段	95.38~97.21	0.15~0.67	0.01~0.02	1.85~2.21	0.05~0.96	0.65~0.73	0.578~0.587	194.28	4.68	4
		96.30	0.41	0.02	2.03	0.51	0.69	0.583			
	上段	96.90	0.15	0.01	2.23	0.51	0.670	0.581	194.50	4.69	1

续表

井号	层位	天然气组分[%(摩尔分数)]						相对密度	临界温度(K)	临界压力(MPa)	样品数(个)
		CH_4	C_2H_6	C_{3+}	CO_2	N_2	H_2S				
磨溪 9	全段	95. 56~96. 32	0. 13~0. 69	0. 00	2. 08~2. 42	0. 65~1. 02	0. 47~0. 54	0. 579~0. 586	93. 89	4. 67	3
		95. 94	0. 41	0. 00	2. 25	0. 83	0. 510	0. 582			
磨溪 10	全段	94. 86~97. 15	0. 13~0. 15	0. 00	1. 75~3. 01	0. 01~2. 51	0. 38~0. 42	0. 578~0. 592	193. 92	4. 69	11
		96. 06	0. 14	0. 00	2. 33	0. 93	0. 83	0. 58			
磨溪 11	上段	96. 96	0. 13	0. 00	2. 24	0. 20	0. 440	0. 58	193. 92	4. 68	1
	下段	97. 17~97. 98	0. 13	0. 01	1. 67~1. 83	0. 02~0. 13	未测	0. 572~0. 577	192. 41	4. 65	3
		97. 17	0. 13	0. 01	1. 83	0. 02	0. 47	0. 577			
	全段	96. 22~96. 28	0. 21~0. 47	0. 01	1. 56~1. 71	1. 06~1. 28	0. 44~0. 45	0. 579~0. 581	193. 04	4. 66	3
		96. 25	0. 34	0. 01	1. 64	1. 17	0. 45	0. 58			
磨溪 21	全段	95. 45	0. 29	0. 03	0. 48	0. 56	0. 17	0. 594	194. 83	4. 70	3
磨溪 202	全段	95. 66	0. 16	0. 01	2. 98	0. 40	0. 75	0. 59	195. 18	4. 71	1
磨溪 205	全段	95. 10	0. 21	0. 01	3. 15	0. 05	0. 77	0. 59	195. 27	4. 71	1
磨溪 16	全段	92. 24	0. 13	0. 00	6. 71	0. 62	0. 25	0. 624	198. 34	4. 79	1

二、气体 PVT 特征

从气体 PVT 参数随压力变化曲线可以看出(图 6-3),磨溪区块龙王庙组气藏为干气气藏,地表温度、压力条件下没有液态烃类析出。

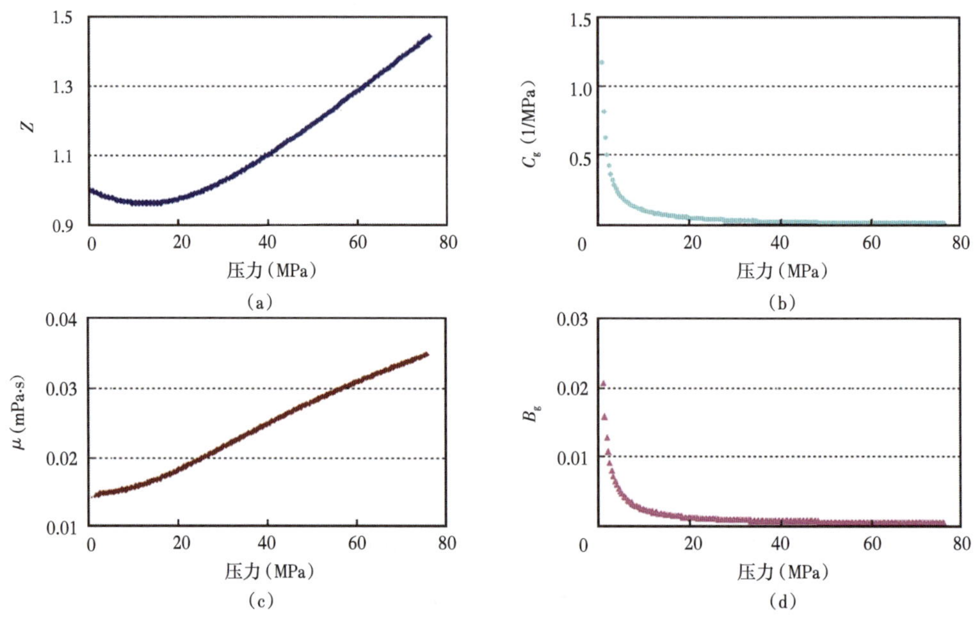

图 6-3　磨溪区块龙王庙气藏 PVT 参数随压力变化曲线

三、地层水特征

磨溪203井、磨溪204井龙王庙组水层测试取样12组，其地层水分析化验结果见表6-3，龙王庙组地层水水型为氯化钙型，地层水相对密度为1.08~1.09，Cl^-含量为64070~114144mg/L，总矿化度110000~186000mg/L。

表6-3 磨溪区块龙王庙组气层地层水分析统计表

井号	井段(m)	取样日期	化学成分(mg/L)							总矿化度(mg/L)	相对密度	pH值	水型
			K^+	Na^+	Ca^{2+}	Mg^{2+}	Ba^{2+}	Sr^{2+}	Cl^-				
磨溪203	4765.5~4782.5	2013-6-18	7023	35128	2235	835	213	329	64070	110000	1.0828	6.60	氯化钙
		2013-6-19	7026	37785	3322	966	266	453	71102	121000	1.0931	6.40	氯化钙
		2013-6-19	7106	41441	3571	1084	338	901	81235	136000	1.0947	6.49	氯化钙
		2013-6-19	7405	43619	3462	1070	331	867	83644	140000	1.0942	6.51	氯化钙
磨溪204	4700~4710	2013-6-15	2118	35561	3964	348	1081	1067	69358	113000	1.0890	7.47	氯化钙
		2013-6-15	3085	46984	2990	235	1271	1473	85568	142000	1.0894	7.45	氯化钙
		2013-6-15	3232	49464	2376	175	1179	1515	89698	148000	1.0898	7.54	氯化钙
		2013-6-15	3086	50239	2197	180	1926	1914	96826	156000	1.0902	7.77	氯化钙
		2013-6-16	4379	62855	1952	151	1884	2043	107790	181000	1.0894	7.37	氯化钙
		2013-6-16	4407	61710	1764	154	1784	1830	114144	186000	1.0893	7.21	氯化钙
		2013-6-16	3880	54908	1621	135	1647	1813	99119	163000	1.0896	7.21	氯化钙
		2013-6-16	3412	61477	1372	117	1229	1460	106482	176000	1.0892	7.23	氯化钙

第三节 气水分布与气藏类型

磨溪龙王庙组气藏总体上具有西高东低、南北两翼南陡北缓的特征，实钻气藏最高点在磨溪9井，海拔-4226.3m，实钻气藏最低点在磨溪16井，海拔-4458.3m，气藏高度为232m。磨溪区块各井区龙王庙组气藏中部埋深均超过了4500m，气藏平均埋深在4653.5m。编制开发方案时，综合分析认为龙王庙组气藏受构造、岩性双重控制，属于构造—岩性气藏[2]。

区域地质资料表明，继承性的乐山—龙女寺古隆起对龙王庙组沉积储层和油气成藏具有重要的控制作用[3]。磨溪区块属于该古隆起东端古今构造叠合区核心部分，古隆起构造外围低部位产水(磨溪构造外围的磨溪22井、磨溪26井、宝龙1井产水)，但古隆起区大面积含气，含气范围超出现今构造圈闭。磨溪区块已测试获得11口工业气井，除磨溪202井、磨溪16井、磨溪21井测试产量较低外[日产气量$(4.97\sim30.34)\times10^4m^3$]，其余8口井均为日产百万方的高产气井，磨溪11井解释气层底界海拔-4410m，磨溪16井气层底界海拔-4465m，宝龙1井含气水层顶界海拔-4536m。磨溪区块气水界面按磨溪16井气层底界与宝龙1井含气水层顶界的中间值，推测海拔-4500m，均超出磨溪区块构造圈闭线海拔-4350m。从气水分布剖面图(图6-4)可以看出，磨溪区块龙王庙组普遍含气，测试证实气层底界海拔低于构造圈闭线。

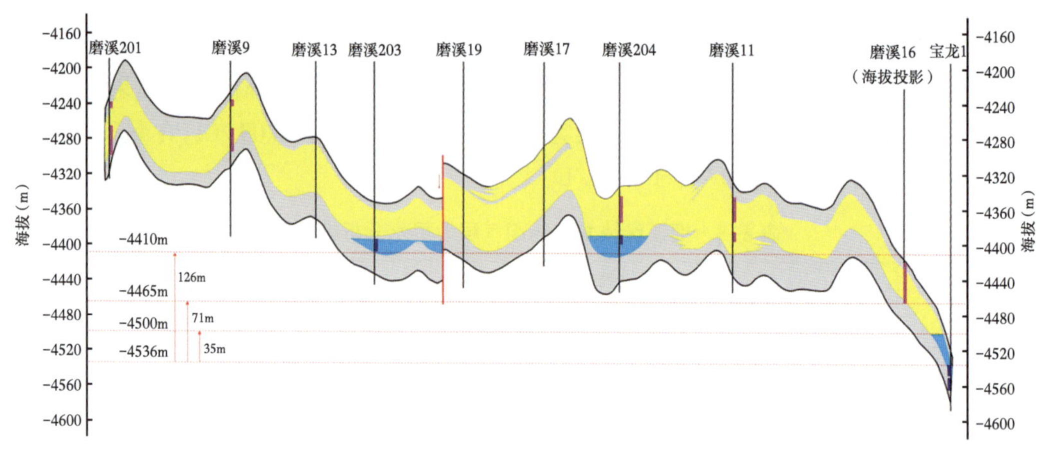

图 6-4 磨溪区块龙王庙组气水分布剖面图

磨溪区块内部的磨溪 204 井、磨溪 203 井龙王庙组储层底部测试产水。从气藏纵横向展布、局部构造特征、地球物理气水检测、水分析资料以及测试水产量动态特征等方面分析表明，磨溪 203 井、204 井储层底部的水层是成藏过程未能完全驱替的局部封存水。

磨溪 204 井龙王庙组储层段底部海拔-4384.5m 以下为水层，测试产水，水产量 $72m^3/d$。磨溪 203 井海拔-4392.7m 之下为水层，测试产水，水产量 $187m^3/d$。两口井之间没有统一的气水界面。磨溪 11 井测试产纯气，试采过程中也不产地层水，该井气层底界海拔为-4392.5m，与磨溪 203 井水层顶海拔-4992.7m 高度相当，较磨溪 204 井气水同层顶海拔-4384.5m低了 8m。磨溪 16 井测试产纯气，气层段底界-4458.4m，比磨溪 204 井气水同层顶低了 73.9m。环绕磨溪 204 井的磨溪 10 井、磨溪 17 井、磨溪 205 井、磨溪 11 井、磨溪 202 井均为纯气井。同样，磨溪 203 井周边的磨溪 13、磨溪 8、磨溪 12、磨溪 19 井均为气井。气藏范围内最西端的磨溪 201 井到最东端的磨溪 16 井相距 45km，区内气井海拔深度与压力关系图回归关系表明，气藏属于同一压力系统，没有因为水层分隔形成不同的压力系统。因此，磨溪 203 井、204 井储层底部的水体无统一气水界面，水体分布范围是很局限的。

磨溪 203 井测井解释海拔-4373.5m 之上为气层，海拔-4992.7m 之下为水层，其间有 19.2m 厚的致密隔层，明显分隔了气层与水层。磨溪 203 井、204 井周边的储层反演、孔隙度反演剖面分析，水层段周边储层物性变差，存在横向上的物性封堵。分析认为，由于储层纵横向上有一定非均质性，气藏成藏过程中局部范围内海拔相对较低的储集体中的地层水被四周致密层阻挡，无法向气藏边部驱替移动，残留在气藏中，形成局部封存水。

基于高精度的三维资料，开展了磨溪地区的叠前烃类检测，从检测结果看，磨溪地区龙王庙组广泛含气，含气范围超过了构造圈闭海拔线。此外，对龙王庙组开展了电阻率反演，反演的结果表明（图 6-5），磨溪 203 井、204 井水层低电阻区仅局限在这两口井周边，水体范围很小。

综上分析认为，磨溪龙王庙组气藏为超深层、高温、高压、构造—岩性圈闭气藏，属于中含 H_2S、中—低含 CO_2 的干气气藏，发育局部封存水，主体为弹性气驱。

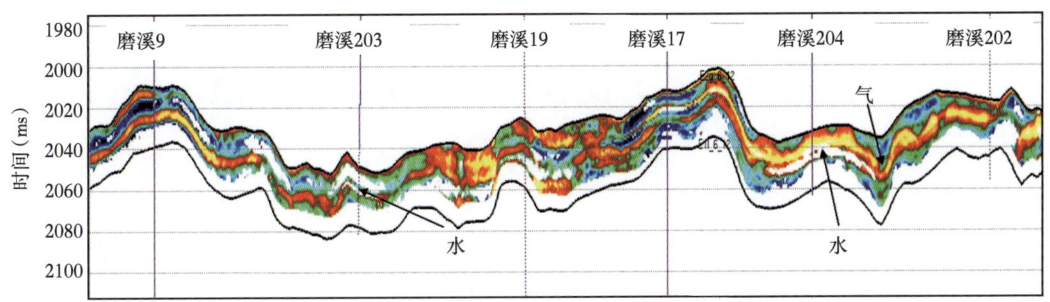

图 6-5 磨溪 9—磨溪 202 连井叠前反演 λ_ρ 剖面

参考文献

[1] GB/T 26979-2011, 天然气藏分类[S].

[2] 魏国齐,杨威,谢武仁.四川盆地震旦系—寒武系大气田形成条件、成藏模式与勘探方向[J].天然气地球科学,2015,26(5):785-795.

[3] 许海龙,魏国齐,贾承造.乐山—龙女寺古隆起构造演化及对震旦系成藏的控制[J].石油勘探与开发,2012,39(4):406-416.

[4] 马新华.创新驱动助推磨溪区块龙王庙组大型含硫气藏高效开发[J].天然气工业,2016,36(2):1-8.

[5] 谢军.安岳特大型气田高效开发关键技术创新与实践[J].天然气工业,2020,40(1):1-10.

[6] 林雪梅,袁海锋,朱联强.川中安岳构造寒武系龙王庙组油气成藏史[J].地质学报,2020,94(3):916-930.

[7] 朱联强,袁海锋,林雪梅.四川盆地安岳构造寒武系龙王庙组成岩矿物充填期次及油气成藏[J].石油实验地质,2019,41(6):812-820.

[8] 张涛,马行陟,赵卫卫.磨溪—高石梯地区龙王庙组古油藏成藏特征[J].断块油气田,2017,24(4):466-470.

[9] 徐昉昊. 川中地区震旦系灯影组和寒武系龙王庙组流体系统与油气成藏[D].成都理工大学,2017.

[10] 郑民,贾承造,王文广.海相叠合盆地构造演化与油裂解气晚期成藏关系[J].天然气地球科学,2015,26(2):277-291.

第七章　同类气藏开发经验、教训与启示

龙王庙组气藏为构造背景下岩性气藏，台内—斜坡浅滩沉积大面积分布，岩性以中细晶云岩和砂屑白云岩为主，发育粒间溶孔（洞）、晶间溶孔和裂缝；储层基质低孔低渗，而裂缝较发育，试井解释渗透率几十至几百毫达西，气井测试表现出高产特征。此外，气藏埋藏深，压力系数高，中含硫化氢、低—中含二氧化碳。针对龙王庙组气藏的这些特点，开展相似典型气田的剖析，为龙王庙组气藏开发提供更为直接和有针对性的经验借鉴。

第一节　两个典型同类气藏特征

对比龙王庙组气藏和23个国外气田在沉积相、岩性、储集空间类型、储层物性、气井生产特征等多项参数的差异后发现，法国拉克、麦隆气田与龙王庙组气田在多个方面具有较好的相似性[1-3]。

法国拉克（Lacq）气田和麦隆（Meillon）气田与龙王庙组气田沉积相均以台地相沉积为主，岩性为白云岩[4]；埋藏深度都在4000m以深，储层高温高压，拉克气田与龙王庙气藏均为异常高压气藏（压力系数1.66）；孔隙类型均为溶蚀孔隙，基质低孔低渗（孔隙度小于6%，基质渗透率小于1mD），裂缝发育，有效渗透率远高于基质渗透率，Kh 值最高都在10000mD · m左右，气井产量高；含气饱和度高（80%左右），可采储量规模大（表7-1）。略有差别的是国外两个气田硫化氢含量偏高，地层有效厚度略大。综合考虑三个气田主要参数的差异后，认为拉克气田和麦隆气田可以作为龙王庙组气藏相似气田代表，且一个为弹性气驱气藏，一个为水驱气藏，可以为龙王庙组气藏开发提供全方位的经验借鉴。

表7-1　龙王庙组气藏和拉克气田、麦隆气田主要参数对比

属性	龙王庙组气藏	拉克气田	麦隆气田
盆地类型	克拉通—前陆	裂谷—前陆	裂谷—前陆
沉积相	局限台地	台地	台地，其次为潮下
储层岩性	中细晶云岩、砂屑云岩	白云岩	生屑云岩、角砾岩
气藏类型	构造—岩性气藏	构造—岩性气藏	构造气藏
闭合高度（m）	>160	1400	850
埋藏深度（m）	4400~4600	4100	4300
气藏温度（℃）	142	130	149
地层压力（MPa）	75	68	48
压力系数	1.66	1.66	1.11
硫化氢（%）	0.17~0.78	15.20	7.00

续表

属性	龙王庙组气藏	拉克气田	麦隆气田
孔隙类型	溶蚀孔洞	溶蚀孔洞	溶蚀孔洞
裂缝发育	裂缝发育	裂缝发育	裂缝发育
孔隙度(%)	2~10,平均 4.7	1~6	3~5
基质渗透率(mD)	<1	<1	<1
Kh(mD·m)	183~19000	1000~20000	40~6000
试井渗透率(mD)	3~925	5~400	1~10
含气饱和度(%)	80 左右	85	80
地层厚度(m)	100	300	200
有效厚度(m)	10~60	110	
可采储量(10^8m^3)	3100	2600	760
气井产量($10^4m^3/d$)	445~3362(无阻流量)	33~100(平均 60~80)	70~80

一、拉克气田特征与开发简况

拉克气田位于法国西南部 Aquitaine 盆地的南部[4],包含两个相对独立的、发育在盐枕之上、四面下倾的穹窿背斜圈闭碳酸盐岩油气藏,即浅部的 Lacq Supérieur 油藏和深部的 Lacq Inférieur 气藏(图 7-1)。浅部的 Lacq Supérieur 油藏发现于 1949 年,1950 年获得油流,该油藏的石油原始地质储量为 143×10^6bbl❶;深部的 Lacq Inférieur 气藏发现于 1951 年,为一个干气藏。

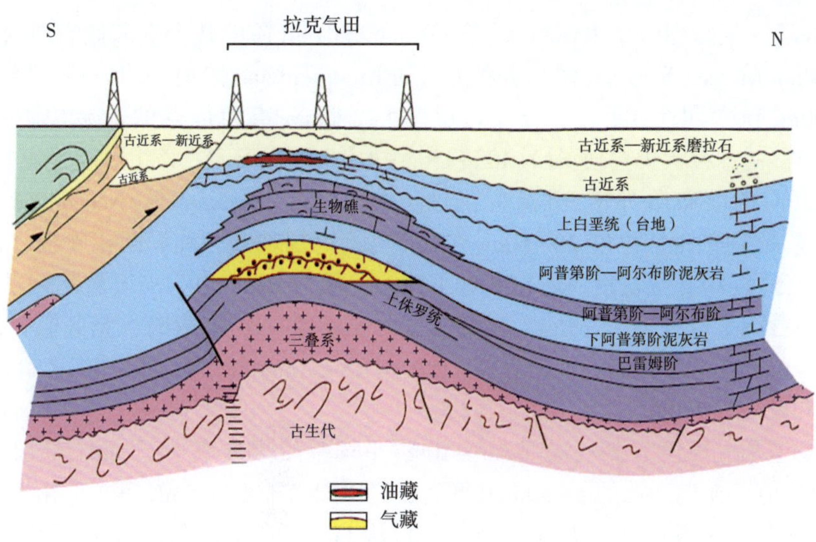

图 7-1　拉克气田地理位置及地层特征

❶ 1bbl = 0.159m^3。

Lacq Inférieur 气藏构造形态为一东西向、北缓南陡的背斜，东西长 16km，南北宽 10km，闭合面积 100km^2，构造高点垂深约 3200m，闭合高度 2000m。气田的东北翼为一单斜，倾角为 12°，被一条新的东西向断层所切割，而南翼倾角更陡，被多条 WNW-ESE 向正断层切割（图 7-2）。气藏不含边底水，驱动能量主要靠气体膨胀。

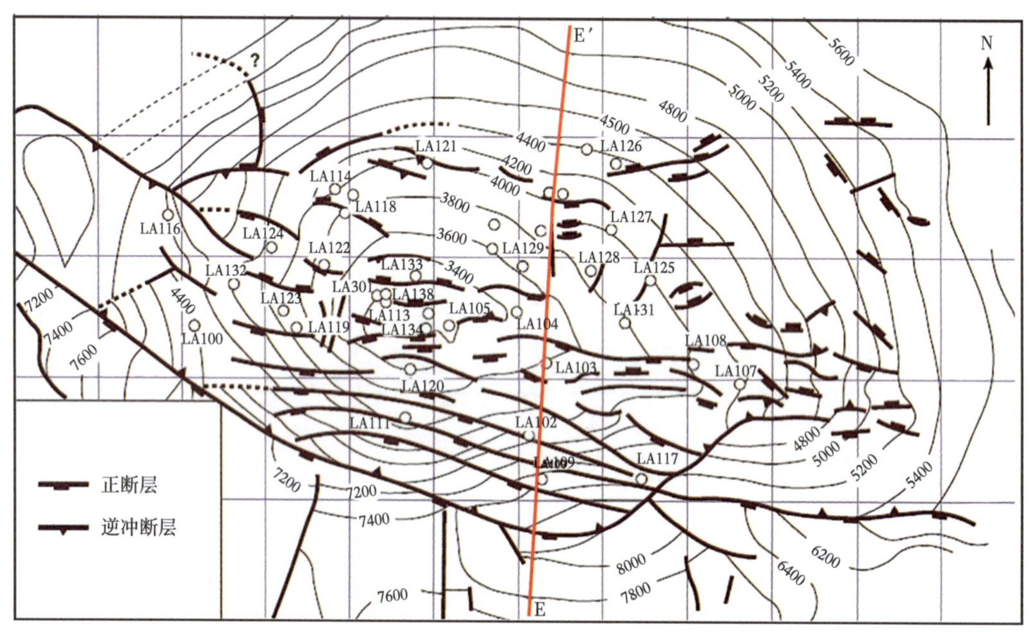

图 7-2 Lacq Inférieur 气藏构造顶面图

Lacq Inférieur 气藏包含下 Barremian 阶—Kimmeridgian 阶的几个碳酸盐岩地层（图 7-3），与上覆的 Aptian 阶 Ste. Suzanne 泥灰岩和下伏的 Kimmeridgian 阶地层均为整合接触。储层平均厚度为 300m，包含四个组，十个岩性地层单元。Mano 组为最老的地层（U1—U4），包含 70~90m厚的微晶—球粒状灰岩，上覆为 100~150m 块状细晶白云岩。该组形成于晚 Kimmeridgian 阶-Portlandian 阶的萨布哈环境，并遭受削蚀。上覆的 Purbeckian 阶/Neocomian 阶“Gamma Ray”组的非均质性强，地层厚度 20~60m，在底部含有薄层的陆相和潟湖相砂岩、白云岩、砂质灰岩和页岩（U5）。其上为湖相灰岩（U6 和 U7）。上覆“Algae”组为一套较均一的地层，厚度 110~150m，包含潮下带骨架泥晶灰岩，局部发育白云岩和内碎屑，含有大量底栖有孔虫和软体碎屑（U8），其上被 Annelids 组下部所覆盖（U9—U10），Annelids 组厚度 100~150m，为泥质含化石的灰岩和硬石膏夹层。

储层平均基质孔隙度为 2%，局部 8%~10%；平均基质渗透率小于 1mD，储层裂缝渗透率从构造顶部的 400mD 到两翼的 5~50mD，再到油气田周缘不足 0.5mD 不等。由于裂缝普遍发育，以致在整个气田范围内都没有渗透屏障。自从 Lacq Inférieur 气藏投入开发后，由于生产过程中地层压力下降引发了多次地震（最早记录可追溯到 1969 年），并产生了系列裂缝和小尺度断裂，使得储层的渗透率增加，因此随着产量的持续增加，其可采储量评价结果和采收率一直升高，相应地增加了气井稳产能力。裂缝样式有两种，即受大断层破坏的局部分布样式，

地质年代	地层名称	岩性	层序单元	沉积环境
Barremian 巴雷姆	Lower Annelids	石灰岩	U10	盐沼
			U9	
	Algae		U8	潮下带
Neocomian 尼奥科姆	Gamma Ray		U7/U6	湖泊
		白云岩	U5	潟湖
Portlandian-Upper Kimmeridgian 波特兰—上启莫里奇	Mano		U4	盐沼
			U3	
			U2	
			U1	

图 7-3　Lacq Inférieur 气藏地层岩性划分示意图

受相对较小断层扩散破坏的裂缝样式，且裂缝样式与油气产量有对应关系，大断层相关裂缝产量高、较小断层相关裂缝产量低。

天然气具有高腐蚀性(H_2S 含量 15.2%，CO_2 含量 10%)，1951 年 12 月拉克 3 井钻发生井喷，15km 处可闻到刺鼻的气味。

气田开发历经四个阶段(图 7-4)。第一阶段(1952—1957 年)为试采评价阶段，主要通过 3 口井试采，检验井底及井口设备的抗硫防腐性能，同时评价获取气藏动态参数；第二阶段(1957—1963 年)为上产阶段，共有 26 口生产井，气田日产量由 $82\times10^4m^3$ 上升至 $2156\times10^4m^3$，平均单井日产量为 $80\times10^4m^3$；第三阶段(1964—1985 年)为稳产阶段，气田日产量为 $2200\times10^4m^3$

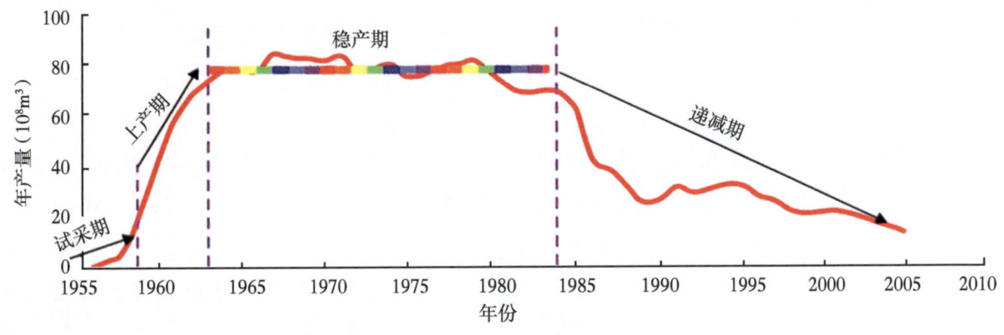

图 7-4　拉克气田开发阶段划分

左右，平均单井产量(50~60)×$10^4m^3/d$，采气速度2.6%，期间在构造高点补钻10口加密井，使得气田的稳产期长达21年；第四阶段(1985年以后)为产量递减阶段。截至2002年，累计产气量$2500×10^8m^3$，接近1991年估算的地质储量$2600×10^8m^3$。

二、麦隆气田特征与开发简况

麦隆气田位于法国西南部[5-7]，靠近拉克气田，气田发现于1965年，发现井为Meillon-1井。

麦隆气田位于Pau背斜上，包含几个构造，从西向东依次为：Baysère构造，Pont d' As构造，Saint Faust构造，Mazères构造和Le Lanot构造(图7-5)。构造为向北倾斜的断块，长28km、宽3km，倾角为15°~20°，南部以一条东西向正断层为边界，大量东西向阶梯状的小正断层与这条边界正断层伴生，构造圈闭被许多NW—SE和NNE—SSW向伸展的横断层所切割。Meillon组白云岩顶界海拔垂深4110m，气水界面位于海拔垂深4960m处，气柱高度最大为850m。在构造顶部，下白垩统—侏罗系被边界断层削截，该断层与构造切片作用有关，被解释为低角度的重力断层。气田的东部和西部受断层分割的影响而相互独立。气藏具有边水，动态表明驱动类型为边水驱。

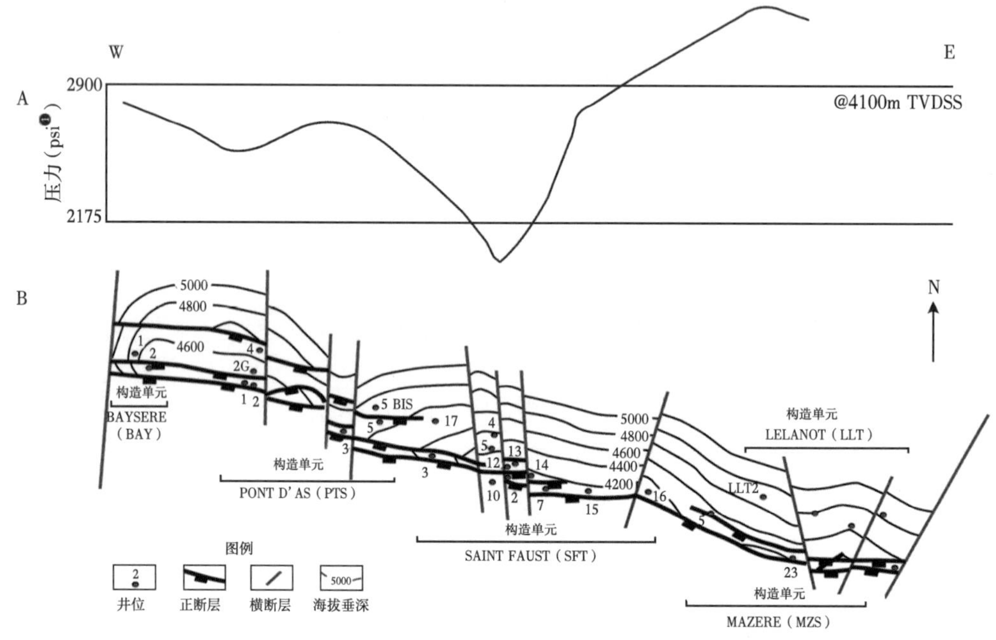

图7-5 麦隆气田构造特征

麦隆气田发育两套上侏罗统储层，即波特兰阶Mano组和下启莫里阶—牛津阶Meillon组白云岩地层，每套储层的平均厚度达200m，其中Meillon组白云岩是主力产气层。Meillon组整合于下伏的DOssun组之上，上覆为Cagnotte组泥灰岩，主要由具有大量残余骨架的粗晶多孔白云岩组成，夹有无孔洞细晶白云岩，局部发育厘米级纹层。骨架大部分受到淋滤并发生重结

❶ 1psi=6.895kPa。

晶作用,但骨架中常可见到珊瑚礁、软体动物、钙质藻和底栖有孔虫骨架。

气田两套储层均为千层饼形状,气田的西部储层具有连通性,东部具有相对独立的压力系统。10~100m 长的裂缝控制了气田产量和断块间的流体分布,小断层控制了多孔白云岩和裂缝网络之间的流体流动。

Mano 组主要发育白云质泥岩,孔隙度 1%~2%,Meillon 组白云岩平均孔隙度 3%~5%,但在溶蚀孔洞发育层段,孔隙度可达 8%,Meillon 组白云岩储层为较好储层。两套储层中基质渗透率均小于 1mD,但构造运动诱导后有效渗透率可提高到 1~10mD。在南部断裂附近发育更多的裂缝,渗透率高;而在北部裂缝间距较大,渗透率低。最大的裂缝与断层有关,可以从地震上识别出来。10~100m 长的裂缝可以通过气体散失、流体漏失、裸眼射孔和生产测井识别出来,但更小的裂缝只能通过岩心分析和高分辨率测井来识别。13 口井的岩心数据识别的裂缝较短,产状接近垂直,部分被矿物胶结。裂缝宽度局部可达到 4~5mm,这些地方常发育溶蚀孔洞和晶簇胶结物。裂缝间的垂向间隔普遍小于 3m。

气田开发分为三个阶段(图 7-6)。第一阶段(1968—1971 年)为上产期,1968 年 10 月位于麦隆气田构造西端的三口气井开始产气,到 1971 年年末西半部的东区钻探了一些井,已钻井均位于构造高部位,顶部井距 250m,侧翼 1400m。第二阶段(1972—1981 年)稳产期,可采储量采气速度 4.7%,10 口井生产,单井配产约 $80\times10^4m^3/d$。1978 年一些远离气水界面的生产井开始产水,产气量也随之大幅降低,1981 年开始开发气藏东区。第三阶段(1982—2005 年)调整递减期,为减缓产量递减,1981—1987 年间先后完钻 6 口生产井,1994 年后自然递减。

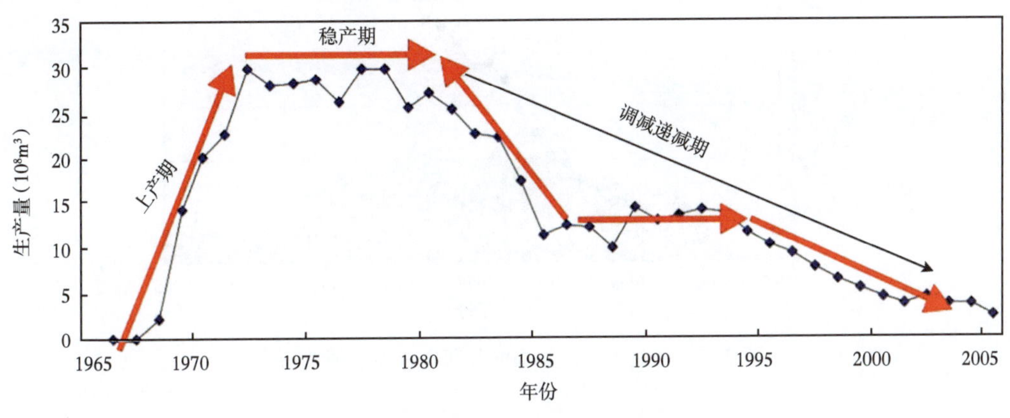

图 7-6　麦隆气田开发阶段划分

开发存在的问题。早期未认识到水对开发的影响,乐观认为 10 口井可以全部采出可采储量。1978 年观察井(Meillon-1 井)的气水界面已经从海拔垂深 4960m 升高到了海拔垂深 4880m,且部分远离气水界面气井大量出水,不得不在东部区域补钻新井,投资增加,气田开发效益降低。

第二节　开发经验与启示

拉克气田和麦隆两个气田与龙王庙组气藏具有非常相似的地质特征,因此它们在实现高效开发过程中的经验做法值得学习和借鉴。通过对法国拉克气田和麦隆气田的深入剖析和全球碳酸盐岩气藏开发调研，形成六点经验启示。

一、主力气藏保护性开发

法国拉克气田开发方案确定的采气速度3%（以动态法压降储量$2620\times10^8m^3$为基础），即年产气$80\times10^8m^3$。实际年产天然气$(78\sim82)\times10^8m^3$，实现了气田长期稳产。采气速度取值主要基于两方面考虑：

（1）拉克气田是法国五十年代获得的第一个大型气田，考虑到天然气后备资源缺乏的现实以及天然气一旦用上就很难中断的特殊性，因此从政治经济角度出发，根据保护国内能源政策，在气田供应规模论证时采取了适当降低开采速度、延长气田生命周期的开发策略，从而确保用户较长时间内的稳定供气。

（2）气层连通好，单井产量高、控制储量大，低采气速度下可少钻生产井，且可以集中地部署在相对较浅的构造顶部，这样既可以维持气井长时间稳产，而且地面建设规模可以相应地小一些。

拉克气田稳产期间天然气供应规模占法国国内消费量的36%左右，实践证明拉克气田的开发推动了法国天然气市场的稳步发展（图7-7）。

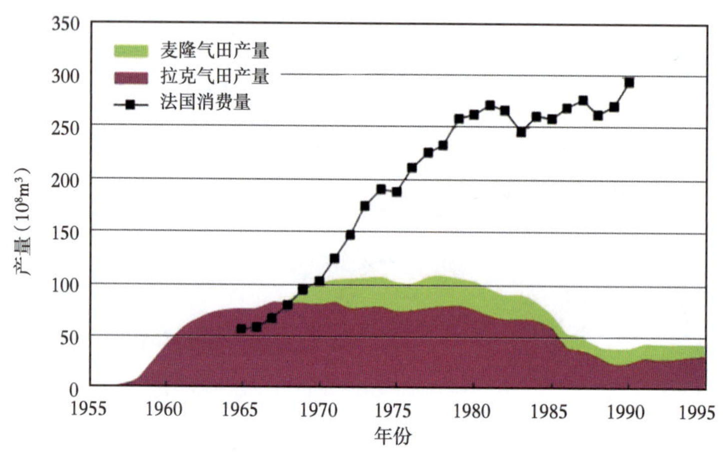

图7-7　拉克气田产量剖面及法国天然气消费历史

纵观全球，不仅是法国的拉克气田，还有美国的Hugoton气田、巴基斯坦的Sui气田、荷兰的格罗宁根气田（碎屑岩）等大型主力气田，由于其储量规模大，天然气供应量占比大，在一个地区甚至一个国家天然气资源供应中占据主导地位，在制定这些气田开发技术政策时，既要保证经济有效开发，又要赋予这些气田一定的战略功能（表7-2）[8]。

表7-2　部分大型主力碳酸盐岩气田采气速度和稳产期特点

国家	气田	开发指标	产量比重
法国	拉克	（1）可采储量$2600\times10^8m^3$； （2）可采储量采速3%； （3）稳产21年	占消费量36%以上

续表

国家	气田	开发指标	产量比重
巴基斯坦	Sui	(1)可采储量 $3600\times10^8m^3$； (2)可采储量采速 2%； (3)稳产 20 年	占国内产量的 26%
美国	Hugoton	(1)可采储量 $2\times10^{12}m^3$； (2)可采储量采速 2%； (3)稳产 16 年	1950 年占消费量 7%， 1966 年 4.5%

大量统计表明：当气田储量规模大（可采储量 $500\times10^8m^3$ 以上）、产量比重大（供应规模占地区产量或需求量的 5%以上）时，就具备了纳入限制生产规模、降低采气速度、保障长期稳定供应的战略气田范畴（图 7-8）。

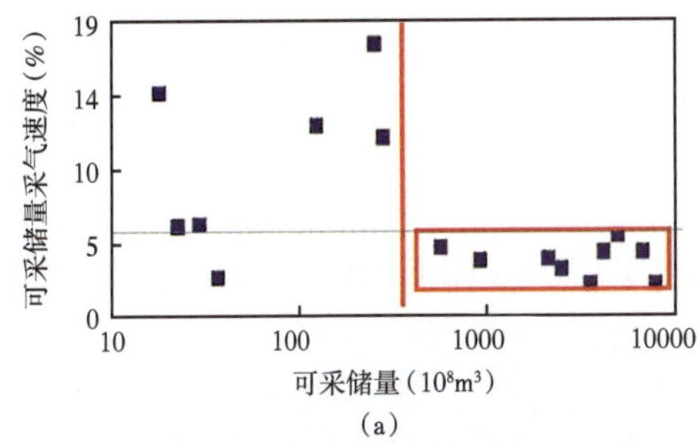

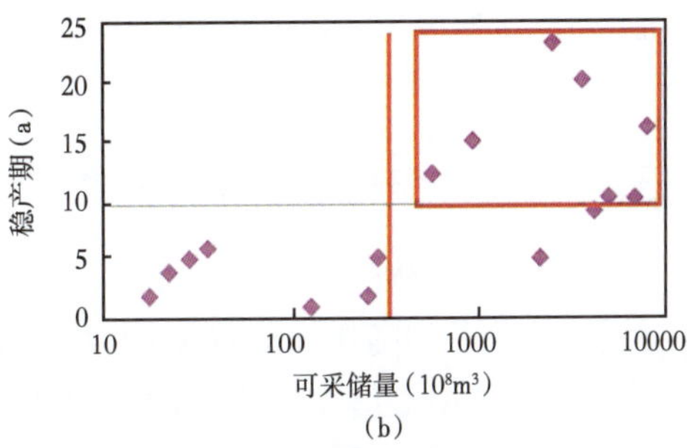

图 7-8　碳酸盐岩气田可采储量规模与采气速度和稳产期的关系

二、长期试采加深认识

气田开发初期，由于资料限制以及气藏复杂性等客观原因，对气藏的认识存在较大的不确定性和风险。为了降低气田开发风险，需要着力开展气田前期评价工作，反之则可能要面临无法挽回的后果。

拉克气田于 1949 年底由国营阿奎坦石油公司开始钻探。1951 年 12 月拉克 3 井钻至井深 3550m 时发生强烈井喷，气田高含硫化氢，15km 处即可闻到，由于气层压力大，井口失控，爆炸着火，钻杆断在井中，经过两个多月的艰苦工作才将气井封闭，这给后来的开发敲响了警钟。1952—1957 年气田评价试采期间，在储量评价、动态规律认识、采气工艺等多个方面做了大量的评价工作，为气田后期开发提供了科学的依据，保障了气田高效开发。主要包括：

(1)应用容积法和压降法计算气田储量。一方面，确定可靠的容积法参数下限，使用容积法评价储量。为了取准储量计算参数，拉克气田从 1952—1957 年共钻了 6 口气层全取心资料井，取心收获率在 90%以上。对岩心上肉眼可见的裂缝进行测量，结合薄片估算出产气层段的裂缝率平均为 0.5%，含气饱和度为 100%。气层有效厚度的下限主要根据气层的孔隙度和含水饱和度曲线来确定。在拉克气田孔隙度小于 1%，含水饱和度急剧增加，可达 50%以上，因此拉克气田的有效厚度下限标准为孔隙度 1%，含水饱和度大于 50%。如果气层参数只符合其中之一就为非储层段，在应用容积法计算储量时不包括这些层段。另一方面，考虑拉克气田气层有效厚度逐渐向外围变薄尖灭，且储层物性明显变差，因此开发中不断采用压降法核实气田储量。气田开发实践结果证实，两种储量计算方法结果接近，用容积法计算天然气地质储量为 $2325 \times 10^8 m^3$，用压降法为 $2640 \times 10^8 m^3$，误差 12%，气田开发物质基础靠实。

（2）坚持一定周期的试采，加强动态规律的认识。拉克气田主要对 3 口井进行试采，获取气藏动态参数；其中在 104 号井进行连续试采，累计产气量 $8000 \times 10^4 m^3$，气层压力没有明显下降，试采过程证实了裂缝的存在，为动态规律认识和开发技术政策制定提供了有力依据。准确的气井产能评价，确保了一次布井实现了气田稳定开发，后期部署少数调整井实现气田 20 余年的长期持续稳产。

（3）针对拉克气田高含硫化氢带来地面和井下设备腐蚀问题，气田前期重视防腐，不断改进防腐工艺。如油管腐蚀表明随压力降低腐蚀增加，这与层间水进入油管有关，因此采用定期向地层注入防腐剂及在环形空间连续循环加防腐剂的燃料油，从而保证了油管的抗硫防腐性能，实现气井安全、稳定生产。在防腐方面，还开展了防硫钢材、高压采气设备和防硫工艺研究，并分别于 1955 年在 102 井和 1956 年在 104 井进行了试验，直到 1957 年才正式开发。

三、多种方法量化描述评价裂缝影响

与碎屑岩相比，碳酸盐岩脆性更大，而且比较容易受到流体的侵蚀，因此容易产生裂缝。通过对低渗透气藏的随机调研数据可以看到，碳酸盐岩裂缝发育样本的比重更大（图 7-9）。因此，碳酸盐岩气藏裂缝发育程度的认识和量化评价一直都是该类气藏认识的热点和难点，需要多种方法相互佐证，否则会带来非常被动的开发局面。

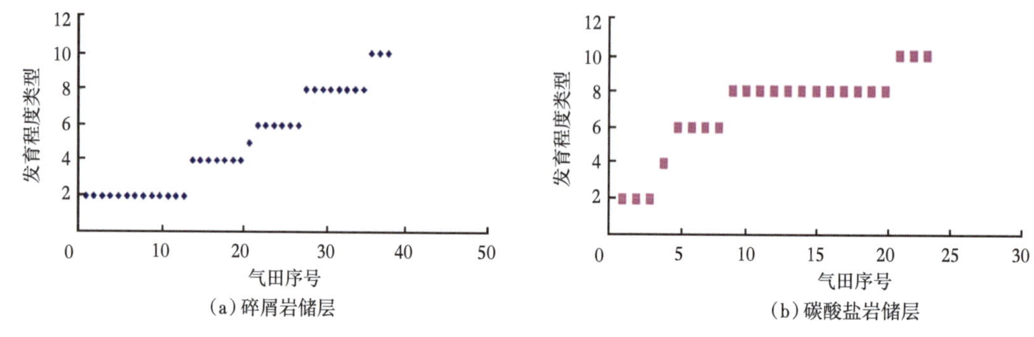

图 7-9 低渗储层裂缝发育统计情况

纵坐标评分：10 分，基质低孔低渗，裂缝储存，裂缝渗流；8 分，基质中孔低渗，基质储存，裂缝渗流；6 分，基质高孔低渗，基质储存，裂缝渗流；4 分，基质高孔高渗，基质存储渗流，裂缝增加渗流；2 分，裂缝不发育。

麦隆气田早期没有密闭取心，无法预知地下原始状态裂缝发育情况，认识储层的资料不全[5-7]。关键取心井均在气田大规模见水之后，取心段短且不连续，岩心观察和测井不匹配，无法外推未取心层段，造成对裂缝沟通水的能力认识不足。同时生产井部署在西南侧，而观测井部署在东北侧，对气水界面变化情况不清楚。对裂缝和水的认识不足，造成气田开发 10 年时距离气水界面 700m 的气井出水，见水后不得不在东侧和北侧钻调整井。

在认识到裂缝规律研究不足的情况下，应用多种方法加强了裂缝发育规律研究(图7-10)，特别是重视动态资料在有效裂缝评价中的应用。岩心观测到裂缝平均间距大多小于3m，表明裂缝很发育；钻井液漏失和注入剂测试表明，提供产能贡献的裂缝发育间隔在10m以上，表明测井方法识别的裂缝并没有全部张开，并不能形成有效的生产能力，据此将裂缝系统划分为两大类：一是分布频率高但产能低的微裂缝，二是分布频率低但产能高的有效裂缝集合；试井与室内岩心实验有效渗透率相差100~10000倍，进一步佐证裂缝的发育；历史拟合表明，拟合使用 *Kh* 值为50~6000mD · m，高于试井值。动静态资料对比表明，裂缝几何形状与动态表现出来的渗透能力不是很相符，岩心观察结果不能作为确定有效裂缝间距的结论性资料。通过动静态结合、多方法对比认识的裂缝发育规律，为麦隆气田调整方案编制提供科学依据。

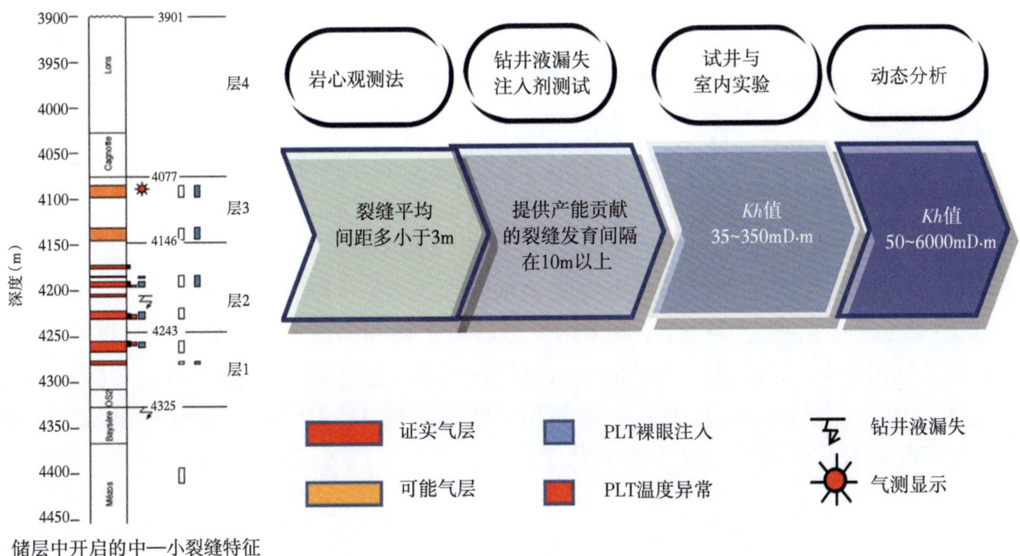

图7-10 麦隆气田裂缝发育程度认识方法

例如，麦隆气田B1井1968年投产，1978年水淹，上返后依然水淹，1981年关闭。1988年，在对气井水侵规律和裂缝规律认识的基础上决定恢复生产，短暂测试获日产气 $10\times10^4m^3$，1990年5月重新投产，初始日产气 $22\times10^4m^3$，产水 $90m^3$，此后产气稳步下降至 $10\times10^4m^3$，截至1991年5月底，累计增加产气量 $1300\times10^4m^3$，累计产水 $10\times10^4m^3$。

四、合理单井配产

法国拉克气田储层基质物性差，但裂缝发育，有效渗透率高，*Kh* 值在1000~20000mD · m，且随地层压力下降呈现不降反升的特点[4]。虽然气井具有高产的潜能，试采期单井平均日产 $80\times10^4m^3$，但气井实际单井配产仅为 $(33\sim100)\times10^4m^3/d$，稳产期平均单井日产 $60\times10^4m^3$ 左右。气井低配产的出发点需从拉克3井说起，1951年12月，该井于井深3530m发现下白垩统含硫化氢的气流，初产量高达 $980\times10^4m^3/d$，但是由于富含硫化氢的气体对钢材的腐蚀问题，使该井在深度3555m处发生钻杆断裂，引发井喷事件，井喷中每天损失含硫气 $30\times10^4m^3$，经过

53 天的艰苦而危险的努力才控制井喷，此后法国对含硫气田的开发采取了谨慎的态度，首先考虑的是确保安全，然后在积累经验的基础上提高气井的生产能力和降低成本。

为了保证安全，拉克气田开发初期采用双层油管采气。第一批井采用 2in❶ 和 4in 双层油管，气层顶部的 7in 套管中先下入 4in 的油管，再下入 2in 的油管。双层油管限制了气井的产能（$30\times10^4m^3/d$），经测算该措施导致压力在井筒中的损失很大，当生产压差为 0.5MPa 时，井筒压力损失高达 19.8MPa，按此计算投产 8 年后就需要使用压缩机。

4in 和 7in 环形空间是相对密度为 1.8 的钙质钻井液，2in 和 4in 环形空间充满柴油。其优点是内层的 2in 油管损坏时容易更换，缺点是加重的钙质钻井液容易沉淀，过一段时间后需要拔出 4in 的油管，而这种油管价格较贵。为此，又改用了 2in（特种钢）和 5in（N80 还原钢）双层油管，5in 和 7in 管间改用膨胀土钻井液，这种钻井液不易沉淀。5in 油管用 N80 号还原钢，2in 管为特种钢。

双层油管毕竟限制了产能，增加了成本，为了合理利用气藏能量，降低井筒压力损失，在 120 号井用 J55 钢单层油管作了试验，证明 J55 钢的单层油管能抗硫化氢，而且比 N80 号钢廉价。但这种比较经济的井身结构没有推广到其他井上，原因是 120 号井在构造顶部，而其他的井比较深，J55 型钢的抗拉强度不够，因此多数井最终还是采用了 N80 级还原钢的 5in 油管。在气田开发中后期，气田构造顶部补充的加密井均钻至气层顶部，完井采用 9in 套管，采气采用 7in 和 5in 复合油管。由于加大了油管，气井产量得到提高。

此外，关于气井配产还应考虑是否存在调峰需要。经调研发现，法国冬夏用气量相差悬殊，冬夏用气量之比大约为 7:1，为了调节用气量的不平衡和保证天然气处理厂能够稳定生产，在距离拉克气田 55km 处的鲁沙纳（Lussagnet）投资兴建了法国第一座地下储气库（图 7-11）。该储气库于 1957 年投产，库容（25～35）$\times10^8m^3$，工作气量 $11\times10^8m^3$。因此，初步认为拉克气田气井配产并没有将调峰作为最主要出发点。

图 7-11　法国鲁沙纳（Lussagnet）储气库地理位置

❶ $1in=2.54\times10^{-2}m$。

麦隆气田与拉克气田距离很近，气藏多数参数特征相近，主要区别是麦隆气田为水驱气藏，开发比拉克气田晚了大约10年，因此拉克气田的开发经验得到了应用。关于麦隆气田气井配产问题，由于可调研到的气井测试资料完整程度不够，无法获取有效的定量化描述气井配产规律，但从文献描述中发现，为了延缓边水推进，气井配产时限制了一定的气井产能，只是由于早期对气藏裂缝发育规律和气水运移规律认识不够充分，仍然造成开发中部分气井过早水淹。由此可见，裂缝型水驱气藏开发的风险之大，这一点必须引起同类气藏开发的注意。

五、非均匀井网，构造高部位集中布井，水驱气藏射孔层位尽量远离气水界面

气田开发井网的确定取决于气藏的地质条件，如储层的连续性、产层物性参数在气田纵横向上的分布、驱动方式、天然气需求量、开采年限和采气速度等因素。基于少井高产、经济合理开发气藏的目的，拉克气田和麦隆气田均采用非均匀布井策略，其中拉克气田构造顶部集中布井，井距250m，翼部1500m，麦隆气田也采用构造高部位集中布井，顶部井距250m，侧翼1400m[4]。

拉克气田高含硫化氢，气井要采用抗硫套管及油管等一系列抗硫措施，建井成本高，适宜少打井，而气藏顶部裂缝发育，气藏连通性好，故只在储层构造高部位部署生产井(图7-12)。

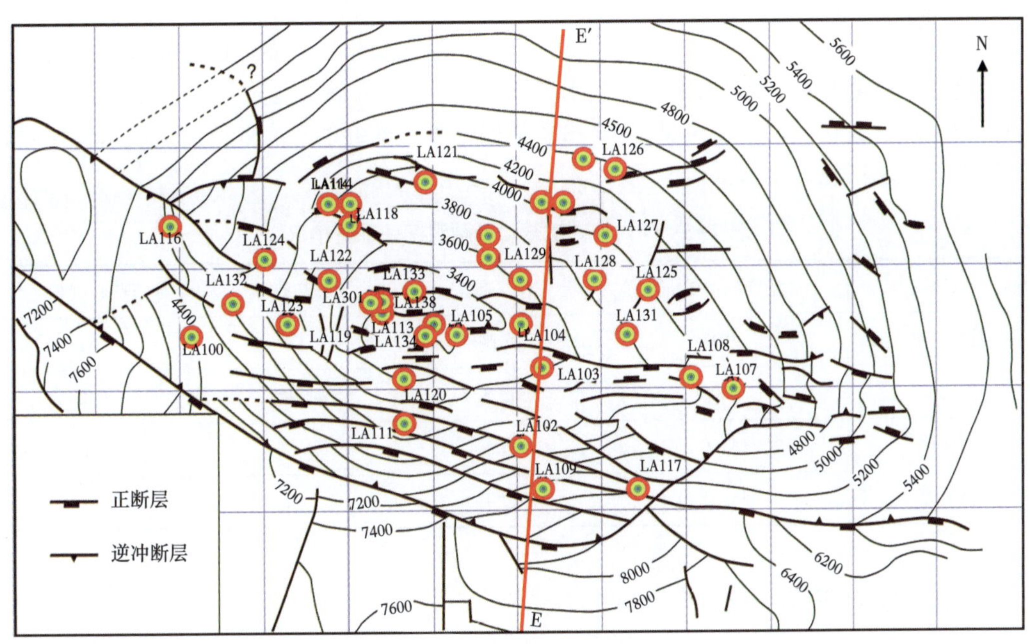

图7-12 拉克气田井位部署

对于像麦隆气田这种裂缝性的边水水驱气藏，在裂缝发育的构造顶部、轴部、产层厚度大、渗透性和连通性好的部位集中布井，不但气井产量高，而且可以降低水的影响[6]。然而，由于多种主客观因素造成对水体活跃程度认识不充分，麦隆气田开发中水的影响仍较大，见水后不得不在东侧和北侧钻调整井。麦隆气田开发实践表明，气井射孔层位离气水界面越远，气井见水越晚(图7-13)。

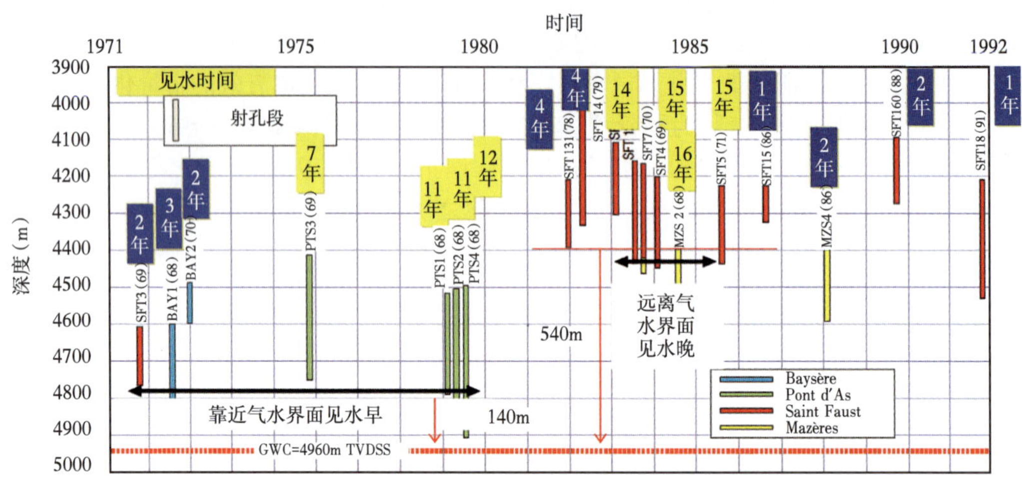

图 7-13　麦隆气田气井射孔层位及见水时间

实践表明裂缝性边、底水气藏，水侵风险大，气藏发生水淹的可能大大增加，矿场统计的五个发生水淹气藏全部为碳酸盐岩气藏。因此，针对水驱气藏，特别是裂缝性底水气藏，必须严格控制采气速度，优化井网布局，科学配置气井产量，射孔层位尽可能远地避开气水界面距离；同时系统考虑监测井的部署，密切跟踪气水界面变化，坚持开展全生命周期的水侵规律研究，从国内国外开发成功气田案例可见（表 7-3），适当部署观察井能够有效监测边底水运移规律，为气田部署防水措施提供依据。

表 7-3　国内外碳酸盐岩气藏观察井部署情况

气田	储量规模（10^8m^3）	水体类型	开发井数（口）	观察井（口）
温加布尔	3950	底水	119	21
奥伦堡	20000	底水	317	12
龙门	184.0	边水	6	1
相国寺	45.56	边水	6	1

六、滚动勘探开发

受主观、客观因素影响，裂缝—孔、洞型碳酸盐岩气藏早期容积法储量评价结果存在较大不确定性；压降动态法计算结果虽相对比较可靠，但对于水驱气藏，开发早期沿裂缝的水侵难以识别，动态特征滞后，存在一定的不确定性。

例如，Malossa 气田为溶洞发育的碳酸盐岩气藏，估算天然气原始地质储量为 $500\times10^8m^3$，凝析油 2.92×10^8bbl❶，而该气田于 1992 年废弃时仅生产了 $42.48\times10^8m^3$ 天然气和 0.27×10^8bbl

❶ 1bbl（美石油）= 159.9873dm³。

凝析油，早期严重高估储量，造成实际采气速度偏高，气藏快速水淹，气藏产量快速递减[3]。

再如，俄罗斯的谢别林气田，纵向发育多套储层，构造裂缝非常发育，各裂缝系统之间有的相互沟通，有的单独存在，因此按各含气层分别研究他们的储量分布是非常困难的。下无水石膏层容积法算出来的天然气储量为 $270\times10^8m^3$，到 1964 年底从该层已经采出 $300\times10^8m^3$ 天然气，地层压力仍保持在 18MPa，按压降法求得的天然气储量为 $1340\times10^8m^3$[3]。

美国天然气协会认为，估算当年发现气田的高级别储量是不可能的，对于复杂的多裂缝系统的储量，更不是一、两次储量计算就能够搞清楚的，气田必须在充分钻探并具有较长天然气生产史的情况下才能准确估算出来。美国一般评价储量的时间需要持续约 6 年[7]。

由于地质条件的复杂性，对气藏认识结果必然存在不确定性，导致气井和气田开发指标存在风险。针对这种情况，国外大石油公司十分注重弹性指标制定，以雪佛龙为例，其在与中国石油合作开发的川东北高含硫气田开发方案研究过程中，充分考虑基础资料的掌握程度，基于对地质认识的不确定性，强调不同储量概率下的开发弹性指标研究。例如在罗家寨气田，首先确定不同概率储量的井数需求，并制定分步布井策略：(1)在开发井位设置中坚持先钻可信程度高的 P10 井和 P50 井；(2)可信程度低的 P90 井暂时不钻，在首批生产井投产两年后进行复查和修订；(3)保持井位的灵活性，并根据新的储层描述和生产动态特征进行调整(表 7-4)[9,10]。

因此，针对复杂碳酸盐岩，尤其是大型碳酸盐岩气田的开发，需要坚持“循序渐进、滚动勘探开发”的模式，制定弹性指标，增加方案的灵活性，并伴随开发的逐步推进和动态资料的不断丰富，持续深化对气藏的认识，动态调整开发策略。

表 7-4　罗家寨气田开发方案 P10-P50-P90 概率下布井数量

指标	罗家寨		
	P10	P50	P90
开发区面积(km^2)	55.17	70.38	89.75
可采储量(10^8m^3)	136.5	278.6	470.6
最大产量($10^4m^3/d$)	147	195	225
开发井数(口)	8	10	18

参考文献

[1] Halbouty MT. Giant oil and gas fields of the decade, 1990-1999[M]. Tulsa: AAPG, 1979.

[2] 白国平.世界碳酸盐岩大油气田分布特征[J].古地理学报，2006，8(2)：241-250.

[3] 李士伦，汪艳，刘廷元，等.总结国内外经验，开发好大气田[J].天然气工业，2008，28(2)：7-11.

[4] Arquizan C, Charbonnel JC, Noel R. Total group and the “Lacq Basin” area economical development[C]. SPE 111963-MS, presented at the SPE International Conference on Health, Safety, and Environment in Oil and Gas Exploration and Production, 15-17 April 2008, Nice, France.

[5] Golaz P, Sitbon AJA, Delisle JG. Meillon gasfield: Case history of a low-permeability, low-porosity fractured reservoir with water drive[C].European Petroleum Conference, 17-19 October 1988, London, UK.

[6] Hamon G, Mauduit D, Bandiziol D, et al. Recovery optimization in a naturally fractured water-drive gas reservoir: meillon field[C]. SPE 22915-MS presented at the 66th SPE Annual Technical Conference and Exhibition, 6-9 October 1991, Dallas, Texas, USA.

[7] Golaz P, Sitbon AJA, Delisle JG. Case history of the Meillon Gas Field[J]. JPT, 1990, 42(8): 1032-1036.

[8] Herber R, De Jager J. Oil and gas in the Netherlands—is there a future? [J]. Netherlands Journal of Geosciences, 2010, 89(2): 91-107.

[9] 冉隆辉,陈更生,徐仁芬.中国海相油气田勘探实例(之一) 四川盆地罗家寨大型气田的发现和探明[J].海相油气地质,2005,10(1):43-47.

[10] 李士伦,杜建芬,郭平,等. 对高含硫气田开发的几点建议[J].天然气工业,2008,27(2):137-140.

第八章 气藏渗流特征分析

缝洞型碳酸盐岩气藏储层基质孔、渗低、孔洞缝宏观分布发育,非均质严重,渗流机理与规律复杂。基于碳酸盐岩气藏孔隙介质构成复杂的特征,描述碳酸盐岩气藏储层应该从局部与整体两个方面来展开,就局部储层而言可能以基质为主,储、渗能力都很差,但是就整体储层而言,由于孔洞缝发育,而且随机分布于整个储层,孔洞缝之间的配置及其分布规律决定了储层的有效性,溶蚀孔洞发育大大提高了储集能力,而溶蚀裂缝与构造裂缝发育则极大改善了渗流能力,如果二者孤立存在,气藏的开发效果要差得多;如果二者之间合理配置,那么气藏开发效果会大大改善,龙王庙气藏就是二者有机结合而成功开发的典范[1]。前期地质研究结果表明龙王庙组气藏主要的储集空间类型有基质孔隙型、溶蚀孔隙型和溶蚀孔洞型三种,由于基质孔隙型储层孔隙度太低,其他两种类型就是碳酸盐岩气藏的主要储集体[2]。而裂缝在三种气藏储集体中都有广泛分布,对于基质与溶蚀孔隙型气藏,由于基质体的渗流能力很低,裂缝就是主要的渗流通道,因此其渗流特征主要体现的是裂缝渗流特征;而对于溶蚀孔洞型气藏,由于溶蚀程度高,基质体本身的孔喉渗流能力要高得多,裂缝的渗流作用不明显,因此其渗流特征主要体现的是中高渗储层孔喉流动为主的渗流特征。

本章主要研究缝洞型碳酸盐岩气藏的微观储层渗流机理、渗流规律、水侵数学模型及其在开发中的应用。由于碳酸盐岩气藏多孔介质构成与流体流动机理的复杂性,本书运用静态(储层特征描述)与动态(流体流动规律及产能)相结合的方法,重点体现气藏的动态特征,把动态特征一致的气藏归为一种储层类型来开展渗流机理与渗流模型等相关的研究。

第一节 渗流数学模型研究

针对龙王庙组气藏碳酸盐岩储层的复杂性与非均质性,结合上述研究成果,将储层分为孔隙型、裂缝型和溶蚀孔洞型三大类开展研究,分别就每类储层开展常规不含水条件下和储层束缚水饱和度下应力敏感和流态测试实验,分析实验数据,总结规律、建立关键因素影响的碳酸盐岩气藏气体渗流模型并分析不同类型碳酸盐岩气藏产气能力及影响因素。

一、不同类型碳酸盐岩应力敏感规律

(一)常规不含水条件下碳酸盐岩应力敏感性研究

根据储层敏感性实验标准,选择 30 块代表三类储层的典型岩样进行常规不含水条件下应力敏感实验研究,其中初始渗透率,孔隙型碳酸盐岩 0.01mD,渗透性差;裂缝孔隙型碳酸盐岩 0.1~1mD,渗透性较好;溶蚀孔洞型碳酸盐 0.3~30mD,渗透性好,实验有效应力范围介于 3~40MPa,实验结果如图 8-1 所示。可以清楚地看到,同类型碳酸盐岩应力敏感曲线特征基本一

致，应力敏感规律性强，裂缝孔隙型和孔隙型碳酸盐岩岩样应力敏感强度相当，渗透率损失达70%，表现较强的应力敏感，而溶蚀孔洞型储层应力敏感弱，一般只有20%左右。产生这一结果的主要原因在于，气藏衰竭式开发过程中孔隙压力逐渐降低，有效应力逐渐增加，对于裂缝型储层而言，随着孔隙压力降低，裂缝自然闭合，而且有效应力越大，裂缝闭合越明显，渗透率越接近于裂缝周围的基岩渗透率，在闭合到一定程度后，随有效应力增加，渗透率降低变缓；对于基岩储层而言，随着有效应力增加，孔喉半径相对变化不会太大，但是由于基岩储层孔喉半径本来很小，因此由孔隙半径相对变化带来的对于储层渗流能力的绝对影响要大得多，表现出来的宏观结果就是应力敏感性强；对于溶蚀孔洞型储层来讲，储层的渗流能力主要来自孔喉半径较大的通道，因此，在气藏衰竭开发过程中，随有效应力增加，孔喉半径相对变化对于较大孔喉的绝对渗流能力影响不大，表现在宏观渗流特征上就是敏感性较弱。

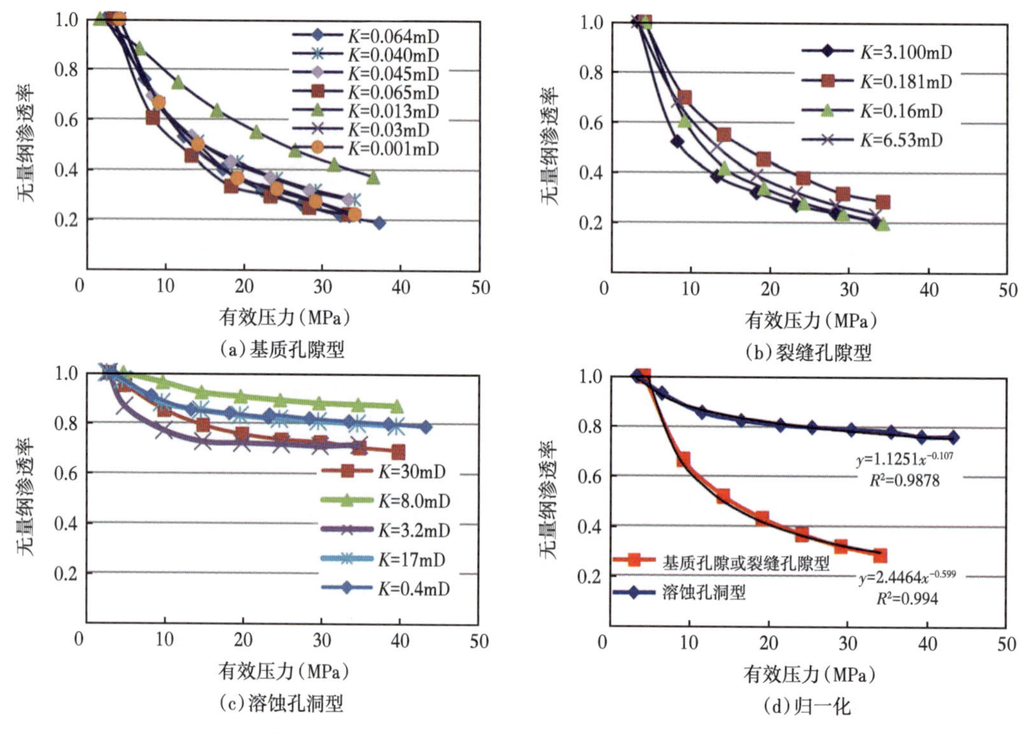

图8-1　三类碳酸盐岩应力敏感及其归一化曲线

(二)储层束缚水条件下碳酸盐岩应力敏感性研究

选取三类储层的典型岩样同时进行常规不含水条件下和储层束缚水条件下应力敏感对比实验，结果如图8-2所示，可以发现，与常规不含水状态下应力敏感曲线相比，束缚水饱和度的存在主要差异在于初始渗透率不同，束缚水饱和度下的碳酸盐岩渗透率只有常规不含水状态下岩心渗透率20%~60%，束缚水的存在会降低碳酸盐岩渗流能力；并且束缚水饱和度状态下的三类碳酸盐岩的应力敏感性均有所增强。分析认为这是由于束缚水的存在占据了部分孔隙空间，从而减小了天然气存储和流动的空间，导致有效应力增加过程中气体流动所受渗流阻力增加幅度变大，因而渗透率的损失增加，即显示出应力敏感性有所增强，但整体上来说束缚

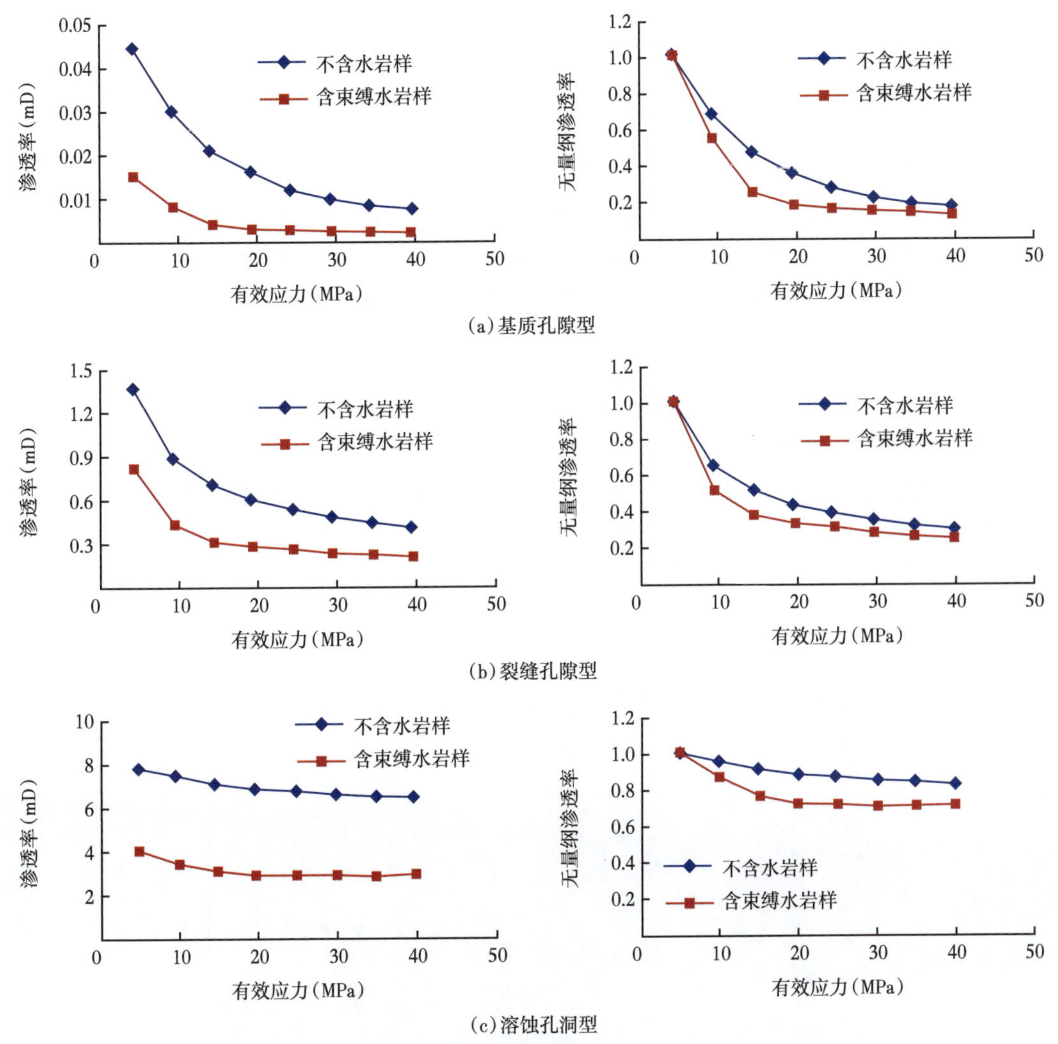

图 8-2　含束缚水与不含水条件下碳酸盐岩应力敏感曲线

水状态碳酸盐岩应力敏感性与常规不含水条件下碳酸盐岩应力敏感性相当，当有效应力由 5MPa 增加到 40MPa 时，基质孔隙型岩心储层条件下应力敏感性强，渗透率损失 70%～90%；裂缝型岩心储层条件下应力敏感性强，渗透率损失 70%～95%；溶蚀孔洞型岩心储层条件下应力敏感性弱，渗透率损失 25%～30%。

（三）碳酸盐岩应力敏感数学模型

图 8-1(d) 是三类碳酸盐岩岩样归一化的应力敏感曲线，其中孔隙型和裂缝型碳酸盐岩归一化应力敏感曲线基本相同，合二为一，通过曲线拟合可以看出，碳酸盐岩无因次渗透率 K/K_i 与有效应力呈幂函数关系，可用下式表示：

$$\frac{K}{K_i}=C(\sigma-p)^{-\alpha} \tag{8-1}$$

式中 p——地层压力，MPa；

K_i——初始状态下渗透率，mD；

K——地层压力 p 时渗透率，mD；

σ——上覆岩层压力，MPa；

C——无量纲常数；

α——应力敏感幂指数，其中基质孔隙型、裂缝型 $\alpha=0.6$，溶蚀孔洞型 $\alpha=0.1$。

将初始条件，$p=p_i$、$K=K_i$ 代入式(8-1)，可求出常数项 C，从而确定裂缝型碳酸盐岩气藏储层应力敏感数学模型式(8-2)，实现气藏衰竭开发过程中储层应力敏感的预测。

$$\frac{K}{K_i}=\left(\frac{\sigma-p}{\sigma-p_i}\right)^{-\alpha} \tag{8-2}$$

式中，p_i——储层原始压力，MPa。

图 8-3 为根据应力敏感模型计算龙王庙组气藏储层应力敏感曲线，结果表明：气藏开发至废弃压力(取原始地层压力 20%)时龙王庙组溶蚀孔洞型储层渗透率应力敏感损失 10%，敏感性弱；裂缝型和基质孔隙型储层损失 50%，敏感性中等。

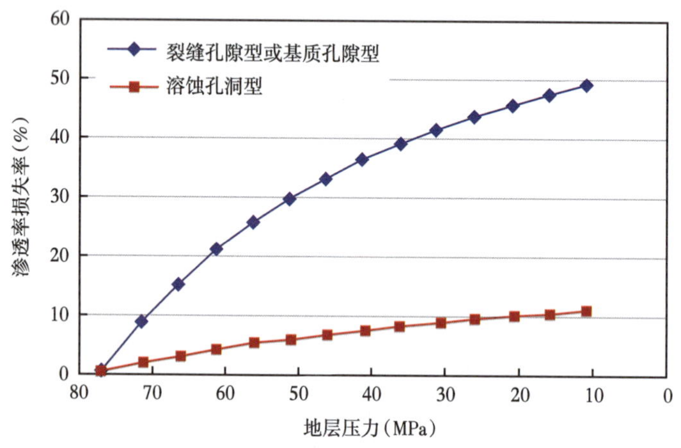

图 8-3 龙王庙组气藏渗透率应力敏感曲线

二、不同类型碳酸盐岩气相流态规律

(一) 常规不含水条件下单相气流态特征研究

选取 13 块三类储层的典型岩样进行常规不含水条件下单相气流态测试，结果如图 8-4 所示。可以看出，基质孔隙型碳酸盐岩渗透性差，驱替压力平方差与流量呈线性关系，随着驱替压力增加，渗透率变化幅度不大，即使驱替压力平方梯度达到 50MPa²/cm，非线性引起的渗透率损失也只有 20%左右，非线性效应弱，渗流基本为达西渗流；而裂缝孔隙型和溶蚀孔洞型碳酸盐岩驱替压力平方差与流量成二项式关系，随着驱替压力增加，渗透率越来越小，非线性渗流效应明显，即使驱替压力平方梯度只有 3MPa²/cm，但是由非线性引起的渗透率损失却达到了 50%。

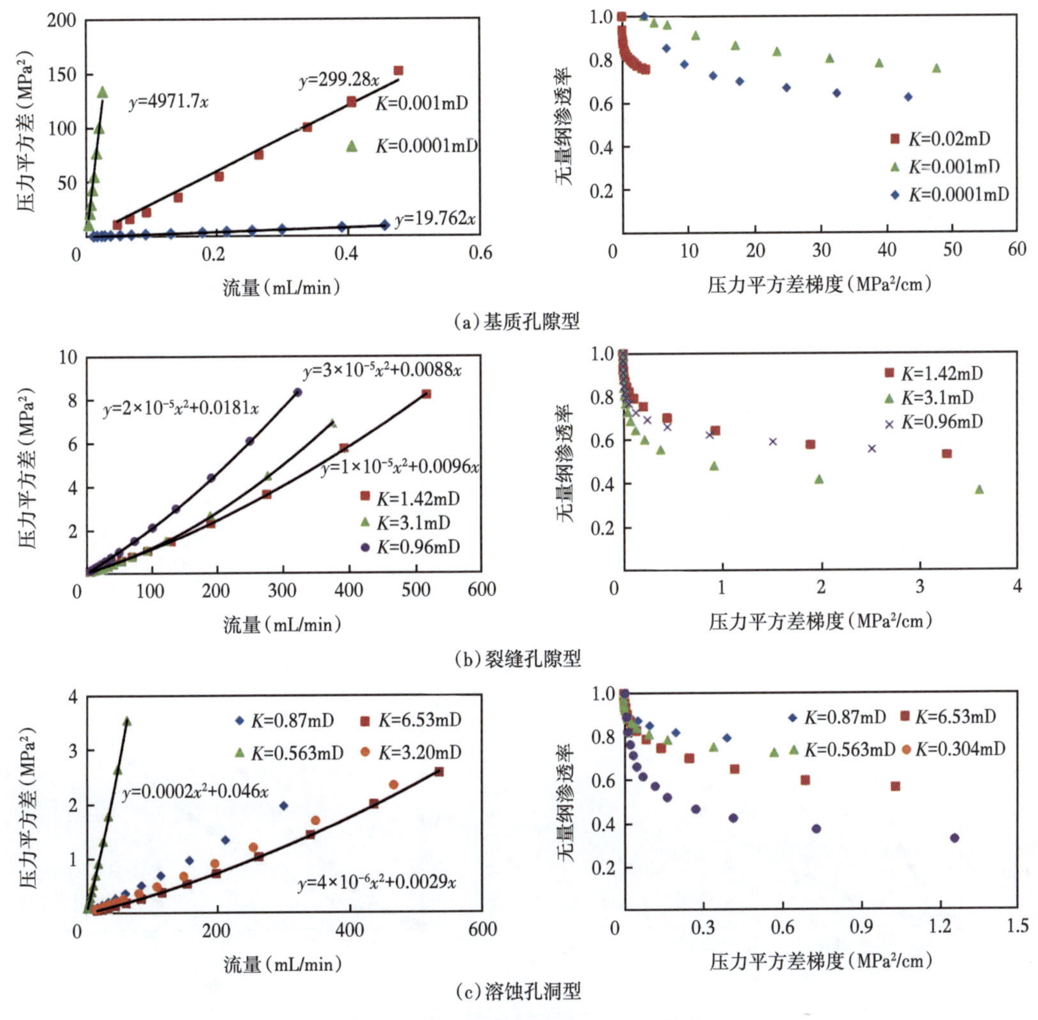

图 8-4　不同类型碳酸盐岩流态曲线

(二) 束缚水条件下单相气流动规律

选取三类储层的典型岩样同时开展常规不含水条件下与束缚水条件下单相流态测试，其中实验室建立的各类碳酸盐岩束缚水饱和度 20%~25%，与储层实际束缚水饱和度相当，测试结果如图 8-5 所示，与不含水状态下相比，束缚水饱和度状态下的不同类型碳酸盐岩岩心的流态均有所变化，同样的驱替压力下，储层状态下气相的流量明显低于常规流态实验所测得的结果。分析认为这是由于束缚水的存在占据了部分孔隙空间，从而减小了天然气存储和流动的空间，增加了渗流阻力，降低了储层的渗透能力，但束缚水条件下单相气流态曲线形态与常规不含水条件下单相气流态曲线形态基本一致，即束缚水条件下基质孔隙型碳酸盐岩单相气渗流基本为线性渗流，裂缝孔隙型和溶蚀孔洞型碳酸盐岩存在明显的高速非达西现象。

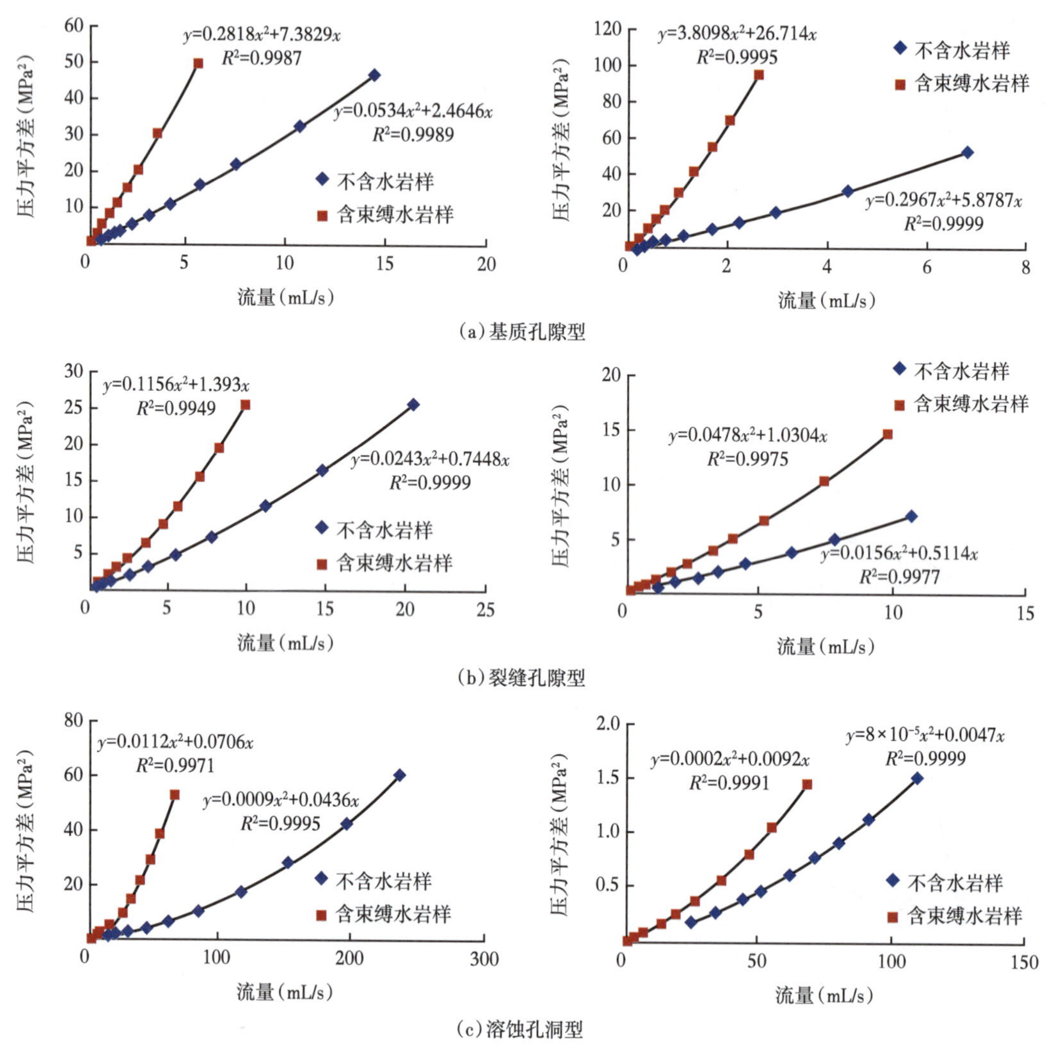

(a)基质孔隙型

(b)裂缝孔隙型

(c)溶蚀孔洞型

图 8-5 碳酸盐岩单相气流态曲线

(三)单相气渗流数学模型

油气藏开发过程中流体渗流规律一般采用线性的达西定律来描述,认为液体渗流速度与压力梯度之间呈线性关系,气体渗流速度与压力平方差梯度呈线性关系。但是 Forchheimer 研究发现气体在实际的流动过程中,在多孔介质中保持一定流量所需要的压力梯度比达西定律预测的要高,裂缝孔隙型和溶蚀孔洞型碳酸盐岩单相气流态曲线明显偏离线性,因此,在达西定律中增加了一项来考虑这种差异,于是达西渗流方程变成了二项式方程,也称费希海默方程式[3]:

$$-\frac{\mathrm{d}p}{\mathrm{d}r}=\frac{\mu_g u_g}{K}+\beta\rho u_g^2 \tag{8-3}$$

式中 β——非达西系数,1/m;

μ_g——气体黏度，mPa·s；

r——半径，m；

u_g——气体渗流速度，mm/s。

在费希海默方程式中，左边是总压力梯度。右边第一项是克服黏滞阻力所需的压力梯度；类似地，第二项是克服惯性阻力作用所需的压力梯度。惯性阻力压力梯度与黏滞阻力压力梯度之比 $K\beta\rho v/\mu$，即为费希海默数（Fo），流动模式的判别标准。

$$Fo = \frac{K\beta\rho u_g}{\mu} \tag{8-4}$$

可见，费希海默数与雷诺数物理意义相同，均表示惯性阻力与黏滞阻力之比。费希海默数具有清晰的定义、明确的物理意义以及广泛适用性。因此，可选取费希海默数作为碳酸盐岩气藏储层中流动模式的判别标准，表征碳酸盐岩气藏储层中气体流动过程中惯性阻力与黏滞阻力之比。

基于所描述的渗流方程，导出存在高速非达西渗流时岩心实验驱替压力平方差与流量满足如下关系式[4]：

$$(p_L^2 - p_0^2) = Cq_{sc} + Dq_{sc}^2 \tag{8-5}$$

其中

$$C = \frac{2\mu_g LZTp_{sc}}{KAT_{sc}}$$

$$D = \frac{2l\beta M}{ZRT}\left(\frac{ZTp_{sc}}{AT_{sc}}\right)^2$$

式中　q_{sc}——气体标准状态下流量，mL/s；

l——岩心长度，cm；

A——岩心横截面积，cm^2；

Z——气体压缩系数，无量纲；

T——实验温度，K；

p_{sc}——标准大气压，0.101325MPa；

T_{sc}——标准温度，273.15K；

M——气体分子量，无量纲；

R——气体常数，8314J/（kmol·K）。

根据碳酸盐岩岩样单相气体渗流实验曲线，如图 8-6 和图 8-7 所示，流量与驱替压力平方差拟合的二项式系数 D，可以反算非达西系数 β，计算公式如下式，据此可以获取碳酸盐岩储层的非达西渗流系数。

$$\beta = \frac{DZRT}{2ML}\left(\frac{AT_{sc}}{ZTp_{sc}}\right)^2 \tag{8-6}$$

图 8-6 是龙王庙组气藏碳酸盐岩岩样非达西系数计算结果，可以看出不同类型碳酸盐岩

非达西系数规律性强，非达西系数 β 与渗透率成幂函数关系，随渗透率增加 β 值减小；相同渗透率下束缚水饱和度岩样高速非达西系数大于不含水岩样。碳酸盐岩岩样非达西系数 β 拟合结果如式(8-7)和式(8-8)：

不含水岩样：

$$\beta = \frac{1.97 \times 10^{10}}{K^{1.03}} \tag{8-7}$$

含束缚水岩样：

$$\beta = \frac{9.57 \times 10^{10}}{K^{1.18}} \tag{8-8}$$

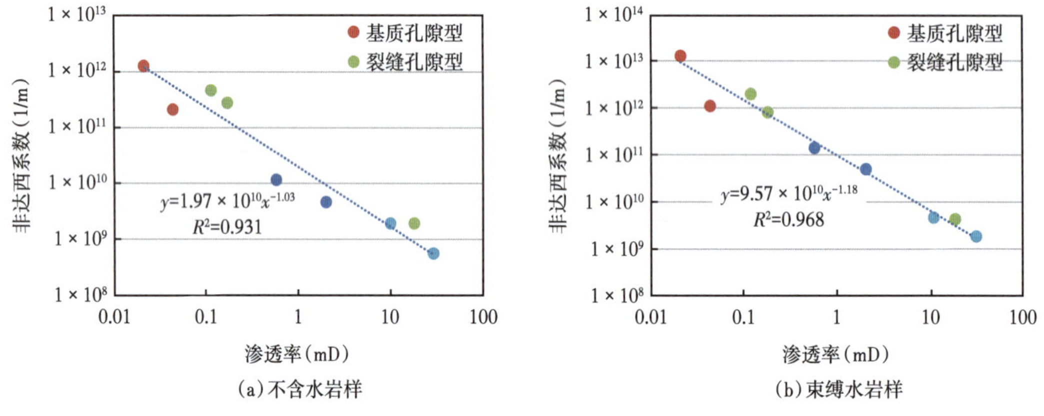

图 8-6 龙王庙组气藏碳酸盐岩非达西系数图版

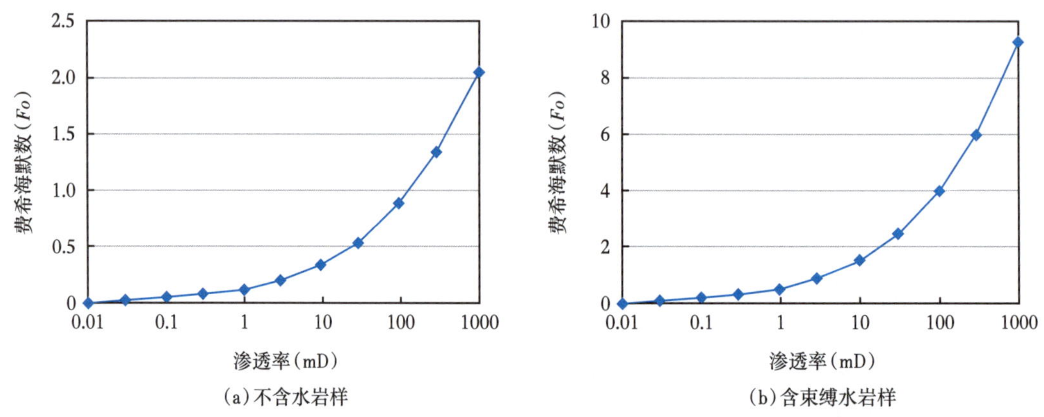

图 8-7 龙王庙组气藏碳酸盐岩费西海默数

根据非达西渗流系数模型，计算不同渗透率碳酸盐岩费西海默数 *Fo*(图 8-7)，结果表明：基质孔隙型渗透率 0.001~0.1mD，*Fo* 介于 0~0.03，渗流阻力以黏性阻力为主，惯性阻力只占很小比例(小于 3%)，储层气相流动基本以达西渗流为主；裂缝孔隙型和溶蚀孔洞型渗透率一般大于 1mD，*Fo* 大于 0.1，尤其对于含有束缚水的储层来说，储层渗透率大于 1mD 时渗流惯性阻力与黏性阻力相当,非达西效应明显,并且渗透率越大,费西海默数越大,储层非线性渗流特征就越明显。

三、不同类型碳酸盐岩气藏储层渗流数学模型及应用

(一)不同类型碳酸盐岩气藏储层渗流数学模型

根据龙王庙组气藏不同类型碳酸盐岩应力敏感和渗流规律实验分析,归纳出龙王庙组气藏碳酸盐岩气、水两相渗流模型。

气相渗流模型:

$$-\frac{\mathrm{d}p}{\mathrm{d}r}=\frac{\mu u_{\mathrm{g}}}{KK_{\mathrm{rg}}\left(\frac{\sigma-p}{\sigma-p_{\mathrm{i}}}\right)^{\alpha}}+\beta\rho u_{\mathrm{g}}^{2} \tag{8-9}$$

水相渗流模型:

$$-\frac{\mathrm{d}p}{\mathrm{d}r}=\frac{\mu_{\mathrm{w}}u_{\mathrm{w}}}{KK_{\mathrm{rw}}\left(\frac{\sigma-p}{\sigma-p_{\mathrm{i}}}\right)^{\alpha}} \tag{8-10}$$

式中　K_{rg}——气相相对渗透率,无量纲;

　　　K_{rw}——水相相对渗透率,无量纲。

(二)碳酸盐岩气藏气井产能公式与产能评价

考虑均质等厚气藏中心一口直井,储层厚度为 h 且全部射开,原始渗透率为 K_{i},原始地层压力为 p_{i},边界半径为 r_{e},直井半径为 r_{w},假定气井定产生产。

根据渗流数学模型,储层气相运动方程:

$$-\frac{\mathrm{d}p}{\mathrm{d}r}=\frac{\mu u_{\mathrm{g}}}{KK_{\mathrm{rg}}\left(\frac{\sigma-p}{\sigma-p_{\mathrm{i}}}\right)^{\alpha}}+\beta\rho u_{\mathrm{g}}^{2} \tag{8-11}$$

引入气体状态方程,积分得

$$m_{\mathrm{e}}^{*}-m_{\mathrm{w}}^{*}=Aq+Bq^{2} \tag{8-12}$$

其中:

$$m^{*}=\int_{p_{\mathrm{a}}}^{p}2\frac{p}{\mu Z}\left(\frac{\sigma-p}{\sigma-p_{\mathrm{i}}}\right)^{-\alpha}\mathrm{d}p$$

$$A=\frac{Tp_{\mathrm{sc}}}{T_{\mathrm{sc}}\pi Kh}\ln\frac{r_{\mathrm{e}}}{r_{\mathrm{w}}}$$

$$B=\beta\frac{M}{\mu R}\frac{Tp_{\mathrm{sc}}^{2}}{2\pi^{2}h^{2}T_{\mathrm{sc}}^{2}}\frac{1}{r_{\mathrm{w}}}$$

式中 r_e——气藏供给半径,m;

r_w——井筒半径,m。

式(8-12)即为考虑应力敏感和高速非达西效应的缝洞型碳酸盐岩气藏气井产能方程,当 $\beta=0$ 时,对应的式(8-12)中 B 为0,方程式退化为仅考虑应力敏感的产能方程;当 $\alpha=0$ 时,式(8-12)退化为仅考虑高速非达西效应的产能方程;当 $\alpha=0$、$\beta=0$ 时,式(8-12)退化为达西产能方程。

以龙王庙组碳酸盐岩气藏为例,三种类型碳酸盐岩储层孔、渗特征为:基质孔隙型渗透率普遍小于0.01mD,孔隙度2%~4%;裂缝孔隙型渗透率0.1~1000mD,孔隙度2%~10%;溶蚀孔洞型渗透率与裂缝孔隙型渗透率相当,在0.1~1000mD,主要区别在于孔隙度,一般在6%~14%。储层平均有效厚度38.3m,地层压力75MPa,平均井距1.5km。分别采用式(8-12)考虑应力敏感和高速非达西效应的产能方程、达西产能方程(α、$\beta=0$)和高速非达西产能方程($\alpha=0$)计算三类储层的IPR曲线,计算结果如图8-8至图8-10所示。可以发现,孔隙型碳酸盐岩气藏储层渗流能力弱,产气能力低,无阻流量小,$10\times10^4m^3/d$,应力敏感导致的产能损失达到30%左右,而高速非达西影响小;裂缝孔隙型碳酸盐岩气藏产气能力强,无阻流量大,高达$640\times10^4m^3/d$,应力敏感与高速非达西效应共同作用,引起的产能损失达40%左右;溶蚀孔洞型碳酸盐岩气藏产气能力最强,无阻流量高达$780\times10^4m^3/d$,应力敏感效应弱,由高速非达西效应导致的产能损失达20%左右,应力敏感对产能影响小,可见,储层类型决定着缝洞型碳酸盐岩气藏气井产气能力,孔隙型储层基本不具开发价值,裂缝孔隙型和孔洞型储层为缝洞型碳酸盐岩气藏增储、建产的主力储层,这些认识与矿场试采结果相匹配,气井打到溶蚀孔洞发育或裂缝发育地带,测试产能高,反之测试产能低。

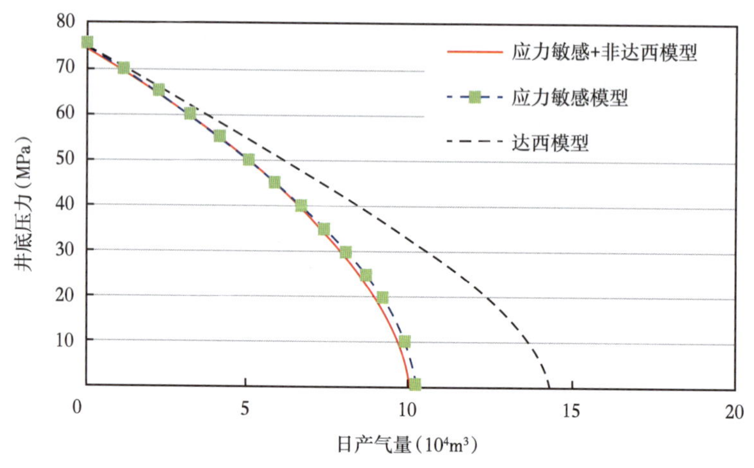

图8-8 基质孔隙型储层气井IPR曲线

综上所述,高速非达西效应对溶蚀孔洞型和裂缝孔隙型碳酸盐岩储层气井产能影响明显,对孔隙型储层气井产能影响小,可忽略不计;应力敏感对孔隙型和裂缝孔隙型碳酸盐岩储层气井产能影响明显,对溶蚀孔洞型储层气井产能影响较小,因此在碳酸盐岩气藏产能计算时孔隙型储层只需考虑应力敏感影响,溶蚀孔洞型储层只需考虑高速非达西影响,裂缝孔隙型储层需要同时考虑高速非达西和应力敏感综合影响。

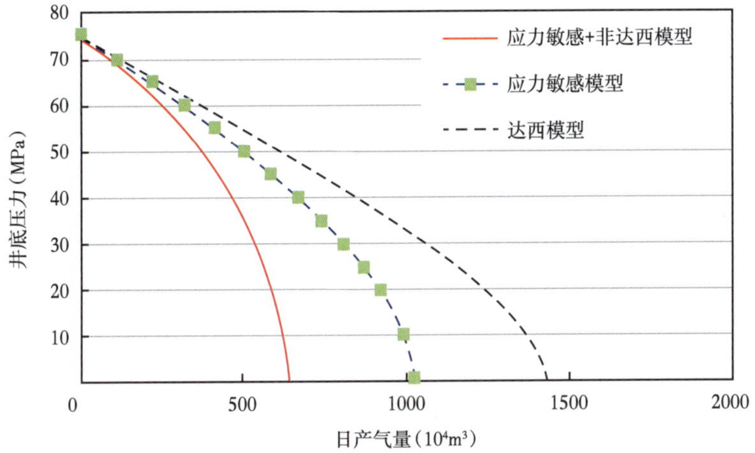

图 8-9 裂缝孔隙型储层气井 IPR 曲线

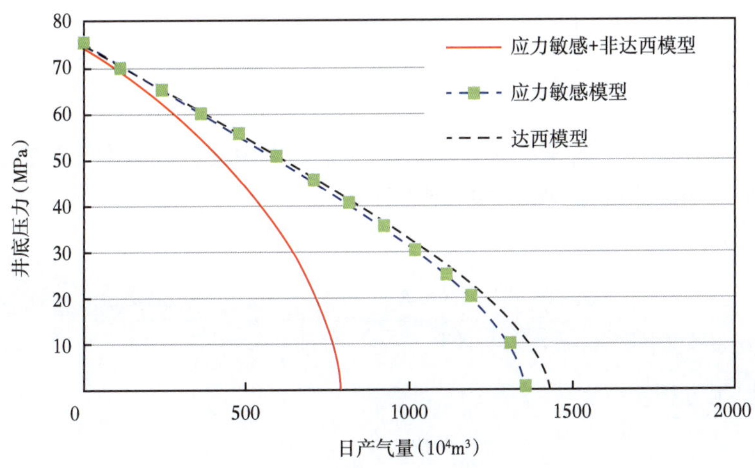

图 8-10 溶蚀孔洞型储层气井 IPR 曲线

(三) 碳酸盐岩气藏开发数学模型与开发动态

1. 碳酸盐岩气藏开发数学模型

根据岩心微观孔隙结构测试和渗流规律测试分析发现,不同类型碳酸盐岩储层物性与渗流规律相差较大,其中基质孔隙型和溶蚀孔洞型碳酸盐岩微观非均质性弱,储层宏观表现为均质特征,裂缝孔隙型碳酸盐岩微观非均质性强,裂缝为主要渗流通道,孔隙为主要的储集空间,储层为典型的裂缝—孔隙型双重介质储层。因此,基质孔隙型和溶蚀孔洞型碳酸盐岩气藏开发数学模型可采用均质气藏数学模型。裂缝孔隙型碳酸盐岩气藏可采用裂缝—孔隙型双重介质气藏数学模型,具体表述如下:

基质孔隙型碳酸盐岩气藏开发数学模型,模型主要考虑基质孔隙型气藏储层应力敏感和气水两相渗流规律,相应的控制方程:

$$\frac{\partial}{r\partial r}\left[r\left(\frac{\sigma - p_{\mathrm{i}}}{\sigma - p}\right)^{0.6}\frac{\rho K K_{\mathrm{rg}}}{\mu}\frac{\partial p}{\partial r}\right] = \frac{\partial(\rho\phi S_{\mathrm{g}})}{\partial t} \tag{8-13}$$

初始条件：$p=p_{\mathrm{i}}$

内边界条件：$2\pi r\left(\frac{\sigma-p_{\mathrm{i}}}{\sigma-p}\right)^{0.6}\frac{KK_{\mathrm{rg}}}{\mu B_{\mathrm{g}}}\frac{\partial p}{\partial r}\bigg|_{r=r_{\mathrm{w}}}=q$

外边界条件：$\frac{\partial p}{\partial r}\bigg|_{r=r_{\mathrm{e}}}=0$

溶蚀孔洞型碳酸盐岩气藏开发数学模型，模型主要考虑溶蚀孔洞型气藏储层应力敏感、高速非达西和气水两相渗流规律，相应的控制方程：

控制方程：

$$\frac{\partial}{r\partial r}\left[r\left(\frac{\sigma-p_{\mathrm{i}}}{\sigma-p}\right)^{0.1}\frac{\rho KK_{\mathrm{rg}}}{\mu(1+Fo)}\frac{\partial p}{\partial r}\right]=\frac{\partial(\rho\phi S_{\mathrm{g}})}{\partial t}\tag{8-14}$$

初始条件：$p=p_{\mathrm{i}}$

内边界条件：$2\pi r\left(\frac{\sigma-p_{\mathrm{i}}}{\sigma-p}\right)^{0.1}\frac{K}{\mu B_{\mathrm{g}}(1+Fo)}\frac{\partial p}{\partial r}\bigg|_{r=r_{\mathrm{w}}}=q$

外边界条件：$\frac{\partial p}{\partial r}\bigg|_{r=r_{\mathrm{e}}}=0$

裂缝孔隙型碳酸盐岩气藏开发数学模型，模型主要考虑裂缝孔隙型气藏储层应力敏感、高速非达西和气水两相渗流规律，相应的控制方程：

裂缝系统控制方程：

$$\frac{\partial}{r\partial r}\left[r\left(\frac{\sigma-p_{\mathrm{i}}}{\sigma-p_{\mathrm{f}}}\right)^{0.6}\frac{\rho_{\mathrm{f}}K_{\mathrm{f}}K_{\mathrm{rg}}}{\mu(1+Fo)}\frac{\partial p_{\mathrm{f}}}{\partial r}\right]+q_{\mathrm{c}}=\frac{\partial(\rho_{\mathrm{f}}\phi_{\mathrm{f}}S_{\mathrm{g}})}{\partial t}\tag{8-15}$$

基岩系统控制方程：

$$\phi_{\mathrm{m}}\frac{\partial p_{\mathrm{m}}}{\partial t}+q_{\mathrm{c}}=0\tag{8-16}$$

裂缝—基岩间窜流方程：$q_{\mathrm{c}}=\frac{6K_{\mathrm{m}}(\varphi_{\mathrm{m}}-\varphi_{\mathrm{f}})}{p_{\mathrm{sc}}\Delta h^{2}}\frac{T_{\mathrm{sc}}}{T}$

窜流系数：$\lambda=\frac{r_{\mathrm{w}}^{2}K_{\mathrm{m}}}{\Delta h^{2}K_{\mathrm{f}}}$

初始条件：$p_{\mathrm{f}}=p_{\mathrm{m}}=p_{\mathrm{i}}$

内边界条件：$2\pi r\left(\frac{\sigma-p_{\mathrm{i}}}{\sigma-p_{\mathrm{f}}}\right)^{0.6}\frac{K_{\mathrm{f}}K_{\mathrm{rg}}}{\mu B_{\mathrm{g}}(1+Fo)}\frac{\partial p_{\mathrm{f}}}{\partial r}\bigg|_{r=r_{\mathrm{w}}}=q$

外边界条件：$\frac{\partial p_{\mathrm{f}}}{\partial r}\bigg|_{r=r_{\mathrm{e}}}=0$

式中 p_{f}——裂缝系统压力，MPa；

p_{m}——基岩系统压力，MPa；

K_{m}——基岩渗透率，mD；

K_{f}——裂缝渗透率，mD。

2. 实例分析

以龙王庙组碳酸盐岩气藏为例，根据开发地质资料统计，三种类型碳酸盐岩储层孔、渗参数如表 8-1 所示，各类储层厚度，含气饱和度和原始气藏压力一致，矿场采用非均匀布井方式：基质孔隙型储层缝洞不发育，渗透率低，井控半径和井控储量相对较小；溶蚀孔洞型储层渗透率相对较大，井控半径和井控储量相对较大；裂缝孔隙型储层裂缝渗透率较高，与溶蚀孔洞型储层渗透率相当。

表 8-1 龙王庙组碳酸盐岩气藏三类储层物性数据

储层类型	渗透率（mD）	孔隙度（%）	含气饱和度（%）	井距（m）	井控储量（10^8m^3）	配产（10^4m^3）
基质孔隙型	0.1	3	80	500	2.69	1～5
裂缝孔隙型	10	4	80	2000	58.0	60～100
溶蚀孔洞型	10	6	80	2000	86.0	60～100

以表 6-2 所示的地质物性与开发参数为基础，根据碳酸盐岩气藏三类储层开发数学模型，数值模拟计算三类气藏对应的开发动态与稳产期采出程度（图 8-11 至图 8-13），结果表明：基质孔隙型碳酸盐岩气藏气井产能低，稳产能力弱，长期稳产对应的气井产能接近经济极限产能（$2\times10^4m^3/d$），建议先采取酸压增产措施再投入开发；缝网发育，基岩供气能力强（窜流系数 $\lambda=10^{-6}$）的裂缝孔隙型碳酸盐岩气井产气能力强，稳产期采出程度高，以（60～100）$\times10^4m^3/d$ 配产时稳产期采出程度 30%～45%；缝网不发育，基岩供气能力弱（窜流系数 $\lambda=10^{-9}$）的裂缝孔隙型碳酸盐岩气藏初期产气能力强，但稳产能力弱，稳产期采出程度低，以（60～100）$\times10^4m^3/d$ 配产时稳产期采出程度 8%～12%；溶蚀孔洞型碳酸盐岩气井产气能力强，稳产时间长，稳产期采出程度高，以（60～100）$\times10^4m^3/d$ 配产时稳产期采出程度 35%～50%。因此，对于裂缝和溶蚀孔洞发育区域，单井以 $80\times10^4m^3/d$ 配产时可实现长期稳产，稳产期大约 12 年，稳产期采出程度 40%左右。

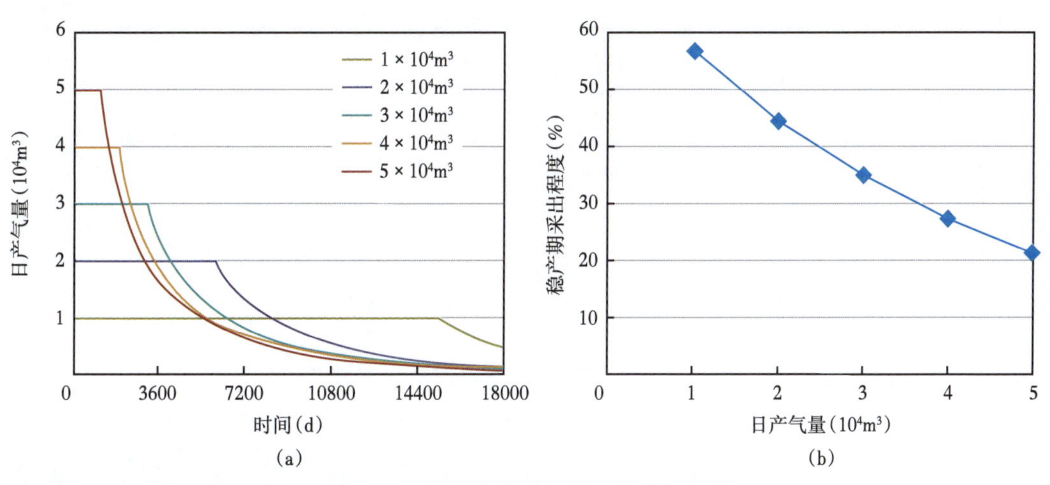

图 8-11 基质孔隙型气藏生产动态曲线

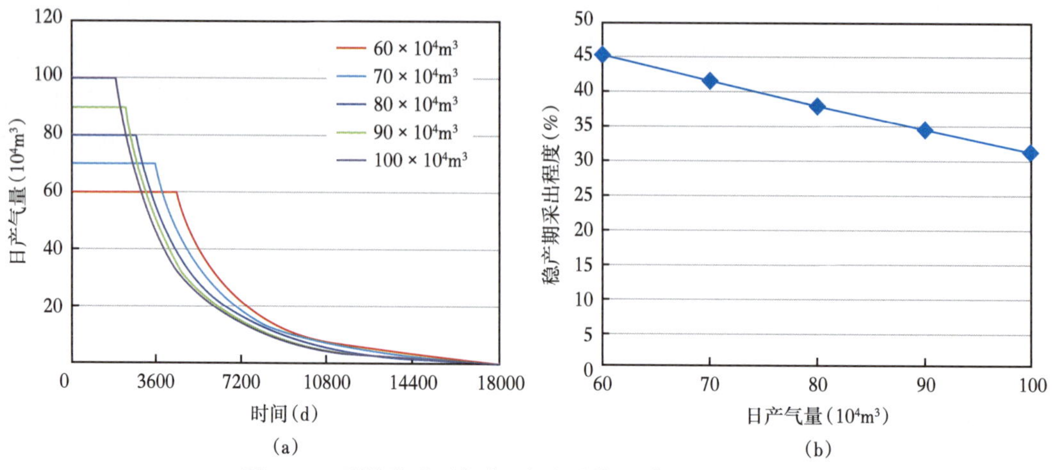

图 8-12 裂缝孔隙型气藏(窜流系数 10^{-6})生产动态曲线

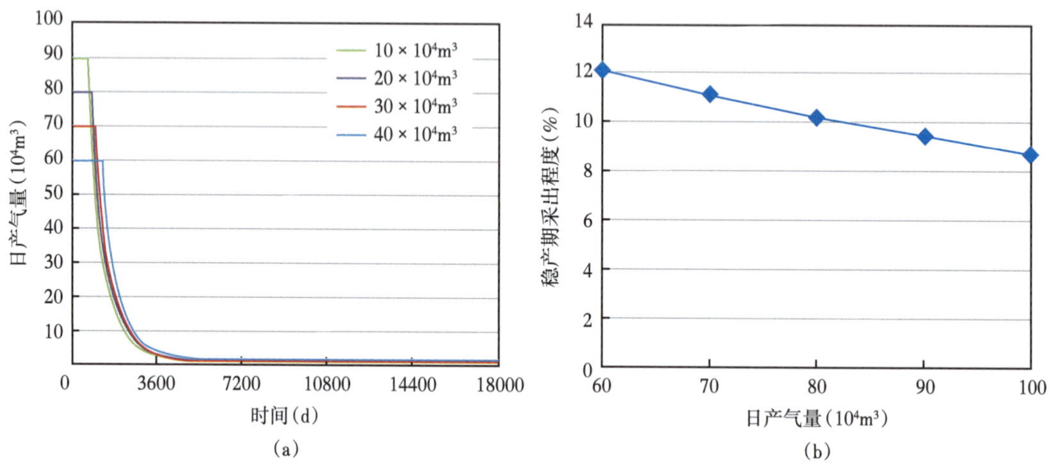

图 8-13 裂缝孔隙型气藏(窜流系数 10^{-9})生产动态曲线

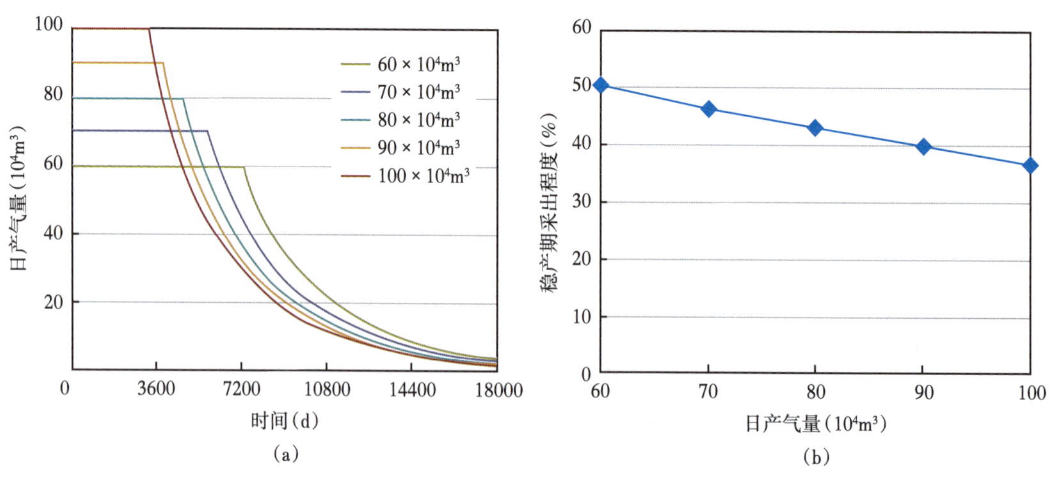

图 8-14 溶蚀孔洞型气藏生产动态曲线

第二节　开发机理实验研究

物理模拟实验是研究气藏开发动态、规律的重要手段,特别是缝洞型碳酸盐岩气藏地质情况和流动规律复杂,地质建模与流动表征难度大,常规数值模拟开发动态预测效果不理想,而物理模拟采用取自缝洞型碳酸盐岩气藏代表性岩心,物模岩心微地质模型及其流动规律是真实气藏的一个缩影,物模实验的气体流动规律基本与真实气藏气井开发规律一致,因此物理模拟是研究缝洞型碳酸盐岩气藏一个非常有效的手段。

一、气藏衰竭式开发物理模拟实验相似准则与方法

(一)物理模拟相似准则

在结构模型试验研究中,只有模型和原型保持相似,才能由模型试验结果推算出原型结构的相应结果。因此,在运用物理模拟研究气藏开发规律时,应保证模型和原型相似[5]。

考虑矩形气藏中心一口压裂直井,研究井底压降规律,根据渗流力学、地质和油气藏工程方法认识,井底压力 p_w 主要受如下变量影响:

(1)渗透率 K,量纲为[L^2];(2)孔隙度 ϕ,无量纲;(3)含气饱和度 S_g,无量纲;(4)气藏半长 a(物模为岩心长度 L),量纲为[L];(5)储层厚度 h(物模为岩心截面短半轴 R_1),量纲为[L];(6)气藏宽度 b(物模为岩心截面长半轴 R_2),量纲为[L];(7)裂缝长度 L_f(物模为岩心出口裸落截面长半轴 R_3),量纲为[L];(8)日产气量 q,量纲为[L^3/T];(9)原始地层压力 p_i,量纲为[$M/T^2/L$];(10)时间 t,量纲为[T];(11)天然水域压缩系数 C_T,量纲[LT^2/M];(12)水体倍数 n,无量纲。共 12 个自变量(气体黏度 μ 和压缩因子 Z 为压力函数,非独立变量;当选用模拟气藏储层岩心时,气相相对渗透率 K_{rg} 只是含水饱和度 S_w 的函数,非独立变量,也不予考虑),加上因变量 p,共 11 个变量,存在 3 个基本量纲,分别为长度量纲[L]、质量量纲[M]和时间量纲[T],根据相似理论,有 10 个相似准数,任何一个相似准数 π 可通过如下形式表达:

$$\pi = K^{x_1}\phi^{x_1}S_g^{x_3}a^{x_4}h^{x_5}b^{x_6}L_f^{x_7}q^{x_8}p_i^{x_9}t^{x_{10}}C_t^{x_{11}}n^{x_{12}}p_w^{x_{13}} \tag{8-17}$$

根据齐次原理,对应的线性方程组如下:

$$2x_1+x_4+x_5+x_6+x_7+3x_8-x_9+x_{11}-x_{13}=0 \tag{8-18}$$

$$-x_8-2x_9+x_{10}-2x_9+2x_{11}-2x_{13}=0 \tag{8-19}$$

$$x_9-x_{11}+x_{13}=0 \tag{8-20}$$

式(8-17)至式(8-20)分别为长度量纲、时间量纲和质量量纲的齐次方程,对应的方程组为齐次线性方程组,根据矩阵论,有 10 个基础解系,即存在 10 个独立的相似准数,见表 8-2,由相似准则表可以看出,从动力相似角度看,在进行气藏衰竭式开发相似性物理模拟时并不要求模型压力与原型压力一致,而是满足一定的关系即可,允许物模压力低于气藏压力,降低了物理模拟实验难度,当然模型压力与原型压力一致更好;而从运动相似角度看,物模流量应与渗透率、长度、渗流截面相匹配,物模岩心渗透率越低,长度越长,渗流截面越小,流量应该越

小,即采用相同渗透率、相同长度、不同直径的岩心物理模拟真实气藏生产时,不同直径岩心对应的物模流量不同、直径6.72cm岩心流量应比直径10cm岩心流量小;进一步分析π_1,其分母为达西渗流,直线渗流时无阻流量表达式,也就是说相似性物理模拟实验流量与岩心无阻流量比值应当和矿场配产与气井无阻流量比值一定,这与依据无阻流量1/3~1/6配产观点一致,可见π_1将会是气藏相似性物理模拟实验一个重要的相似准数,在此将π_1定义为相对配产强度。

表8-2　碳酸盐岩气藏衰竭式开发物理模拟相似准数

序号	相似准数	相似属性	用途	矿场取值	物模取值
1	$\pi_1=\dfrac{q}{\dfrac{KK_{rg}bhT_{sc}}{\mu zaTp_{sc}}p_i^2}$	运动相似	确定流量	0.05~0.5	0.05~0.5
2	$\pi_2=\dfrac{Z_ip_w}{Zp_i}$	动力相似	压力换算	0.1~1	0.1~1
3	$\pi_3=\phi$	孔隙度相似	确定孔隙度	0.02~0.3	0.02~0.3
4	$\pi_4=S_g$	饱和度相似	确定饱和度	0.4~0.8	0.4~0.8
5	$\pi_5=\dfrac{a}{h}$	几何相似	确定物模岩心几何形状	10~1000	0.5~5
6	$\pi_6=\dfrac{b}{h}$			5~1000	1
7	$\pi_7=\dfrac{L_f}{b}$			0.1~0.5	0.1~1
8	$\pi_8=\dfrac{qB_{gi}t}{abh\phi S_g}$	时间相似	建立时间换算关系	0~0.9	0~0.9
9	$\pi_9=n$	水体相似	确定水体大小	0~20	0~100
10	$\pi_{10}=nC_tp_i$		确定水体综合参数	0~0.5	0~1

注:π_2、π_8分别引入压缩因子、体积系数,是为了更好地体现物理意义,其中π_8为采出程度表达式,当不考虑储层含水饱和度变化和孔隙压缩,π_2为气藏不同部位储量动用程度,这样π_2、π_8物理意义更明确。

(二)相似性物理模拟实验方法研究

表8-2中矿场取值是根据矿场开发地质数据计算得到10个相似准数,物模取值是依据岩心尺度、实验压力、流量计算得到的10个相似准数,从表中对比可以看出,表征模拟气藏的几何形状相似的相似准数π_5、π_6很难做到矿场与物模一致,这是由于常规气藏通常为扁平体,储层厚度相对于气藏宽度、长度来说很小,相差1~3个数量级,模拟气藏的岩心多为圆柱体,岩心直径与长度基本相当,在同一数量级;其他8个相似准数基本都能做到矿场与物模一致,在此初步说明上述相似准数体系筛选合适,相似性物模实验基本能做到与矿场生产基本相似,气藏衰竭式开发相似性物理模拟可行。

另外相似准数π_2为相对视压力,π_8为采出程度,这两个相似准数主要用于将物模动态出口压力、时间转换为矿场井底压力、时间,只要物模实验正常进行下去,可获取实时流量和压力数据,就可进行相似性转换,无需前期设计。因此设计相似性物理模拟实验只需围绕π_1、π_3、π_4、π_7、π_9和π_{10}展开,具体步骤如下:首先根据真实气藏孔隙度和含气饱和度,依据π_3和π_4

确定模拟气藏岩心对应的孔隙度和饱和度；其次根据真实气藏储层物性参数和配产大小，依据 π_2 一致性原则和实验条件，确定模拟气藏岩心尺度、渗透率、原始地层压力和流量；再次根据真实气藏压裂裂缝穿透比和 π_7，确定模拟气藏岩心出口端泄流面半径，物模实验可通过在岩心出口端敷上聚四氟乙烯，控制岩心出口端泄流面；最后，根据矿场关注气藏压力点所在具体部位和 π_8，确定模拟气藏岩心测压点布置位置，如矿场只关注井底压力和边界压力，则物模岩心测压点只需布置在岩心出口端和末端；π_9 和 π_{10} 主要涉及边底水的，其中 π_9 对应着矿场水体倍数，π_{10} 反映的是边底水综合能量，包括水自身膨胀能量、孔隙压缩能量和溶解气自身膨胀能量，物模实验通过向盛装边底水中间容器充注易压缩的硅胶来改变水体综合压缩系数 C_{mt}，实现模拟水体综合能量与实际气藏水体综合能量一致。

(三)开发规律实验研究

为了研究不同类型缝洞型碳酸盐岩气藏开发规律，选取三类储层的典型全直径岩样开展了不同配产下衰竭式开发物理模拟实验，具体实验参数见表 8-3，共 20 组，其中基质孔隙型碳酸盐岩渗透率低，裂缝孔隙型与溶蚀孔洞型碳酸盐岩岩样渗透率相对较高。

表 8-3　全直径岩心衰竭式开发物理模拟实验参数

编号	岩心类型	长度(cm)	直径(cm)	孔隙度(%)	渗透率(mD)	流量(mL/min)
1	裂缝型	10.1	6.6	3.90	0.360	1000
						1500
						2000
2	基质孔隙型	10.3	6.6	2.82	0.040	200
						300
						500
						700
						1000
						1200
						1400
3	溶蚀孔洞型	10.2	6.6	5.12	0.430	500
						1000
						1500
						2000
						2500
						3000
						3500
						4000
						4500
						5000

实验流程示意图如图 8-15 所示,具体实验过程如下:

步骤 1:根据取心情况,结合开发地质资料,选择合适的全直径岩心,其中岩心孔隙度和渗透率与主力储层孔隙度和渗透率相当。

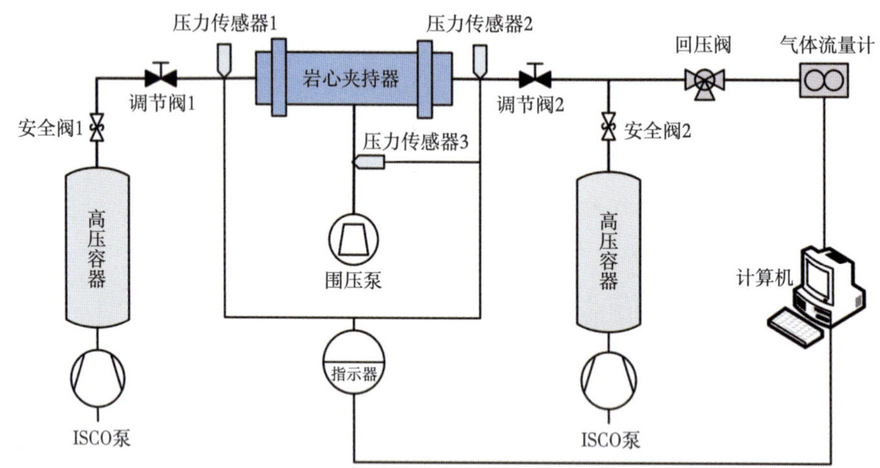

图 8-15　碳酸盐岩气藏衰竭式开发物模实验装置示意图

步骤 2:按照图 8-15 所示实验装置示意图连接好实验装置,确定实验参数。根据储层条件和实验仪器性能,确定实验初始流压(30MPa)和围压(45MPa)。

步骤 3:打开入口阀门,关闭出口阀门,向全直径岩心充气饱和,饱和压力至初始压力 30MPa,然后关闭入口阀门,打开出口阀门,利用质量控制流量计控制流量,具体流量根据表 8-3 确定,并利用压力传感器实时记录出口压力(对应气藏井底压力)和入口压力(对应气藏地层压力),截至出口压力降至 3MPa 时停止。

步骤 4:换岩心和流量,重复步骤 3,完成所有实验。

步骤 5:根据实验记录数据和岩心参数,绘制物模生产动态曲线,主要包括采出程度与井底压力曲线、采出程度与生产压差曲线。

二、裂缝—孔洞型碳酸盐岩气藏衰竭式开发物模实验结果分析

根据物理模拟实验结果,统计分析了三种不同类型碳酸盐岩气藏井底压降和生产压差变化规律及影响因素。

(一)井底压降规律

图 8-16 至图 8-18 为三类碳酸盐岩全直径岩心模拟气藏井底压降曲线和井底压力降到 6MPa(定义为废弃压力,为原始地层压力 20%)时采出程度曲线,对比可以看出,裂缝孔隙型和溶蚀孔洞型气藏采出程度与井底压力基本呈线性关系,不同配产下相同井底压力时采出程度差异较小,废弃时采出程度 65%~75%,平均 70%;而基质孔隙型碳酸盐岩气藏采出程度与井底压力呈非线性关系,配产对基质孔隙型气藏井底压降和废弃时采出程度影响较大,废弃时采出程度 30%~50%,平均 40%,相同配产下基质孔隙型气藏采出程度小于裂缝孔隙型和溶蚀孔洞型气藏采出程度,因此对于裂缝孔隙型和溶蚀孔洞型气藏产量可以配高些,提高

建产规模；对于渗透性差的基质孔隙型气藏应当控制产量，降低井底压降速度，提高气藏采出程度。

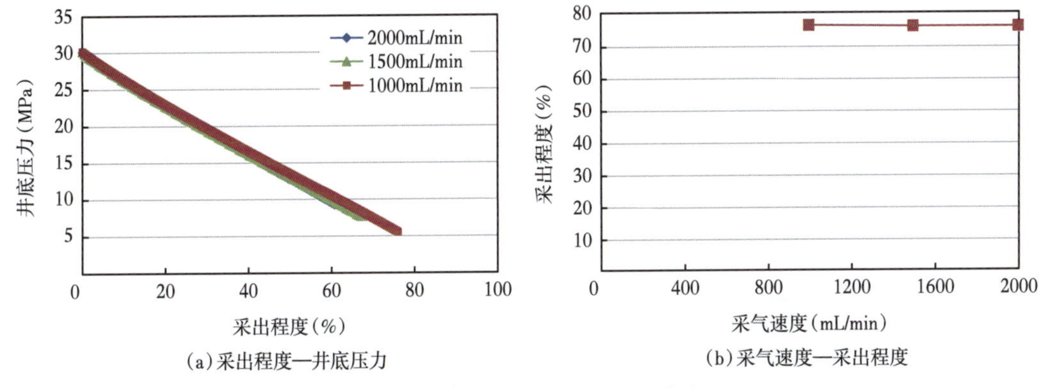

(a)采出程度—井底压力　(b)采气速度—采出程度

图 8-16　裂缝孔隙型岩样相关曲线

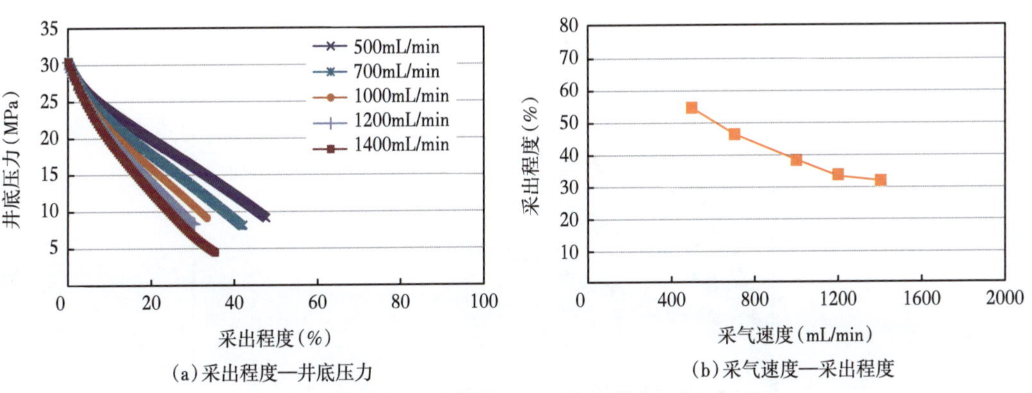

(a)采出程度—井底压力　(b)采气速度—采出程度

图 8-17　基质孔隙型岩样相关曲线

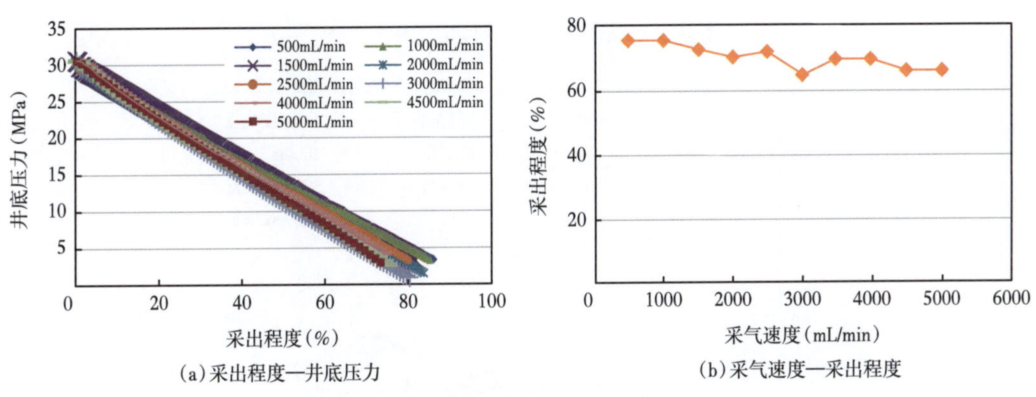

(a)采出程度—井底压力　(b)采气速度—采出程度

图 8-18　溶蚀孔洞型岩样相关曲线

(二)生产压差变化规律

图 8-19 至图 8-21 为三类碳酸盐岩全直径岩心模拟气藏生产压差曲线，可以看出，随着模拟气藏生产进行，生产压差越来越大，并且产量越高，生产压差增长越快，因此在气井实际生

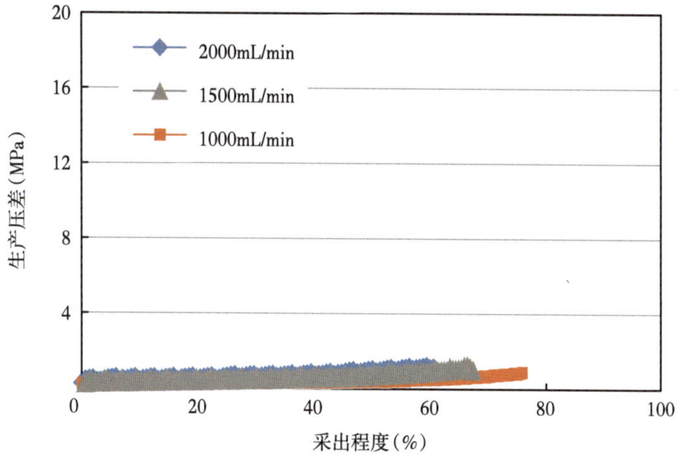

图 8-19　裂缝孔隙型岩样生产压差曲线

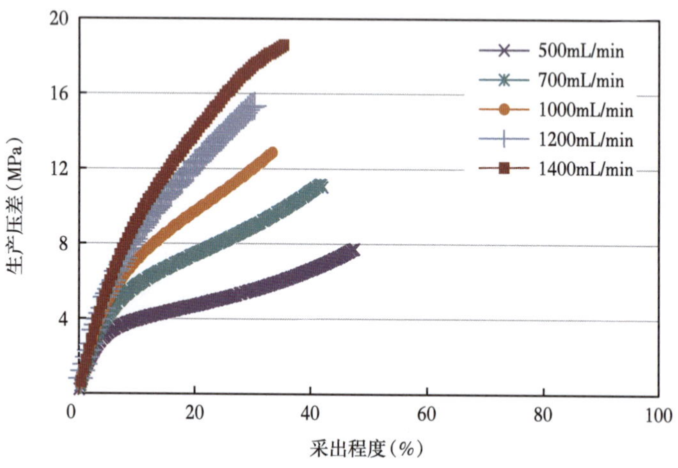

图 8-20　基质孔隙型岩样生产压差曲线

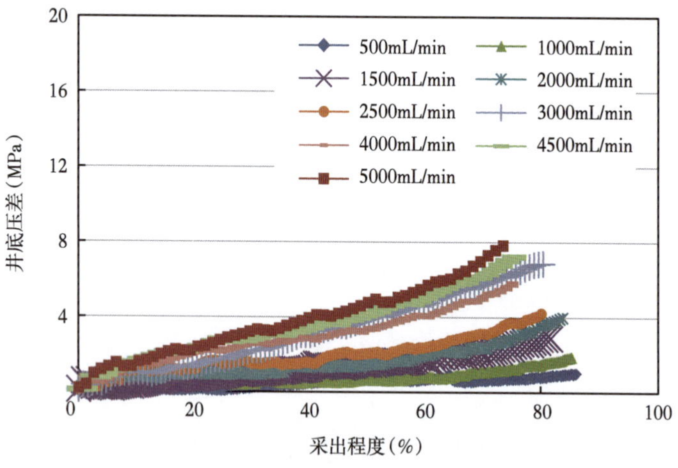

图 8-21　溶蚀孔洞型岩样生产压差曲线

产过程中应密切关注生产压差的变化，避免底水锥进窜流，尤其对于靠近底水的缝洞型碳酸盐岩气藏来说，需要注意生产压差增加引起的底水锥进，适当控制采气速度。配产对于渗透性差的基质孔隙型储层的生产压差影响最大（图 8－20），模拟的基质孔隙型气藏储层渗透率 0.04mD，配产只有 500～1400mL/min，最终生产压差达到 8～18MPa，最大相差 10MPa，相当于原始地层压力的 33%，因此对于基质孔隙型储层（储层渗透率较低），应严格限产；而对于渗透率较高的缝洞型储层（图 8-19 和图 8-21），裂缝孔隙型碳酸盐岩模拟气藏渗透率 0.36mD，配产 1000～2000mL/min，最终生产压差只有 0.7～1.0MPa，相差很小，不足原始地层压力 3%；溶蚀孔洞型碳酸盐岩模拟气藏渗透率 0.36mD，配产 500～5000mL/min，最终生产压差也只有 0.5～8.0MPa，相对于高产而言，压差变化不大，只有原始地层压力 25%左右，因此，对于缝洞比较发育的，远离边水、底水的碳酸盐岩气藏来说，可以适当提高单井产量，对于裂缝孔隙型气藏，增加产量可以提高驱替压力，有利于基质气体采出；对于溶蚀孔洞型气藏，由于其宏观均质性，提高采气速度不会影响气藏的采出程度，有利于短期内采出更多的气体。

三、基于相似性实验的碳酸盐岩气藏气井衰竭式开发动态预测

为了根据上述物模实验结果研究裂缝—孔洞型碳酸盐岩气藏开发规律，以龙王庙组碳酸盐岩气藏为例，依据相似理论、物模实验结果和气藏开发地质资料，数值反演确定碳酸盐岩气藏开发规律，确定合理配产，预测稳产期、稳产期采出程度和采收率等关键开发指标。首先根据气藏开发物模相似性理论研究成果，结合物模实验参数，计算了物模实验相似准数，见表 8-4，由于不含边水、底水，故 π_9、π_{10}为 0，且表格有限，没有列入。

表 8-4　全直径岩心衰竭式开发物模实验相似准数

<table>
<tr><th>编号</th><th>岩心类型</th><th>π_1</th><th>π_2</th><th>π_3</th><th>π_4</th><th>π_5</th><th>π_6</th><th>π_7</th><th>π_8</th></tr>
<tr><td rowspan="3">1</td><td rowspan="3">裂缝型</td><td>0.026</td><td rowspan="20">0～0.9</td><td rowspan="3">0.039</td><td rowspan="3">1.00</td><td rowspan="3">3.06</td><td rowspan="20">1.00</td><td rowspan="20">1.00</td><td rowspan="20">0～0.9</td></tr>
<tr><td>0.039</td></tr>
<tr><td>0.053</td></tr>
<tr><td rowspan="7">2</td><td rowspan="7">基质孔隙型</td><td>0.053</td><td rowspan="7">0.028</td><td rowspan="7">1.00</td><td rowspan="7">3.12</td></tr>
<tr><td>0.079</td></tr>
<tr><td>0.132</td></tr>
<tr><td>0.185</td></tr>
<tr><td>0.264</td></tr>
<tr><td>0.317</td></tr>
<tr><td>0.369</td></tr>
<tr><td rowspan="10">3</td><td rowspan="10">溶蚀孔洞型</td><td>0.013</td><td rowspan="10">0.051</td><td rowspan="10">1.00</td><td rowspan="10">3.09</td></tr>
<tr><td>0.025</td></tr>
<tr><td>0.038</td></tr>
<tr><td>0.050</td></tr>
<tr><td>0.063</td></tr>
<tr><td>0.075</td></tr>
<tr><td>0.088</td></tr>
<tr><td>0.100</td></tr>
<tr><td>0.113</td></tr>
<tr><td>0.125</td></tr>
</table>

(一)井底压降规律

以龙王庙组碳酸盐岩气藏为例,气藏原始压力76MPa,根据物模结果数值反演得到气藏定产生产时井底压降曲线,如图8-22至图8-24所示,可以看出三类气藏生产存在一共性特征:当配产小于气井无阻流量的0.132倍(对应着1/7),不同配产条件下井底压降曲线基本收敛为一条直线,配产对井底压降影响较小;而当配产超过无阻流量1/7时,井底压降非线性明显,配产越高,压降越快,相同井底压力下采出程度越小,因此仅从提高单位压降采出程度来讲,合理产量不宜超过无阻流量1/7。

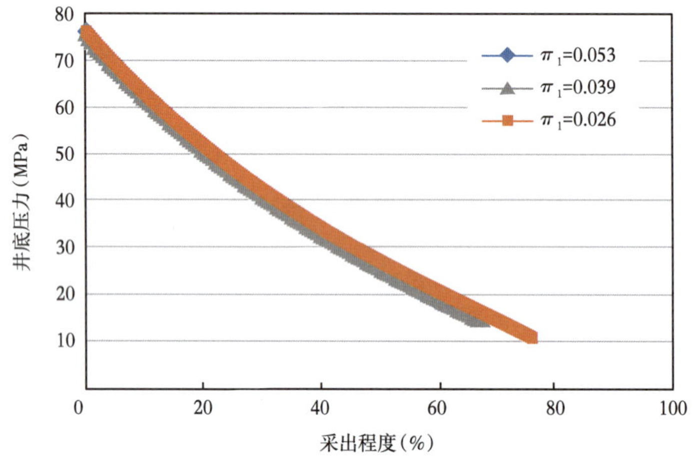

图8-22 裂缝孔隙型气藏井底压降曲线

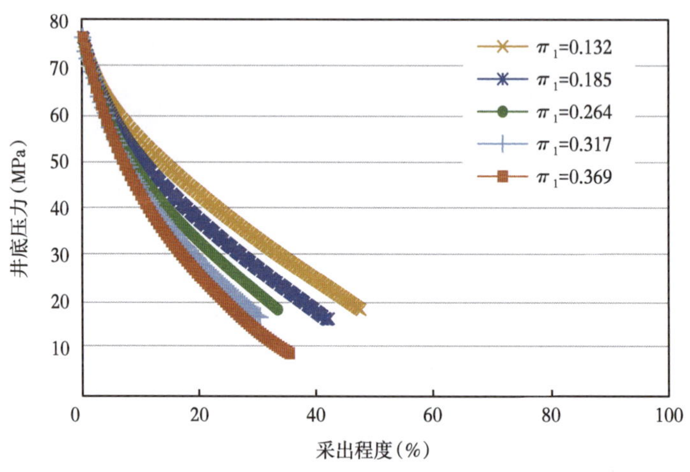

图8-23 基质孔隙型气藏井底压降曲线

(二)稳产期采出程度

图8-22至图8-24给出了碳酸盐岩气藏不同配产强度 π_1 下井底压降曲线,因此已知气井无阻流量和稳产期末井底压力(稳产期末井底压力可根据流出曲线确定,如图8-25为龙王庙组气藏气井稳产期末井底压力曲线),就可根据图版确定碳酸盐岩气藏稳产期采出程度。

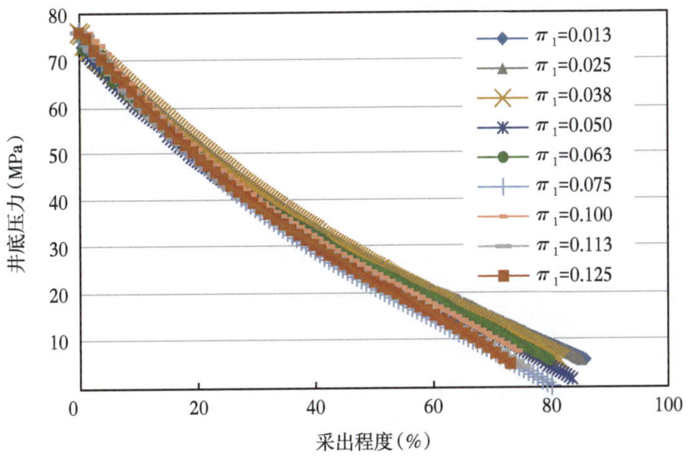

图 8-24 溶蚀孔洞型气藏井底压降曲线

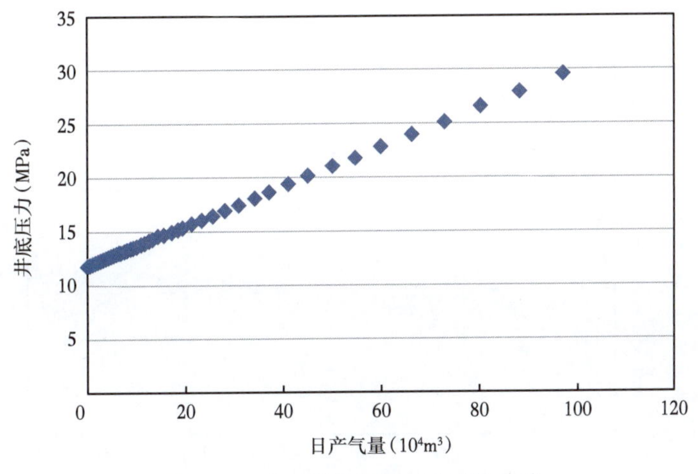

图 8-25 龙王庙组气藏气井流出曲线

图 8-26 为依据物模实验结果确定龙王庙气藏稳产期采出程度,其中,该地区气井平均无阻流量约为 $700\times10^4m^3/d$,可以看出:稳产期采出程度与日产气量呈负相关性,日产气量越高,稳产期采出程度越低,这是因为日产气量越高,生产压差越大,稳产期末地层压力越高,根据物质平衡方程可知对应的采出程度越低。若单井以 $80\times10^4m^3/d$ 生产时,物模计算龙王庙组气藏稳产期采出程度为 38%,与方案数值模拟预测稳产期采出程度 36%基本一致。

(三)采收率

同样地,当已知气藏气井无阻流量、经济极限产量和废弃井底压力时,就可计算经济极限产量对应的配产强度 π_1,然后再根据物模结果数值反演得到不同配产强度 π_1 时井底压降曲线(图 8-22 至图 8-24),进而确定气藏采收率(图 8-27),根据无阻流量与采收率图版可以看出,当气井无阻流量 q_{AOF} 小于 $30\times10^4m^3/d$ 时,无阻流量越大,采收率越大,当 q_{AOF} 大于 $30\times10^4m^3/d$时,无阻流量对采收率影响较小,采收率也基本维持在 70%左右,龙王庙组气藏平

均无阻流量 $700\times10^4m^3/d$,依据物模实验计算气藏采收率 75%。

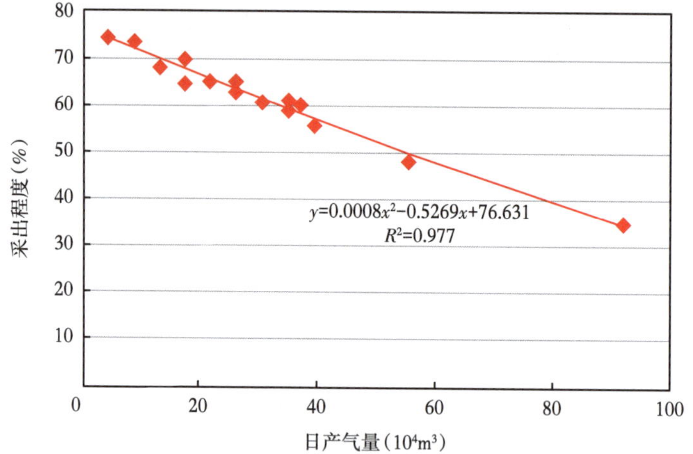

图 8-26　龙王庙组气藏稳产期采出程度曲线

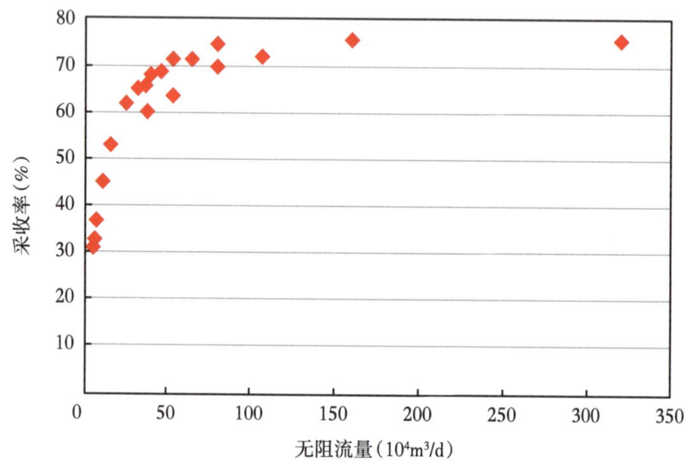

图 8-27　龙王庙组气藏采收率曲线

第三节　水侵数学模型

一、边水、底水气藏水侵能量分析

龙王庙组碳酸盐岩气藏储层缝网相对发育,渗流能力相对较强,计算气藏水侵量的最简单的模型是根据压缩系数的定义。由气井生产使气藏内压力下降造成水体膨胀流入气藏的水量。在数学上压缩性定义为

$$C = \frac{1}{V}\frac{\Delta V}{\Delta p} \tag{8-21}$$

应用上述压缩系数的定义给出水侵量的表达式:

$$W_e = CW_i(p_i - p) \tag{8-22}$$

其中

$$C = (1 - \alpha)C_w + C_s + \alpha C_g$$

式中　W_e——累计水侵量,m^3;

W_i——水体中水的初始体积,m^3;

α——水体中水封气所占比例,无量纲;

p_i——原始气藏压力,MPa;

p——目前气藏压力,MPa;

C——水体总压缩系数,1/MPa,包括水(含溶解气)自身膨胀、水体内部封存气的膨胀和水体部分多孔介质压缩三部分的综合压缩膨胀效应,尤其对于龙王庙异常高压气藏来说,由于异常高压气藏储层的压实程度一般较差,储层和水体孔隙的压实系数 C_s 可达 40×10^{-4}/MPa[正常压力下储层孔隙压缩系数一般在$(4\sim8)\times10^{-4}$/MPa],水体孔隙压缩会导致大量水侵入气藏。其中,处于异常高压状态孔隙压缩系数 C_s:

$$C_s = (8.82 \times 10^{-3}H_f - 2.51) \times 10^{-4} \tag{8-23}$$

式中　H_f——气藏的埋藏深度,m。

式(8-22)假定气藏水体综合压缩系数为常数,而实际气藏水体总压缩系数 C 随着压力变化而变化,这是由于水体中水封气压缩系数 C_g 与异常高压孔隙压缩系数 C_s[异常高压气藏压力降到正常压力系统时,气藏储层和水体的压实作用影响基本结束,水体孔隙的压缩系数保持在较低的正常数据,一般为$(4\sim8)\times10^{-4}$/MPa]与地层压力密切相关,如图 8-28 所示,水体、多孔介质和水封气压缩系数:

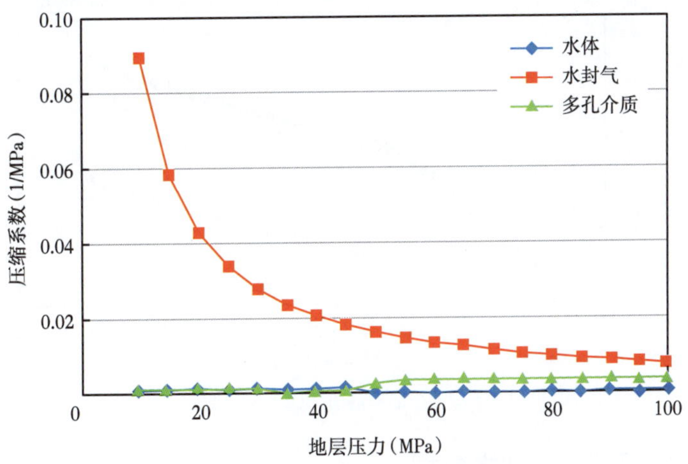

图 8-28　底水中各种介质压缩系数

相应的式(8-23)可改写成如下积分形式:

$$W_e = \int_p^{p_i} CW_i \mathrm{d}p \tag{8-24}$$

式(8-25)和式(8-26)给出的边底水气藏绝对水侵量,在实际评价边底水水体大小和水侵量时通常引入两个关键参数:水体倍数 N 和水侵指数 ω,表达式如下:

$$N=\frac{W_{\mathrm{i}}}{V_{\mathrm{pi}}S_{\mathrm{gi}}} \tag{8-25}$$

$$\omega=\frac{W_{\mathrm{e}}}{V_{\mathrm{pi}}S_{\mathrm{gi}}} \tag{8-26}$$

式中 V_{pi}——储层原始孔隙体积,m^3;

S_{gi}——储层原始含气饱和度,无量纲。

式(8-25)中水体倍数 N 反应的是水体相对于气藏储层烃类孔隙体积相对大小,N 值越大,水体相对越大,式(8-26)中水侵指数 ω 反应水体水侵量相对于气藏储层烃类孔隙体积的相对大小,ω 值越大,水侵量越大,水体越活跃。

将式(8-24)和式(8-25)代入式(8-26)得

$$\omega=N\int_{p}^{p_{\mathrm{i}}}C\mathrm{d}p \tag{8-27}$$

根据该地区龙王庙组气藏水体倍数和储层物性参数,其中水体倍数为5倍,地层原始压力75MPa,依据式(8-27)计算气藏开发过程水侵指数(图8-29),可以看出:相同条件下,异常高压气藏水侵指数较正常压力系统气藏高,这是由于处于异常高压条件下水体多孔介质孔隙压缩性强,相同压降条件下水体孔隙压缩排挤出的水更多,相应的水侵指数越大,对气藏开发影响更为显著。

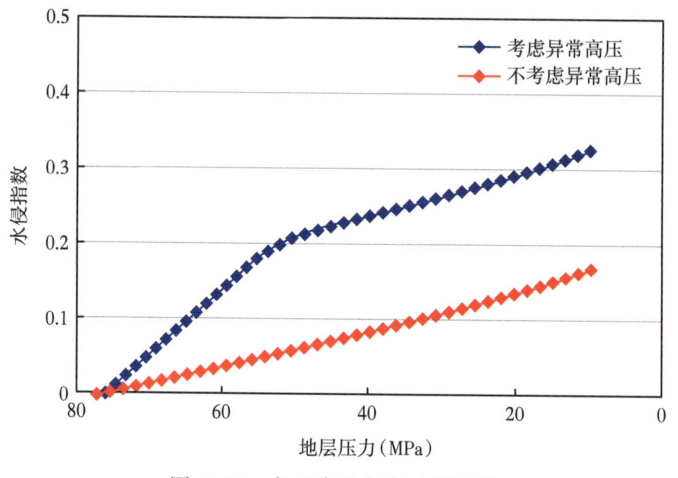

图8-29 龙王庙组气藏水侵指数

二、边水、底水气藏水侵数学模型

(一)溶蚀孔洞型气藏边水水侵数学模型

考虑溶蚀孔洞型边水气藏,储层气藏半径为 r_{e},水体半径为 R,水体倍数为 N,原始压力为 p_{i},储层渗透率为 K,孔隙度为 ϕ,厚度为 h,束缚水饱和度 S_{wi},残余气饱和度为 S_{gr},边水综合压

缩系数为 C_t，假定气藏定产生产。

根据 Schilthuis 稳态流理论和葛家理稳态依次替换法，水侵速度[式(8-28)]：

$$q_w = \frac{2\pi Kh(p_1 - p_e)}{\mu_w \ln \frac{R}{r_f}} \tag{8-28}$$

式中 μ_w——水的黏度，mPa·s；

p_1——水体压力，Pa；

p_e——气藏压力，Pa；

r_f——水侵前缘半径，m。

根据膨胀理论，水体压降：

$$q_w = -NS_g V_p C_t \frac{\partial p_1}{\partial t} \tag{8-29}$$

式中 S_g——气藏含气饱和度，无量纲；

V_p——气藏孔隙体积，m^3；

t——生产时间，s。

考虑到水侵过程中驱替相水的黏度高于被驱替相气的黏度，根据 B-L 理论，边水驱气过程类似于活塞驱，水侵前缘储层含气饱和度为残余气饱和度 S_{gr}，根据物质平衡原理，水侵前缘推进距离满足式(8-30)：

$$q_w = -2\pi r_f h\phi(1 - S_{wi} - S_{gr})\frac{dr_f}{d\tau} \tag{8-30}$$

相应的累计产气量：

$$G_p = \frac{\pi r_e^2 h\phi(1 - S_{wi})}{B_{gi}} - \frac{\pi(r_e^2 - r_f^2)h\phi S_{gr}}{B_g} - \frac{\pi(r_f^2 - r_w^2)h\phi(1 - S_{wi})}{B_g} \tag{8-31}$$

同理，累计产气量 G_p 与产量 q 满足如下关系：

$$q = \frac{\partial G_p}{\partial t} \tag{8-32}$$

上述式(8-28)至式(8-32)共同构成似均质边水气藏定产生产方程组，联合数值求解可获得边水气藏水体压力 p_1、水侵前缘半径 r_f、气藏压力 p_e 和水侵 PV 数实时数据，再结合压力平方形式产能公式，还可获取实时的井底压力数据。

以龙王庙组溶蚀孔洞型气藏为例，储层厚度 38.3m，渗透率 10mD，孔隙度 6%，气藏压力 75MPa，含气饱和度 80%，残余气饱和度 25%，边水体积倍数为 5，综合压缩系数 0.002/MPa，日产气量 $80\times10^4 m^3$。

图 8-30 为气藏衰竭开发过程中，数值模拟计算得到的边水水侵动态曲线，可以发现，对于储层均质性较好的溶蚀孔洞型气藏来说，水侵量虽然较大，日水侵量 $252m^3$，但是边水均匀推进，水侵推进速度较慢，只有 8m/a，边水对均质性较好的气藏开发影响较小。

图 8-31 不同水体倍数时溶蚀孔洞型气藏水侵动态曲线，表明均质性较好的溶蚀孔洞型边水气藏日水侵量和边水推进速度随水体倍数先增加后趋于平缓，但边水推进速度较缓，50倍水体时边水推进速度 6m/a，边水对均质性较好的气藏生产影响较小。

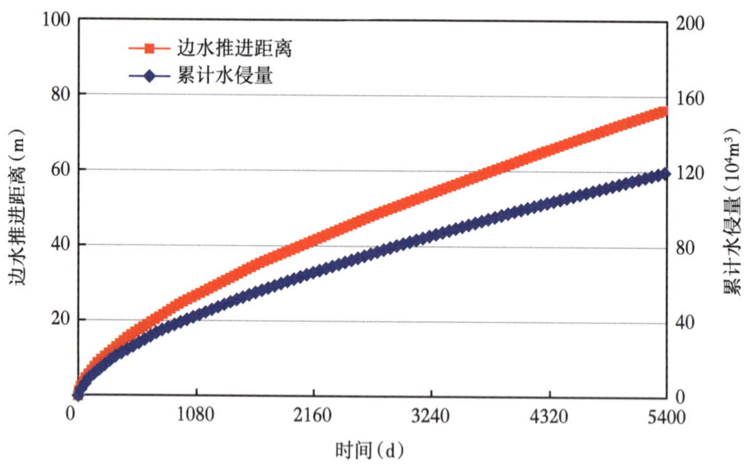

图 8-30　溶蚀孔洞型边水气藏水侵曲线

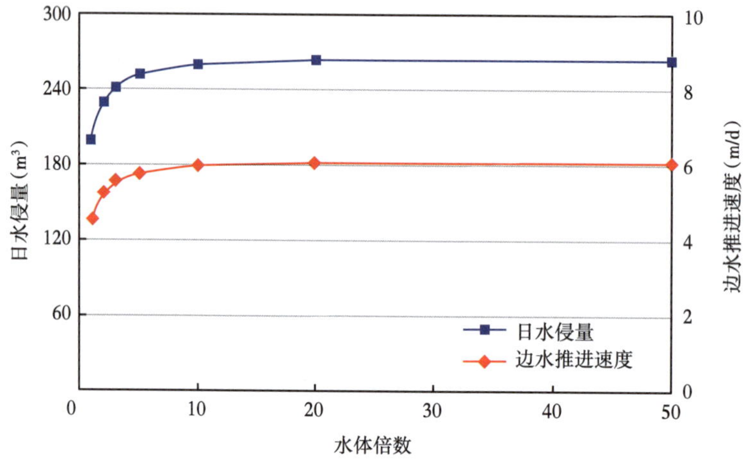

图 8-31　水体倍数与日水侵量曲线

（二）裂缝孔隙型气藏边水水侵数学模型

考虑裂缝孔隙型边水气藏，储层中存在一条宽度为 w，渗透率 K_f，高度与储层厚度 h 一致的裂缝条带，水侵运移方程满足式（8-33）和式（8-34）：

$$\frac{K(p_1 - p_{e1})}{\mu_w \ln \dfrac{R}{r_f}} = r_f \phi (1 - S_{wi} - S_{gr}) \frac{dr_f}{dt} \tag{8-33}$$

$$\frac{K_f(p_1 - p_{e2})}{\mu_w (R - L_f)} = \phi (1 - S_{wi} - S_{gr}) \frac{\partial L_f}{\partial t} \tag{8-34}$$

相应的边水压降方程：

$$\frac{2\pi Kh(p_1 - p_{e1})}{\mu_w \ln \frac{R}{r_f}} + \frac{K_f wh(p_1 - p_{e2})}{\mu_w (R - L_f)} = - NV_p C_t \frac{dp_e}{dt} \tag{8-35}$$

根据产气物质平衡方程可得

$$q = \phi wh \frac{\partial}{\partial t}\left[\frac{(r_e - L)S_{gr} + L(1 - S_{wi})}{B_g}\right] + \phi \pi h \frac{\partial}{\partial t}\left[\frac{(r_e^2 - r_f^2)S_{gr} + r_f^2(1 - S_{wi})}{B_g}\right] \tag{8-36}$$

式(8-33)至式(8-36)共同构成裂缝孔隙型边水气藏定产生产方程组，联合数值求解可获得裂缝孔隙型边水气藏生产动态数据和预测见水时间等。

以边水气藏储层参数为例，假定储层中存在一条与边水相连的高渗条带，宽度 1m，数值模拟计算不同渗透率极差时的边水气藏水侵动态曲线（图 8-32），其中渗透率极差定义为高渗条带渗透率与气藏渗透率（10mD）比值。可以看到，由于边水水侵主要沿着高渗条带进行，导致非均质气藏高渗条带水侵运移速度明显快于均质储层，气井见水时间大大提前，具体表现为高渗条带渗透率越大，边水水侵速度越快，边水水侵至井底时间越短，见水越快。如图 8-33 所示，当渗透率极差大于 20，虽然气井底部距边水距离达到 500m，但生产不到 3 年边水就沿高渗条带水侵至井底，这也是含高渗条带或高角度裂缝边底水气藏生产快速见水的原因，而且高渗条带宽度越窄，同等入侵水量侵入的距离就越远，气井见水的时间就会更短。如中坝气田须二气藏，生产测井表明气藏边水主要沿着裂缝发育带不均匀窜进，导致部分气井快速见水，最快生产 1 个月就见水。

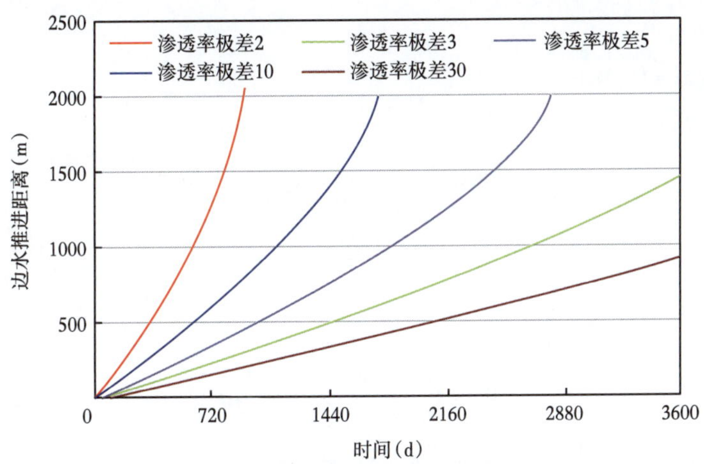

图 8-32　裂缝孔隙型气藏边水推进曲线

（三）溶蚀孔洞型气藏底水水侵数学模型

考虑溶蚀孔洞型底水气藏，气藏半径为 r_e、厚度为 h，射孔厚度为 h_p，孔隙度为 ϕ，含气饱和度为 S_{gi}，水倍数为 N，水体综合压缩系数为 C_t，原始地层压力为 p_i，气井半径为 r_w，气井定产气量生产，考虑到生产过程中底水水侵是水驱气过程（高黏流体驱替低黏流量），假定水驱气

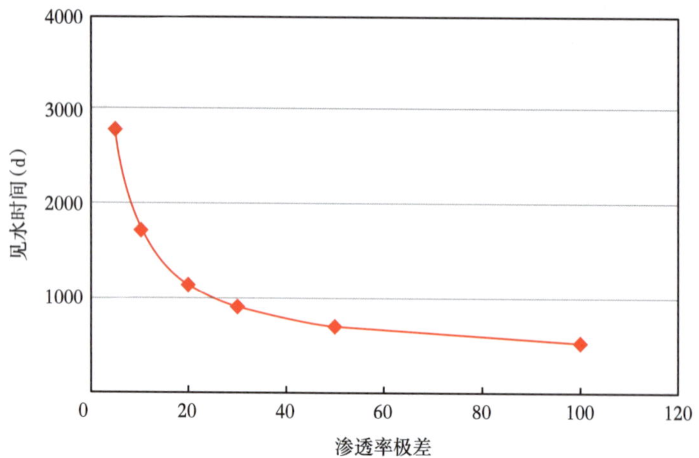

图 8-33　裂缝孔隙型气藏见水时间

为活塞驱,水侵区域含气饱和度为残余气饱和度 S_{gr}。

考虑到该地区地层压力高、生产压差相对较小,根据气井压力形式产能公式,见水前气井产气方程:

$$q_{sc} = \frac{2\pi K_{rg} K(h - H)(p_e - p_w)}{\mu_g B_g \ln \frac{r_e}{r_w}} \tag{8-37}$$

式中　H——气水界面抬升高度,m;

p_e——气藏压力,MPa;

p_w——井底压力,MPa。

相应的产水方程:

$$q_w = \frac{2\pi K_{rw} K(H - h + h_p)(p_e - p_w)}{\mu_w B_w \ln \frac{r_e}{r_w}} \tag{8-38}$$

根据达西公式,累计水侵量:

$$W_e = \int_0^t \frac{\pi r_e^2 K(p_s - p_e)}{\mu_w H} \mathrm{d}t \tag{8-39}$$

根据物质平衡方程,累计产气量满足如下关系:

$$G_p = \frac{V_p}{B_{gi}} - \frac{W_e - W_p B_w}{B_{gw}} \frac{S_{gr}}{1 - S_{wi} - S_{gr}} - \frac{V_p - W_e + W_p B_w}{B_g} \tag{8-40}$$

式中　V_p——储层烃类孔隙体积,m^3;

W_p——累计产水量,m^3。

根据物质平衡方程,气水界面抬升高度满足如下关系:

$$H = \frac{W_e - W_p B_w}{A\phi(1 - S_w - S_{gr})} \tag{8-41}$$

式(8-37)至式(8-41)共同构成均质底水气藏定产生产方程组,联合数值求解可获得底水气藏水体压力 p_{we}、水侵速度 q_{wf},气水界面抬升高度 h,气藏压力 p_e、井底压力 p_w 和水侵 PV 数实时数据。

以龙王庙组溶蚀孔洞型底水气藏为例,储层厚度 50m,渗透率 10mD,孔隙度 6%,气藏压力 75MPa,含气饱和度 80%,残余气饱和度 25%,边水体积倍数为 5,综合压缩系数 0.002/MPa,日产气 80×10^4m^3,数值模拟不同水体倍数下气藏水侵规律,结果如图 8-34 至图 8-39 所示,可以看到,定产时气水界面匀速抬升,抬升速度随水体增加先增加后趋于稳定,相应的无水采气期随水体倍数增加而变短;底水的存在早期会延缓井底压降速度,补充能量,但后期产水会引起附加阻力,采出程度随水体倍数增加先增加后降低,存在一最佳水体倍数。

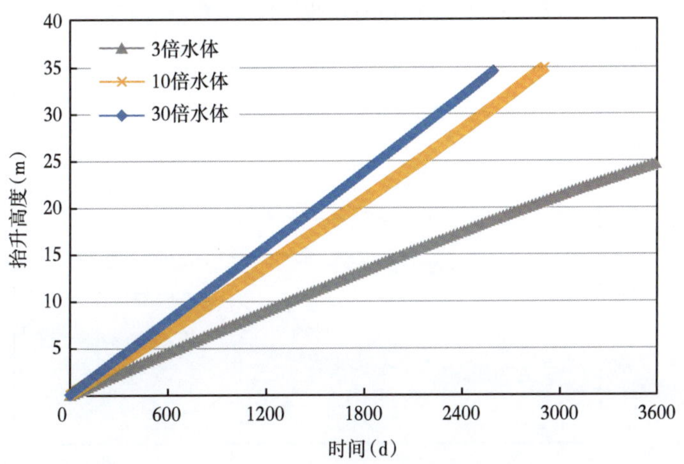

图 8-34 不同水体倍数的抬升高度—时间曲线

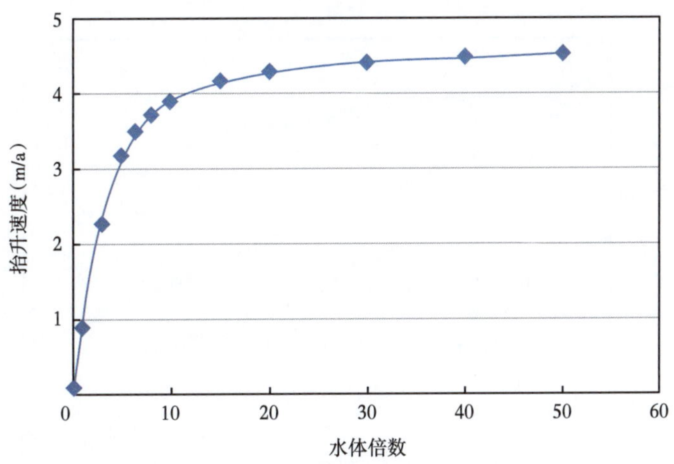

图 8-35 水体倍数—抬升速度曲线

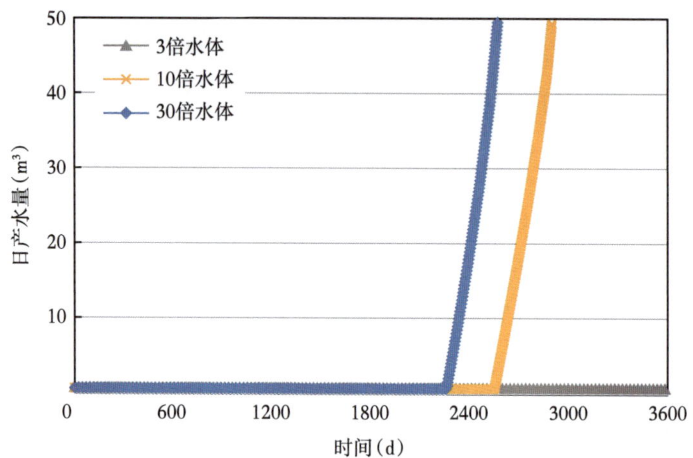

图 8-36　不同水体倍数的时间—日产水量曲线

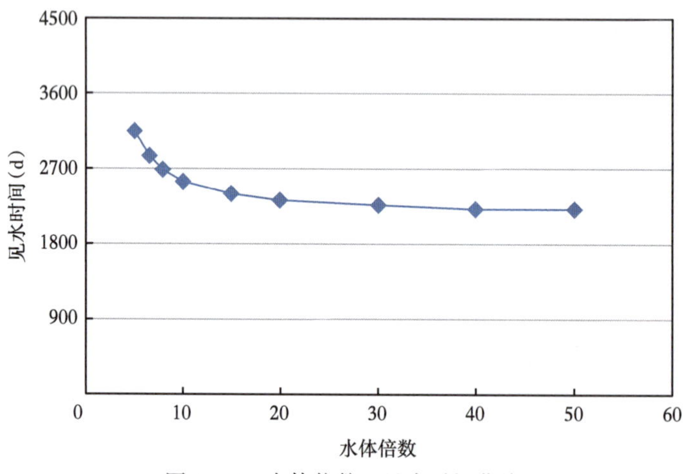

图 8-37　水体倍数—见水时间曲线

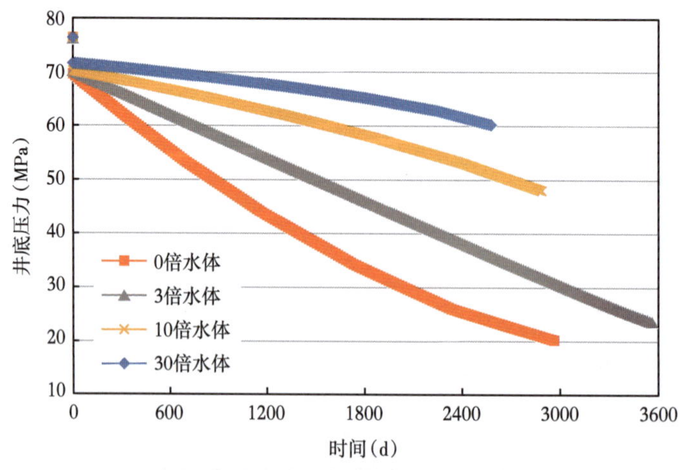

图 8-38　不同水体倍数的时间—井底压降曲线

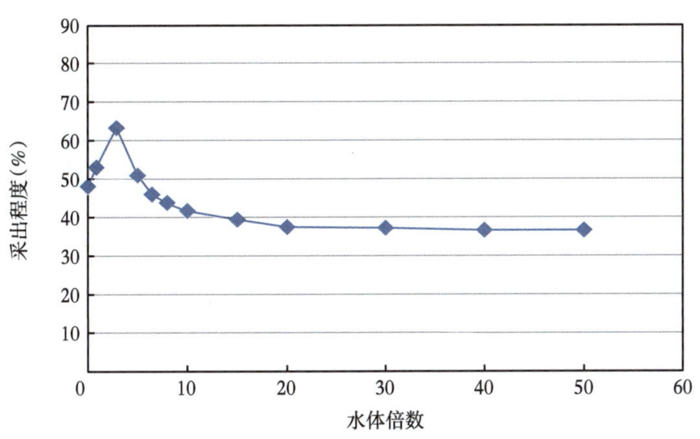

图 8-39　水体倍数—采出程度曲线

图 8-40 至图 8-43 为不同射开厚度下水侵动态数值模拟曲线，从图中可以看出，射开程度小，井筒泄流面积小，生产压差大，压降快；射开程度大，气井见水快，存在一合理射开程度，使稳产期采出程度最大，合理射开程度约为 20%。

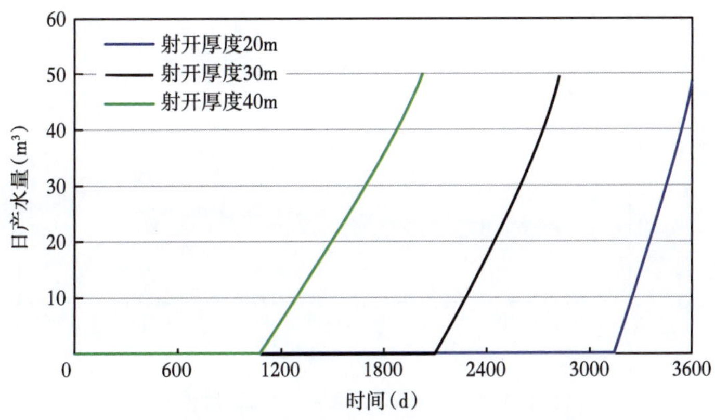

图 8-40　不同射开厚度下时间—日产水量曲线

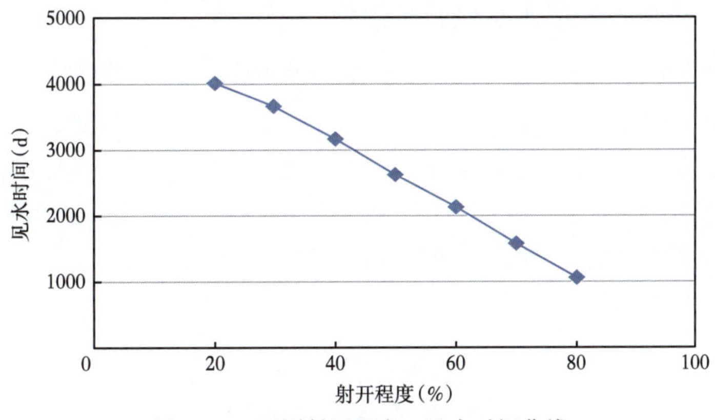

图 8-41　不同射开程度—见水时间曲线

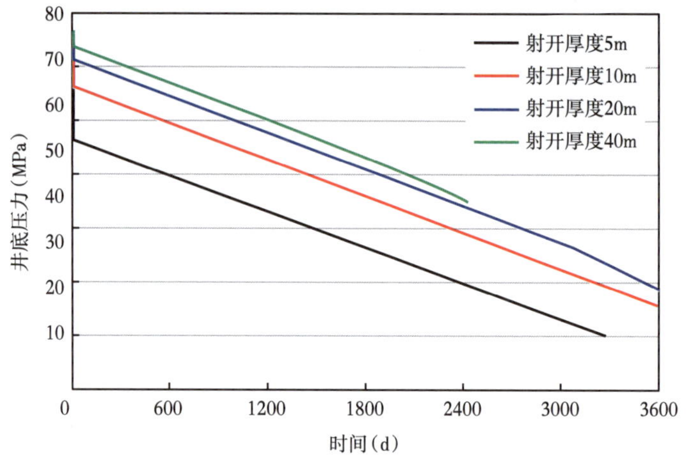

图 8-42　不同射开厚度下时间—井底压降曲线

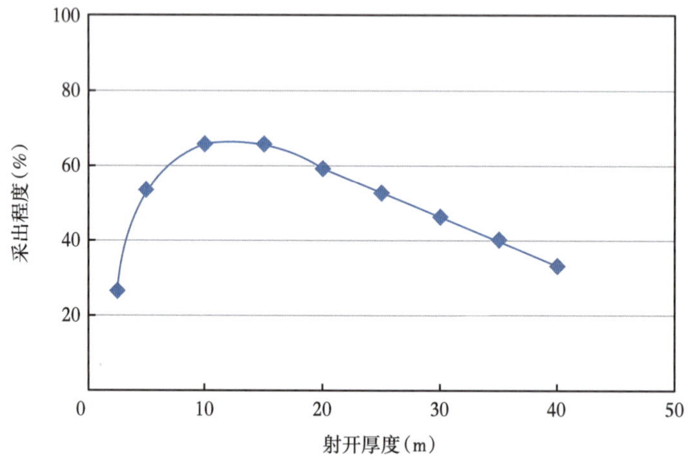

图 8-43　不同射开厚度—采出程度曲线

(四)裂缝孔隙型气藏底水水侵数学模型

考虑裂缝孔隙型底水气藏,气藏半径为 r_e、裂缝条带半径 r_1,厚度为 h,气藏储层渗透率为 K,裂缝条带渗透率为 K_f,裂缝与底水、井底连通,射孔厚度为 h_p,孔隙度为 ϕ,原始含气饱和度为 S_{gi},含水饱和度为 S_{wi},水体倍数为 N,水体综合压缩系数为 C_t,原始地层压力为 p_i,气井半径为 r_w,气井定产气量生产。

根据气井径向复合储层产能公式,产气方程满足如下关系:

$$q_g = \frac{2\pi(h_1 + h_b - h)(p_e - p_w)}{\mu_g B_g\left(\frac{\ln r_e/r_1}{K_{rg}K} + \frac{\ln r_1/r_w}{K_{rg}K_f}\right)} \tag{8-42}$$

相应的产水方程:

$$q_w = \frac{2\pi(h - h_b)(p_{ew} - p_w)}{\mu_w B_w \frac{\ln r_1 / r_w}{K_f}} \tag{8-43}$$

考虑到水侵表现为垂向直线流动，相应的水侵方程：

$$q_{ew} = \frac{\pi r_1^2(p_{ew} - p_e)}{\mu_w B_w h} \tag{8-44}$$

根据物质平衡方程，累计产气量等于原始地质储量减去剩余气地质储量，满足如下关系：

$$G_p = \frac{\pi r_e^2 h\phi(1 - S_{wi})}{B_{gi}} - \frac{(\pi r_e^2 h - \pi r_1^2 h)\phi(1 - S_{wi})}{B_g} - \frac{\pi r_1^2 h\phi S_{gr}}{B_g} \tag{8-45}$$

式(8-45)中右边第一项为原始地质储量，第二项为未水侵区域剩余气量，第三项为水侵区域残余气量。

同理，根据物质平衡方程，累计水侵量等于底水膨胀量，满足如下关系：

$$\int_0^t q_w \mathrm{d}t = N\pi r_e^2 h S_{gi}\phi C_t(p_i - p_{ew}) \tag{8-46}$$

另外累计水侵量也可用式(8-47)表达：

$$\int_0^t q_w \mathrm{d}t = \pi\phi(1 - S_{wi} - S_{gr})\pi r_1^2 h \tag{8-47}$$

式(8-42)至式(8-47)共同构成均质底水气藏定产生产方程组，联合数值求解可获得底水气藏水体压力 p_{we}、水侵速度 q_{wf}，气水界面抬升高度 h，气藏压力 p_e、井底压力 p_w 和水侵 PV 数实时数据。

以龙王庙组气藏××井为例，水体综合压缩系数 0.002MPa^{-1}，储层厚度 45m，水体倍数 1 倍，射开厚度 30m，裂缝条带半径 150m，根据气井产气曲线，对产水及生产水气比进行拟合，结果如图 8-44 所示，数值计算产水量及水气比与实际生产基本一致，说明裂缝型底水气藏水侵

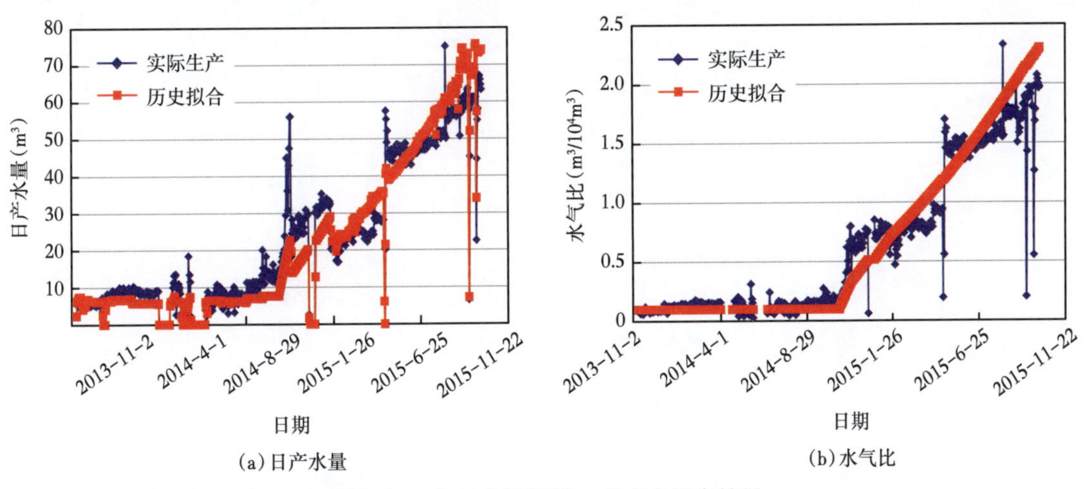

(a)日产水量　　(b)水气比

图 8-44　龙王庙组气藏××井产水拟合结果

数学模型可用于该气藏水侵动态预测(图 8-45),确定气藏累采气量及采出程度等关键开发指标,指导气藏开发。

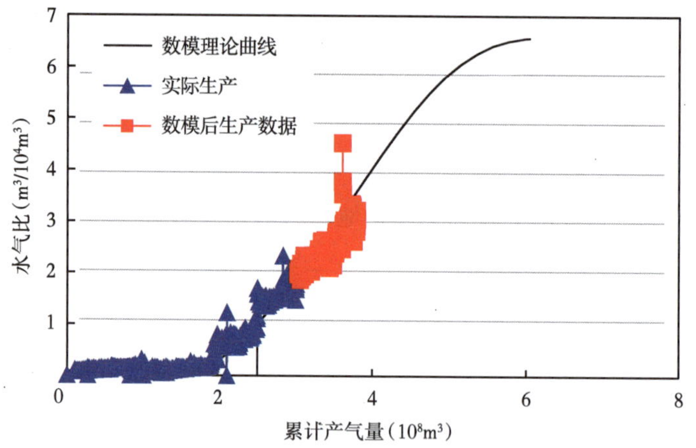

图 8-45 龙王庙组气藏××井气水比预测

参 考 文 献

[1] 高树生,胡志明,刘华勋,等.不同岩性储层的微观孔隙特征[J].石油学报,2016,37(2):248-256.

[2] 高树生, 胡志明, 安为国, 刘等. 四川盆地龙王庙组气藏白云岩储层孔洞缝分布特征[J]. 天然气工业, 2014,34(3): 103-109.

[3] Forchheimer, P.H. “Wasserbewegung durch boden”, Zeitschrift des Vereines Deutscher Ingenieure[J], Vol. 49, 1901,1781-1793.

[4] 高树生,刘华勋,任东,等.缝洞型碳酸盐岩储层产能方程及其影响因素分析[J].天然气工业,2015,35(9):48-53.

[5] 谈庆明.量纲分析[M].合肥:中国科学技术大学出版社,2005.

[6] Schilthuis R J.Active Oil and Reservoir Energy. Trans.,AIME (1936)118.33-52.

第九章　高效开发模式与关键开发指标

安岳气田磨溪区块龙王庙组气藏开发总体目标："树立卓越意识，瞄准四个一流，打造一流大气田，用两年时间完成气田试采评价、产能建设任务"。重点突出"四个一流"，建设一流大气田。其中，开发设计一流：以先进的开发理念、科学的开发方式、领先适用的技术，确保气田开发技术经济指标一流，确保安全、清洁、低碳、环保；开发建设一流：以先进的工程技术、一流的项目管理，又好又快推进气田建设；开发效果一流：生产指标与设计相吻合、实现少井高产、经济效益显著；开发管理一流：实现气田数字化管理、优化人力资源配置、确保安全高效开发。

本章主要是在充分借鉴国内外类似气藏经验教训的基础上，结合龙王庙气藏自身的特点确立形成了针对该类型气藏的高效开发模式，论证了关键开发指标。

第一节　高效开发模式

一、总体部署，分步实施，储量动用留有余地

综合岩心厘米级精细描述和成像测井解释，以地层精细划分与对比为基础，从储层成因机制入手，明确龙王庙组发育四期颗粒滩，三种储集空间类型；孔—洞—缝搭配关系良好，属裂缝—孔、洞型储层；平面上发育两个颗粒滩主体（详见第三章第二节）。明确气井产能三大主控因素（详见第五章第二节）。

以小尺度孔洞缝的三维表征结果为基础，利用现有井不稳定试井解释对裂缝渗透率进行刻度，结合气藏有效厚度分布预测了磨溪龙王庙储层不同部位气井无阻流量分布（图 5-17）。根据预测结果，认为在颗粒滩主体部位 $Kh=200\sim4000\text{mD}\cdot\text{m}$，气井无阻流量范围$(400\sim1100)\times10^4\text{m}^3/\text{d}$。

从产能预测结果来看，与颗粒滩体展布特征具有一致性。考虑到储层的非均质性，优先动用颗粒滩主体部位，选择东高点磨溪 8 井区圈闭范围内 543.97km^2 作为初步开发方案设计的区域（图 9-1 和表 9-1），动用地质储量 3218.36$\times10^8\text{m}^3$，以溶蚀孔洞型和溶蚀孔隙型储层为主，低渗区根据开发过程中动用情况进行评价，接替稳产。

表 9-1　磨溪区块龙王庙组气藏开发单元地质特征表

分区	构造	储集类型	产能	面积(km^2)
开发区	较高构造位置	溶蚀孔洞型和溶蚀孔隙型	中高产井为主	543.97
评估区	边翼部、断层附近	晶间孔隙型	低产井为主	169.13

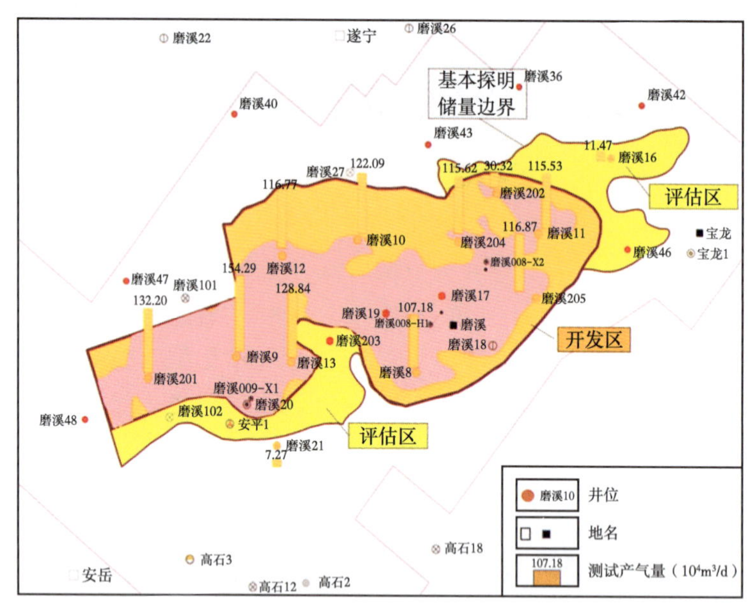

图 9-1　磨溪区块龙王庙组气藏开发范围

二、备用能力、季节调峰，体现区域性关键大气田作用

落实颗粒滩体主体高产稳产能力，明确颗粒滩主体部位储层以中—高渗为主，*Kh* 值 183~19000mD·m，气井无阻流量高[$(516\sim3362)\times10^4m^3/d$]，储层纵横向连通性好；试采井控半径 2~4km，井控储量$(30\sim200)\times10^8m^3$，具备良好的高产稳产潜力。

磨溪龙王庙组气藏属于大型气田，气井产能高，对四川的稳定供气起着至关重要的作用，根据《天然气开发纲要》，该类气田应该具备一定的调峰能力，产能负荷因子一般为 0.8~0.9。

从当时川渝地区的供气形式来看，城市燃气在高峰期不均匀系数达到 1.4（图 9-2），西南油气田一直依靠老气田生产井提产来满足调峰需求，使得这些生产井在强采情况下产水加剧（图 9-3），递减加快。

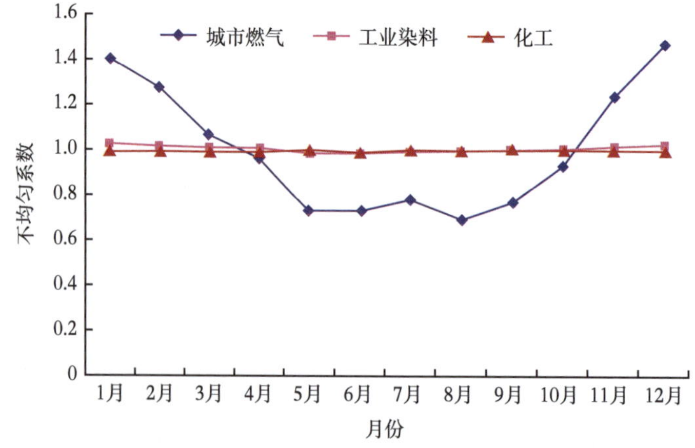

图 9-2　川渝地区城市燃气月不均匀系数曲线图

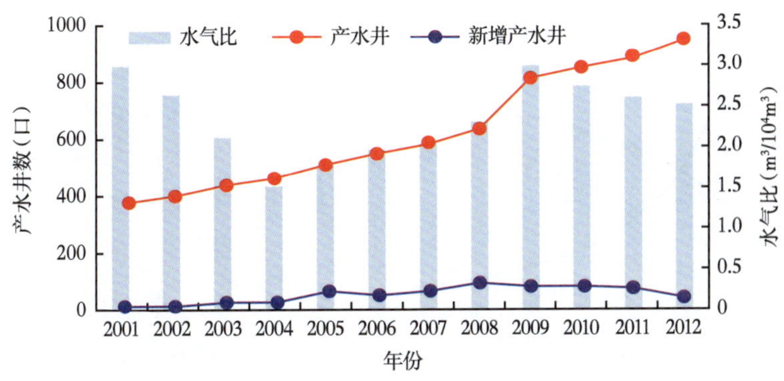

图 9-3　2001—2012 年西南产水井变化图

随着经济的发展和对环保、绿色能源的需求持续上升，预计日调峰量需求将增加到 $1000\times10^4m^3/d$以上(图 9-4)。根据对需求分析和龙王庙气藏高产稳产能力，通过对井位、储量丰度、产能系数、储能系数及无阻流量的分析，优选出远离边水、储量丰度大，无阻流量高的井进行调峰(图 9-5)，使气田具备 $900\times10^4m^3/d$ 以上的调峰能力。

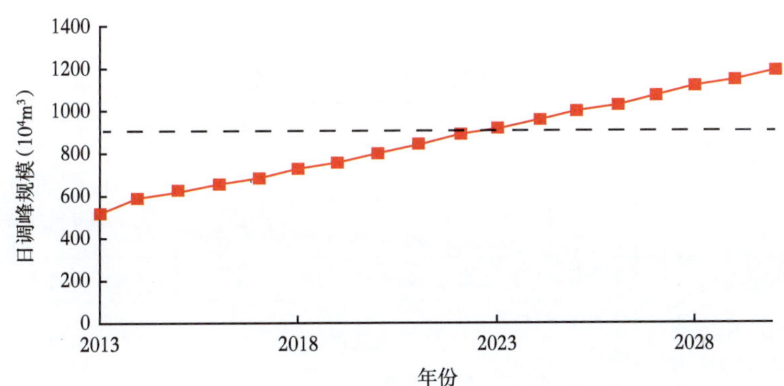

图 9-4　川渝地区季节调峰需求量预测图

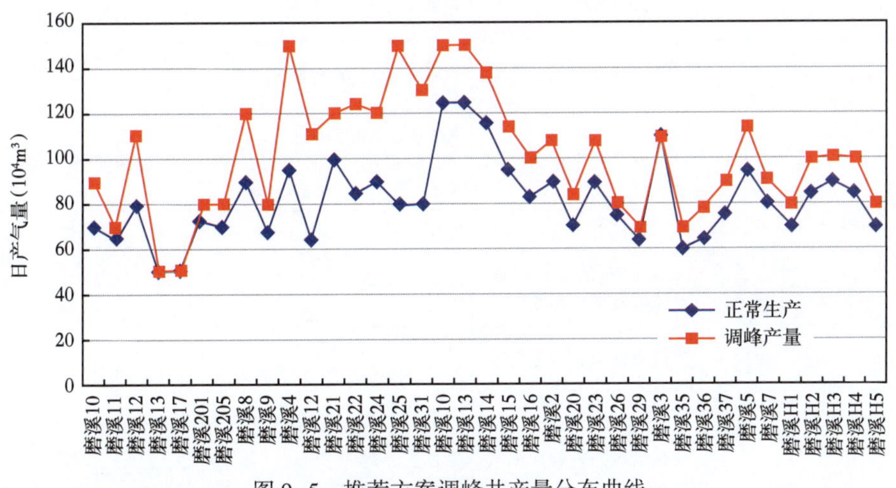

图 9-5　推荐方案调峰井产量分布曲线

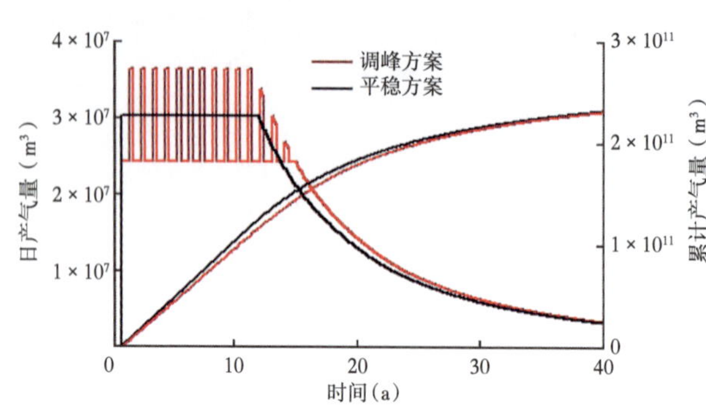

图 9-6 调峰方案与平稳方案生产指标预测图

气田建成后，将彻底扭转西南气区负荷因子高、产量递减快、开发效益变差的不利局面。根据数模预测，调峰方案与平稳生产方案相比，稳产期以及预测期末采出程度基本相当（图 9-6）。

三、重视监测，适时调整，确保气藏均衡开发

考虑气藏试采井少且试采时间较短，产能、稳产能力及连通性有待进一步深化；大斜度井和水平井产能仅为理论测算和模拟结果，需要实际井进行证实；磨溪 203 井以南和磨溪 11 井以东存在的水体和开发区内的局部封存水能量及对生产的影响还存在不确定性。在初步开发方案设计确定的技术框架内，充分考虑含硫和二氧化碳气井的特殊性，测试施工前配合相应的技术论证，围绕尽早获得磨溪区块龙王庙组气藏动态描述参数，掌握气藏地质特征、动态特征、开发规律性，制定了详细的动态监测计划，实现既满足气藏开发研究需求，又保证安全录取资料的目的（表 9-2）。

表 9-2 磨溪区块龙王庙组气藏动态监测计划总表

监测时段	目的	监测项目	选取气井	备注
试气期动态监测	认识气层渗流特征，了解气井产能，分析流体性质	完井试气井下测试及流体取样分析	所有气井	每口井都下 2 支以上高精度电子压力—温度计，至少 2 开2 关
投产初期动态监测	了解大范围内的渗流特征，建立气井产能方程，可能情况下探测边界，确认流体性质	投产前井底静压测试	所有生产井	投产前测试
		压力恢复试井和产能试井	所有生产井	投产初期
		流体取样分析	所有生产井	至少每周跟踪一次，持续 1 个月
		探边测试	磨溪 8、磨溪 9、磨溪 11	考虑早期投产的气井及不同构造位置的气井
生产期间动态监测	认识气井产能变化规律，气藏层间、井间连通关系，进一步认识流体性质变化	生产测井	磨溪 8、磨溪 9、磨溪 11	考虑高产气井及不同构造位置的气井
		观察井井下压力监测	磨溪 18、磨溪 21、磨溪 202、磨溪 203、磨溪 101、磨溪 102、磨溪 27、磨溪 46、磨溪 G1	监测时间间隔不大于 2 个月
		干扰试井	磨溪 8、磨溪 17、磨溪 008-H1	
		流体取样分析、流压、流温及梯度监测	所有生产井	间隔不超过 3 个月
		压力恢复试井和产能试井	所有投产的气井试采结束前，及生产动态出现重大问题的气井	预计 10 井次
		全气藏关井静压测试	所有生产井	每年全气藏关井 10 天以上，关井期末点测

监测计划重视磨溪 11 井的试采监测，特别是加强高产制度下的水体监测；开展磨溪 204 井的试采，以期掌握附近水体的大小和活跃性；在磨溪 203 井—磨溪 8 井储量边界南部部署观察井磨溪 G1 井，掌握该区储层、气水关系；磨溪 204 井西南部低部位部署磨溪 G2 井、磨溪 203 井西北部低部位部署磨溪 G3 井，作为观察井，录取可能的水区动静态资料，有利于磨溪区块龙王庙组气藏整体认识和开发优化。

2013 年 3 月，磨溪 11 井开始产出地层水，至 2017 年 2 月，共有 13 口井产出地层水(图 9-7)。期间，以降低水侵危害、保障气藏稳产、提高气藏采收率为目标，在持续跟踪研究基础上，识别出 3 个水侵方向和 8 个水侵通道(图 9-8)，确定了气藏“整体治水，早期治水，主动治水”原则，并于 2017 年编制了龙王庙组气藏整体治水方案。

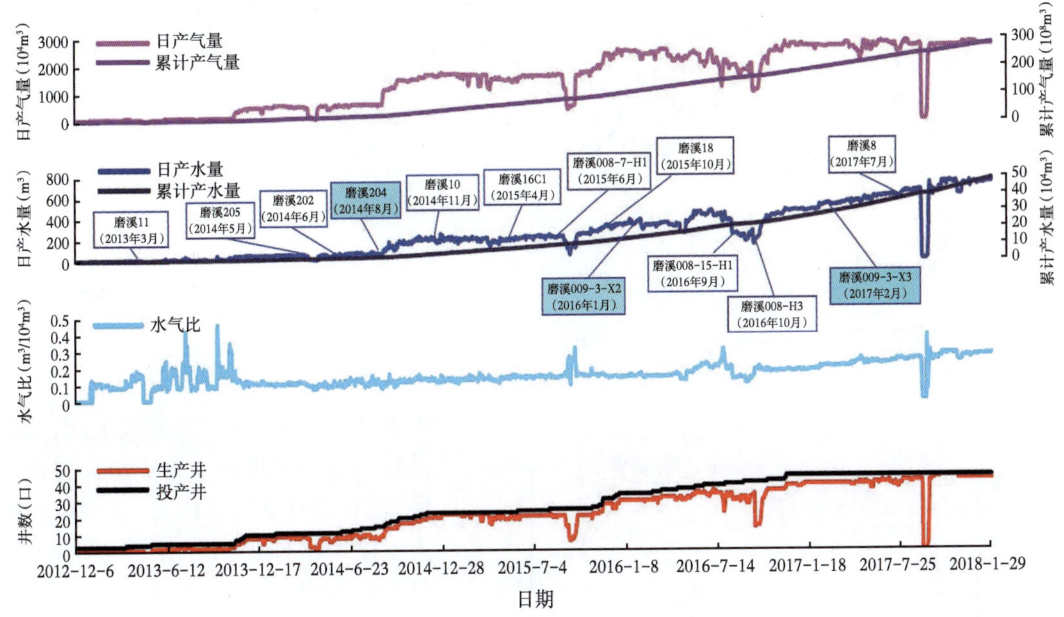

图 9-7　磨溪龙王庙组气藏采气曲线

治水方案全面考虑气藏水侵特征及开发规律，整体部署；重点关注不同时期主要矛盾，分期实施，第一阶段以暴露问题获取资料及排水先导试验为主，第二阶段排控结合延长稳产期，第三阶段提高气藏采收率；深入认识不同井区差异化水侵特征，强化治水对策的针对性，一区一策；依据排水试验，不断深化水侵特征认识，及时调整治水方案，持续优化。

磨溪 9 井区边水侵入磨溪 009-3 井组向磨溪 9 井方向水侵属于裂缝水窜，必须采取主动排水方式，延缓边水沿裂缝的侵入；另两条水侵通道属于弱舌进水侵，采取“边控内放”结合适当排水的治水对策，利用磨溪 X210 井、磨溪 009-8-X1 井、磨溪 009-3 井组以及磨溪 116 井主动排水，井区排水 400~800m^3/d，单井最大排水量 400m^3/d。

磨溪 8 井区南部以边水舌进水侵为主，边水推进相对均匀，采取边控内放、延缓边水侵入的治水思路，保持气井正常带液，磨溪 8 井区南翼边部气井降产 $60\times10^4m^3/d$，考虑磨溪 8 井、磨溪 205 井等采取人工助排措施，单井最大排水量 300m^3/d。

磨溪 8 井区气水过渡区较大，北翼水体属于次活跃水体，水侵类型为边水弱舌进水侵和底

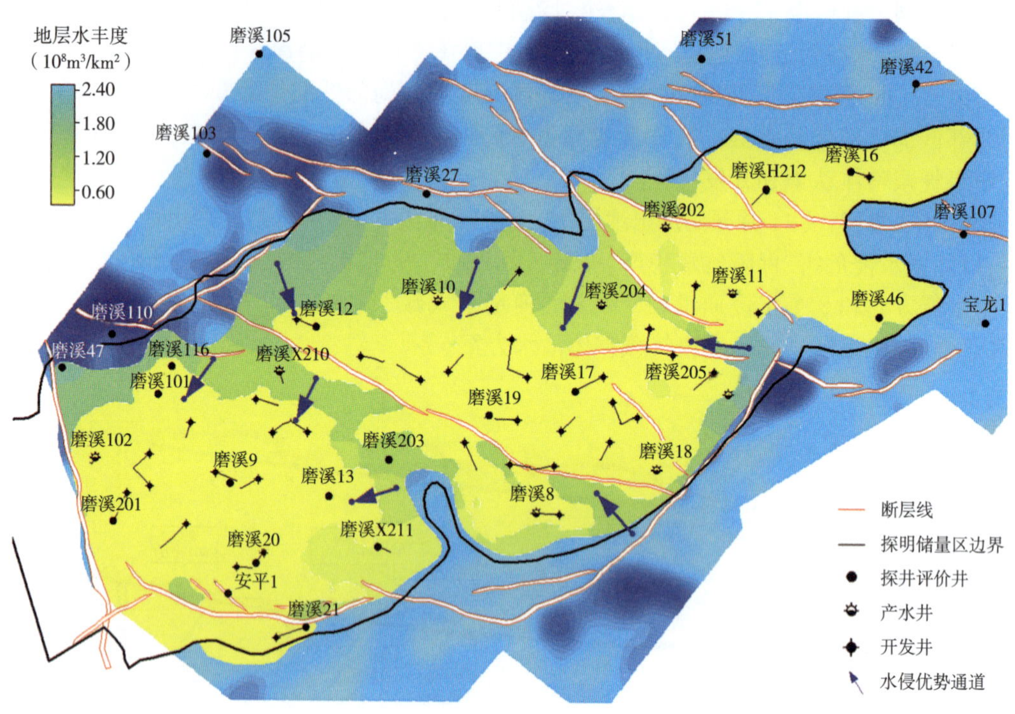

图 9-8　磨溪区块龙王庙组气藏主要水侵通道分布图

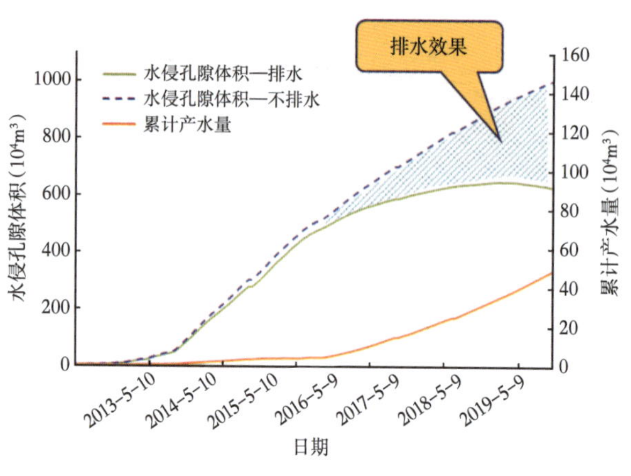

图 9-9　磨溪 9 井区水侵孔隙体积（水体 $\phi>4\%$）

水锥进，保持气井正常带液生产，采取排控结合治水思路。先期增大过渡区采速，有效降低气区压力，必要时采取人工助排措施保持气井正常生产，磨溪 008-X23、磨溪 008-H26 井优化配产分别为 $30\times10^4m^3/d$，磨溪 008-X23 井、磨溪 008-H26 井采取人工助排措施，单井最大排水量为 $300m^3/d$。

治水措施实施以来，有效延缓了水体侵入气藏的速度，气井无水采气期增加。与磨溪 009-3-X2 井、磨溪 009-3-X3井同井场的磨溪 009-3-X1 井，2019 年 1 月 12 日产出地层水，较磨溪 009-3-X2 井延长无水采气期 1 年。最新评价结果显示，在磨溪 009-3 井组采取排水措施后，有效缓解了水侵效应，与不排水相比，水侵孔隙体积减少 20%～35%（图 9-9）；磨溪 009-3 井组目前视地质储量有下降趋势，而且通过动态数据反演的累积水侵量上升趋势变缓，说明排水降低了水体能量补充。

磨溪 8 井区南部边控内放、人工助排的治水措施也取得明显效果，震旦系气藏过路井证实，不同区域的气水界面抬升基本一致，说明该区水体向气藏内部均匀推进。

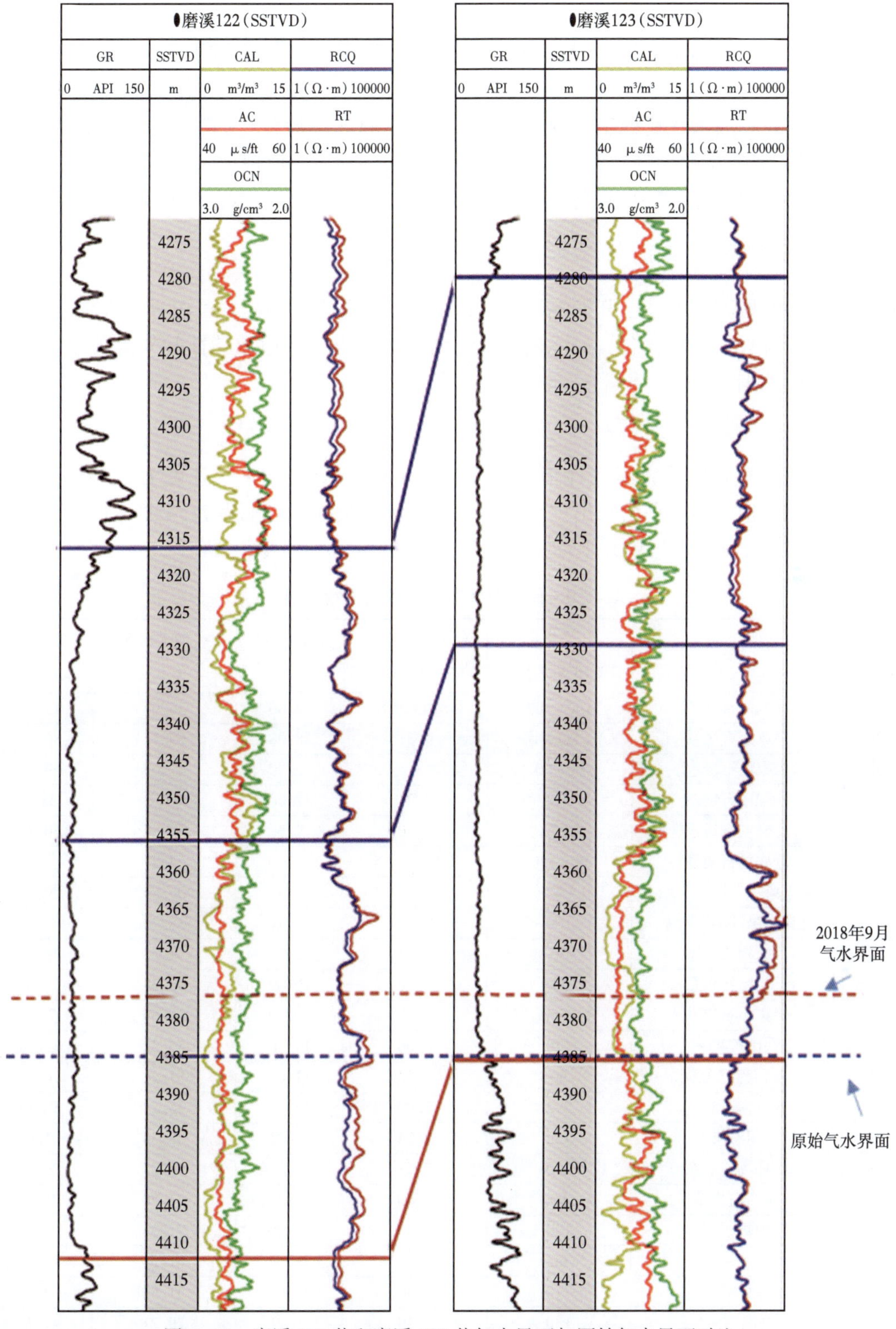

图 9-10 磨溪 122 井和磨溪 123 井气水界面与原始气水界面对比

第二节　技术对策与关键开发指标

针对磨溪龙王庙组气藏处于开发早期,动、静态资料匹配性差,气藏生产动态规律掌握较少的特点,以调研总结的大气田开发经验与启示为基础,利用数值模拟、室内实验、类比分析等方法,对合理采速与开发规模、井型与布井方式、合理配产等进行技术论证与研究。

一、采气速度

在对四川盆地不同类型已开发气藏采气速度及国外重点碳酸盐岩气田进行大量分析的基础上,结合数值模拟的研究结果,最终根据对磨溪龙王庙组气藏地质特征和气水关系的认识,确定采气速度范围。

(一)重点气藏采气速度

从四川盆地重点气藏方案设计指标统计结果来看,气藏平均采气速度为3.37%,稳产年限为10年以上,稳产期末平均采出程度为49.20%,预测最终采收率为71.42%,气藏实现单井控制面积平均4.34km^2/口,单井平均控制储量为13.37×10^8m^3(表9-3)[1]。

表9-3　四川盆地重点气藏采速统计表

序号	气田	开采规模($10^4m^3/d$)	采气速度(%)	稳产年限(a)	稳产期采出程度(%)	采收率(%)
1	卧龙河石炭系	160~100	4.19~2.03	14.00	56.61	75.84
2	福成寨石炭系	110	4.31	18.00	69.12	86.69
3	张家场石炭系	90~60	4.46~2.95	12.00	61.67	69.53
4	沙罐坪石炭系	60	2.24	12.00	37.1	53.4
5	高峰场石炭系	90	2.60	12.50	39.57	60.36
6	万盛场石炭系	90~110	4.92~5.95	10.00	54.29	80.94
7	磨盘场—老湾石炭系	45.5	3.30	7.00	35.39	59.7
8	龙头—吊钟坝石炭系	100	2.90	8.40	38.14	66.5
9	双家坝石炭系	50	2.68	12.25	61.26	76.63
10	五灵山石炭系	35	3.56	10.00	42.34	69.86
11	胡家坝石炭系	55	4.10	10.00	50.69	77.6
12	铁山石炭系	120	3.06	11.00	55.22	72.74
13	云和寨石炭系	60	3.52	11.00	51.36	76.91
14	五百梯石炭系	292	2.90	14.50	35.24	53.55
15	龙门石炭系	150	3.24	11.25	48.34	81.84
16	沙坪场石炭系	390	3.51	13.30	49.09	76.52
17	蒲西石炭系	60	3.80	9.00	34.20	72.38
18	中坝雷三	120	4.30	18.00	71.33	88.6
19	中坝须二	60	1.58	27.00	61.54	71.44
20	平落坝须二	110	2.50	16.00	51.53	79.6
21	磨溪雷一^1	130	3.10	9.00	29.21	49.16

表 9-4 磨溪区块龙王庙组气藏与石炭系气藏综合信息对比表

气藏名称		构造		储层物性				储层类型	无阻流量 ($10^4m^3/d$)	气藏类型	气水界面 (m)	气藏连通性	水体活动性	储量			气藏采气速度 (%)
		闭合度 (m)	面积 (km^2)	厚度 (m)	孔隙度 (%)	渗透率 (mD)	含水饱和度 (%)							探明储量 (10^8m^3)	开发方案容积法储量 (10^8m^3)	调整方案容积法储量 (10^8m^3)	
石炭系气藏	沙坪场	680	64.1	35.6	5.6	横向 0.089~27.35；纵向 0.071~35.88	29.18	裂缝—孔隙型	83.5	边水气藏	-4700	北段好，南段差	边水局部活跃，特别是沙③号断层附近边水对气藏开采造成严重影响	397.71	384.54	336.88	3.63
	福成寨	690	40.64	18.6	3.9	5.8	15.5	裂缝—孔隙型	204	边水气藏	-3968	一般	边水不活跃	84			4.13
	卧龙河	1035	92.11	12.9	5.7	1.6	26.40	裂缝—孔隙型	55	边水气藏	-4800	好	边水不活跃	103.5			2.95
	五百梯	1070	127.27	16.42	5.88	0.77	21.29	裂缝—孔隙型		边水气藏	-4700	好	边水不活跃	539.86	372.52	346.29	2.40
	龙门	610	61.1	58.24	5.2	1.672~4	19.8	裂缝—孔隙型	87.6	边水气藏	-4435	好	外围水体分布范围大，能量较强，气藏边水较活跃	183.99		148.42	3.27
	高峰场	250	33.33	27.3~50.2	3.65	0.712	30.48	裂缝—孔隙型	356.8	边水气藏	-4600	好	气藏水侵主要沿气藏两端向气藏内部推进	115.68		87.78	2.81
龙王庙组气藏		161	520.58	37.7	4.7	2~86	18.7	裂缝—孔（洞）型为主	248~1214	局部封存水				4065.76			

与川东石炭系气藏对比，磨溪区块龙王庙组气藏有利的方面：圈闭面积大；试井解释为中渗透、高渗透，构造圈闭内均为气层，仅有少量局部封存水。不利的方面：构造平缓，闭合度小；储集类型以裂缝—孔隙（洞）型为主，裂缝发育程度不如石炭系（表9-4）。石炭系气藏作为主力生产气藏，已投入开发了三十余年，储层物性较好、基本探明储量较大6个川东石炭系的气田采气速度为2.4%~4.1%。

（二）国内外重点碳酸盐岩气田采气速度

从国外重点碳酸盐岩气藏方案设计指标统计结果来看，大型主力气田采取保护性开发策略，适当降低采速保证长期稳产[2]。法国拉克气田高压、无边底水，采速2.3%~2.7%，气藏稳产20年，开发效果好。土库曼斯坦萨曼杰佩气田为弱边底水气藏，苏联时期采速3%，后期以采速4.35%组织生产，效果较好。麦隆气田早期高估气藏储量，造成实际采气速度偏高（4.7%），气藏快速水淹。克拉2气田高压、边底水气藏，采速过快（3.87%），导致两端边底水窜进，影响气藏开发。可采储量大于$500\times10^8m^3$的气藏稳产年限为10年以上，可采储量采气速度2%~5%，平均采气速度为3.5%（图9-11）。

（三）数值模拟方法分析

从经济角度考虑，适当增大采气速度可加速资金的回收。采气速度过高，就会造成底水过早锥进，影响整体开发效果，气藏见水早，压降速度快，稳产期短，稳产期采出程度低，经济效益差。采气速度小，气藏见水晚，压降速度慢，稳产期长，稳产期采出程度高；但采气速度太小，又使投资回收期延长，净现值减小，经济效益降低。因此，采气速度有一个合理的界限。

模拟6种不同采气速度对磨溪龙王庙组气藏开发效果的影响。从图9-11和图9-12可以看出：随着采气速度的增加稳产期缩短，稳产期末采出程度减小。在保证10~15年的稳产期的前提下，推荐采气速度2.5%~3.5%，采气速度大于3.5%，预测期末采出程度差别不大，稳产时间小于10年。

综上所述，考虑开发稳产策略，采气速度定为2.5%~3.5%，稳定供气15~20年。

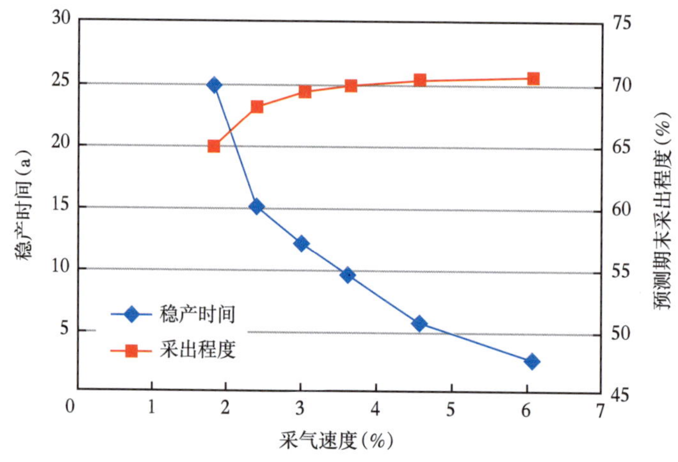

图9-11 不同采气速度下稳产时间和预测期末采出程度

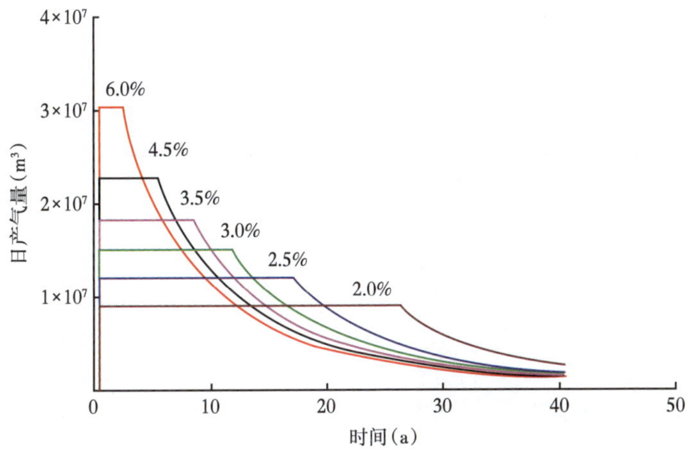

图 9-12 不同采气速度下日产气量对比曲线

二、井型、井网、井距

随着钻井技术和地质导向工具的进步,水平井技术已经广泛地应用于开发各种气藏,且水平井的应用实现了单井产量的提高和气藏采收率的提高,以四川盆地雷一[1]气藏为代表,水平井开发取得了显著的开发效果和经济效益。

(一) 井型

以磨溪龙王庙组的实际资料为基础建立了单井数值模拟模型和解析分析模型,分别对水平井、大斜度井和直井的开发效果进行了模拟和对比分析,并对不同水平段长度、分支水平井进行了模拟分析。

1. 直井、大斜度井与水平井产量对比分析

(1)解析分析方法。

参照磨溪 8 井试井解释的近井区参数(渗透率 535.31mD,厚度 52.75m)和远井区参数(渗透率 86.3mD,厚度 52.75m),计算水平井和直井的初期无阻流量比值,并绘制两种井型的初期无阻流量比值预测图(图 9-13)。

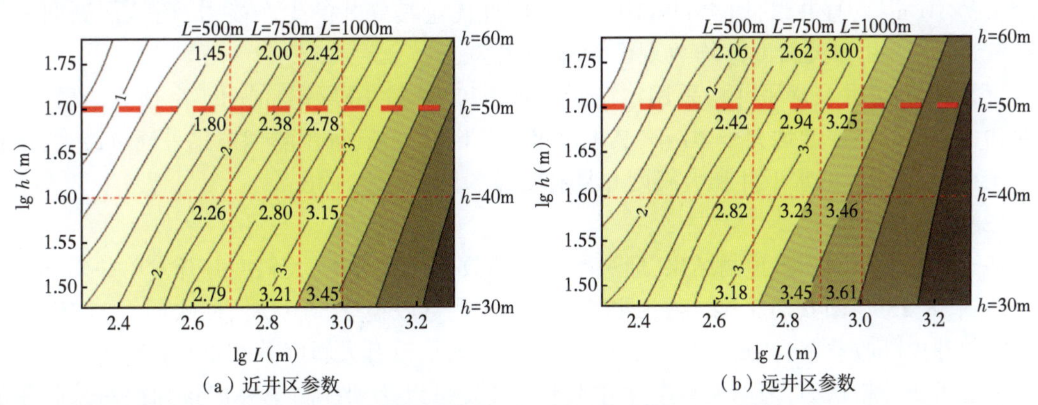

图 9-13 水平井相对于直井初期无阻流量比值预测图版(以磨溪 8 井为例)

参照磨溪 11 井试井解释近井区参数(渗透率 2.68mD,厚度 61.5m)和远井区参数(渗透率 10.6mD,厚度 61.5m),计算水平井和直井的初期无阻流量比值,并绘制两种井型的初期无阻流量比值预测图(图 9-14)。

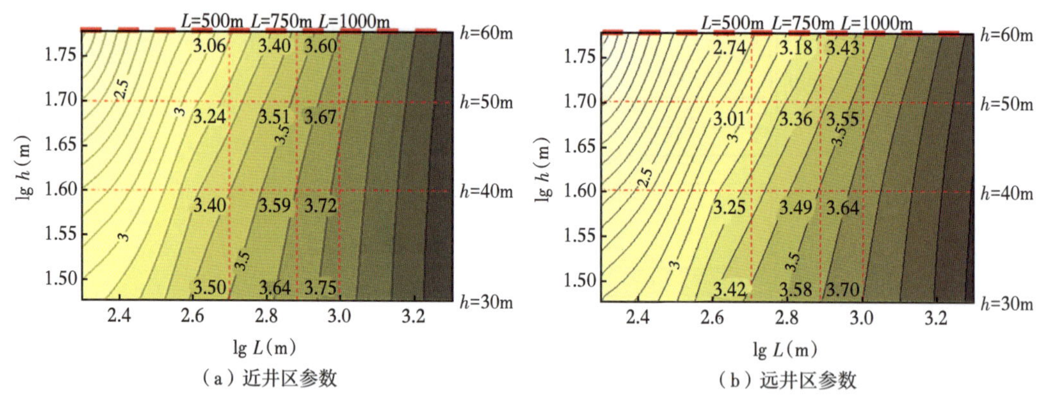

(a)近井区参数　(b)远井区参数

图 9-14　水平井相对于直井初期无阻流量比值比预测图版(以磨溪 11 井为例)

针对不同储层厚度(30~60m),不同渗透率参数(按照磨溪 8 井和磨溪 11 井近井区、远井区的测试解释结果),水平井(水平段长度分别为 500m、750m 和 1000m)与直井相比,初期无阻流量比值介于 2.06~3.75。因此,在磨溪区块龙王庙组气藏采用水平井更易达到提高单井产量的目的,建议气藏后续开发井采用水平井。另一方面,磨溪 8 井、磨溪 11 井试油测试等资料证实龙王庙组储层存在垂向非均质性,为了保证动用所有储层段的产能,实施时可以考虑采用大斜度井。

(2)数值模拟方法。

采用单井模型开展机理研究,模拟不同生产制度(定压和定产)下不同井型的开发效果。

直井、大斜度井及水平井均采用定井口压力的生产方式(井口压力 7.8MPa),其生产动态预测结果如图 9-15 所示。投产初期的日产量实际表征的是各种井型的最大生产能力。水平井的生产能力最强($350.8\times10^4m^3/d$);斜井次之($259.8\times10^4m^3/d$);直井相对较低($156.3\times10^4m^3/d$)。截至预测期末,水平井的累计产气量最高($53.7\times10^8m^3$),大斜度井次之($53.3\times10^8m^3$),直井最低($49.9\times10^8m^3$)。因此无论是气井的生产能力,还是预测期末的累产气量,水平井和大斜度井均表现出明显的优势。

直井、大斜度井及水平井均采用定产量生产,日产气量 $100\times10^4m^3/d$。由预测结果知,水平井和大斜度的稳产期均大于 10 年,其中水平井稳产期最长,且预测期末累采气量最大,比直井多 $4.06\times10^8m^3$。即水平井和大斜度井具有明显的优势(图 9-16)。

(3)经济指标对比。

基于数值模拟的动态预测结果,通过单井经济效益计算对比,大斜度井开发单井内部收益率可达到 38.25%,回收期 3.62 年,水平井开发单井内部收益率 30.90%,回收期 4.21 年,而直井开发单井内部收益率为 26.75%,回收期 4.68 年,效果没有大斜度井和水平井好。

综合对比分析认为,采用大斜度井和水平井开发可以达到提高单井产量和提高采收率的目的,建议气藏后续开发井采用大斜度井和水平井。

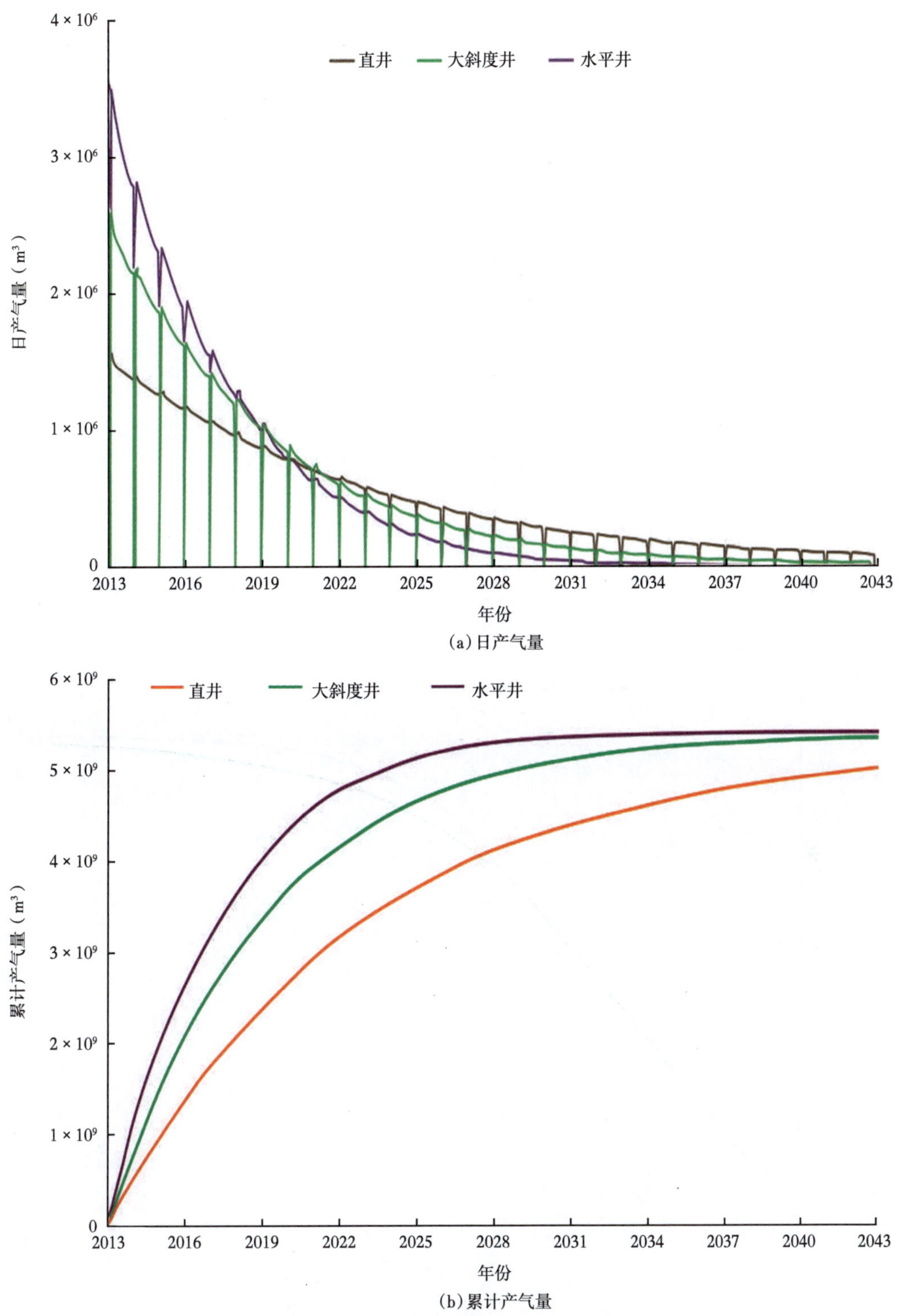

(a) 日产气量

(b) 累计产气量

图 9-15　定压条件下的生产预测图

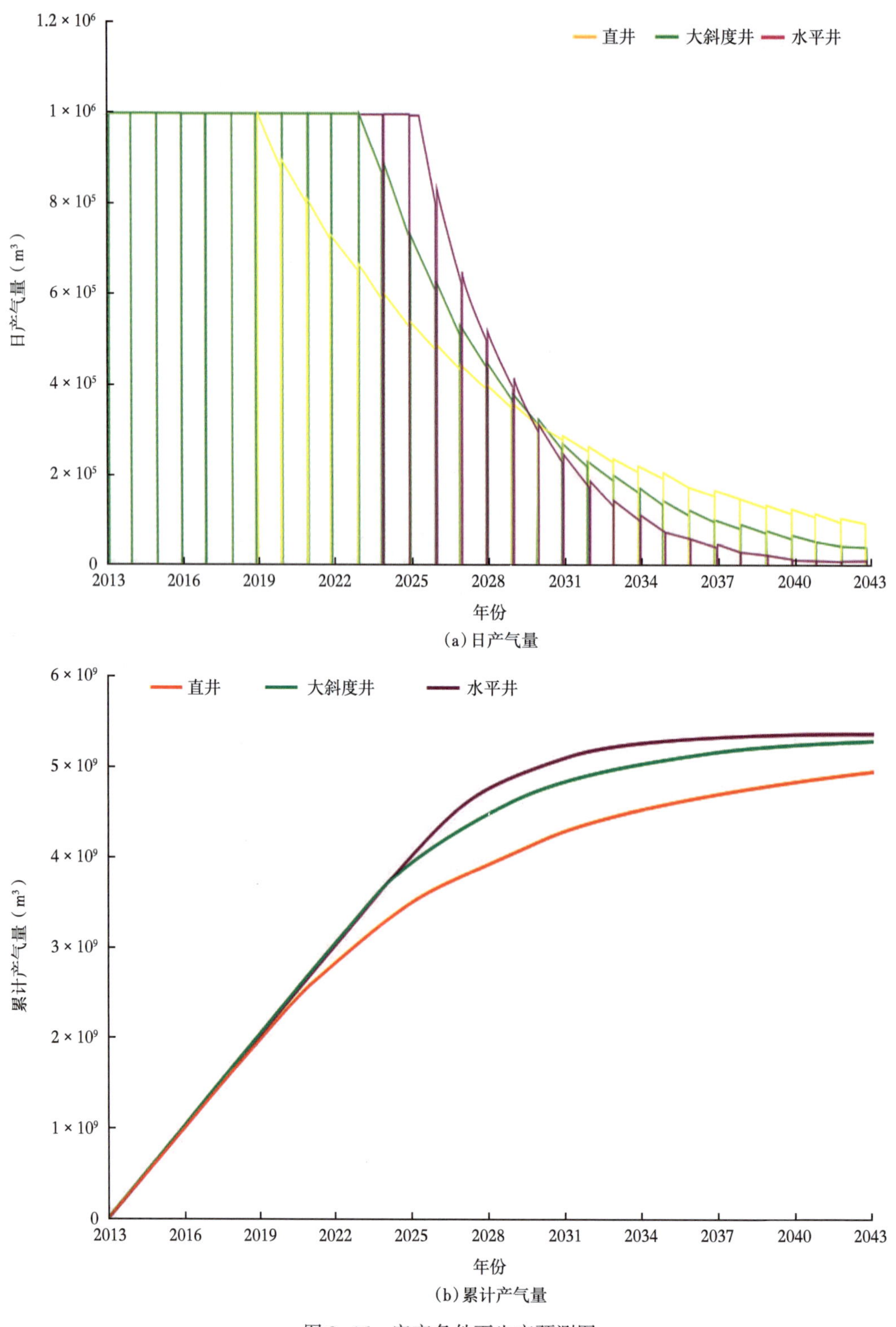

(a)日产气量

(b)累计产气量

图 9-16　定产条件下生产预测图

2. 井斜角优选

井斜角影响的实际是射孔段在储层中的长度,与其井斜角度数呈三角函数关系,设计了井斜角为 30°、45°、60°、70°、80°、85°的机理模型进行预测。从图 9-17 可以看出,当井斜角在 60°~85°时,其稳产期及预测期末累计产气量等指标较好,可取得较好的开发效果。因此大斜度井井斜角应在 60°~85°。

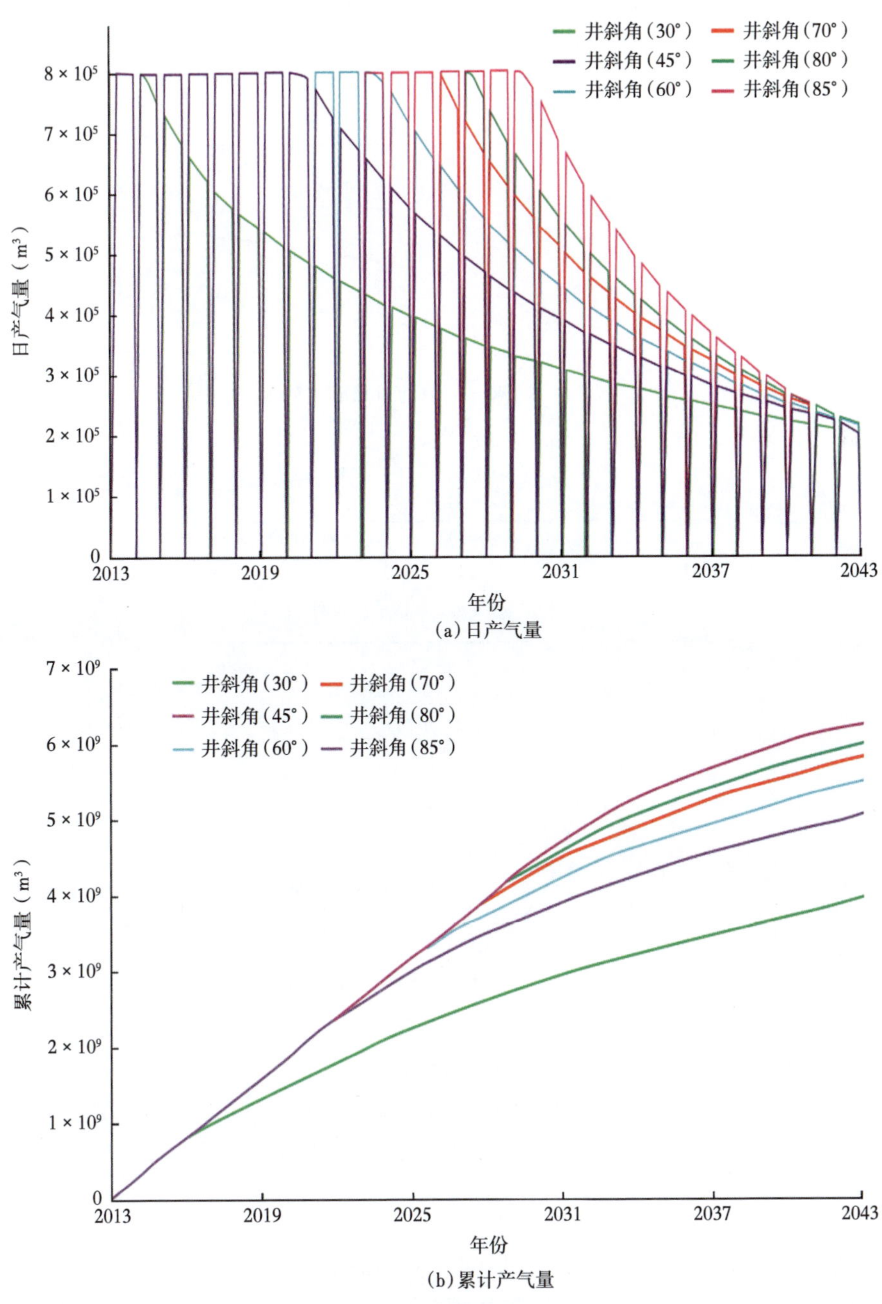

图 9-17　不同井斜角生产预测图

3. 水平井长度分析

(1)解析分析方法。

参照磨溪 8 井和磨溪 11 井动态分析结果建立水平井长度与产能计算关系,绘制水平段长度优化论证图(图 9-18)。水平井相对于直井的产能增幅随水平井长度增加而逐渐增大,但当水平段长度超过 800~1000m 后,增幅越来越小。结合水平井投资考虑,当水平段长度超过 800~1000m 后,水平井相对于直井的初期产能倍比增幅与水平段单位长度投资的比值减小到较低水平,因此当水平段长度在 800~1000m 内有最大经济效益,推荐水平井水平段长度 800~1000m。

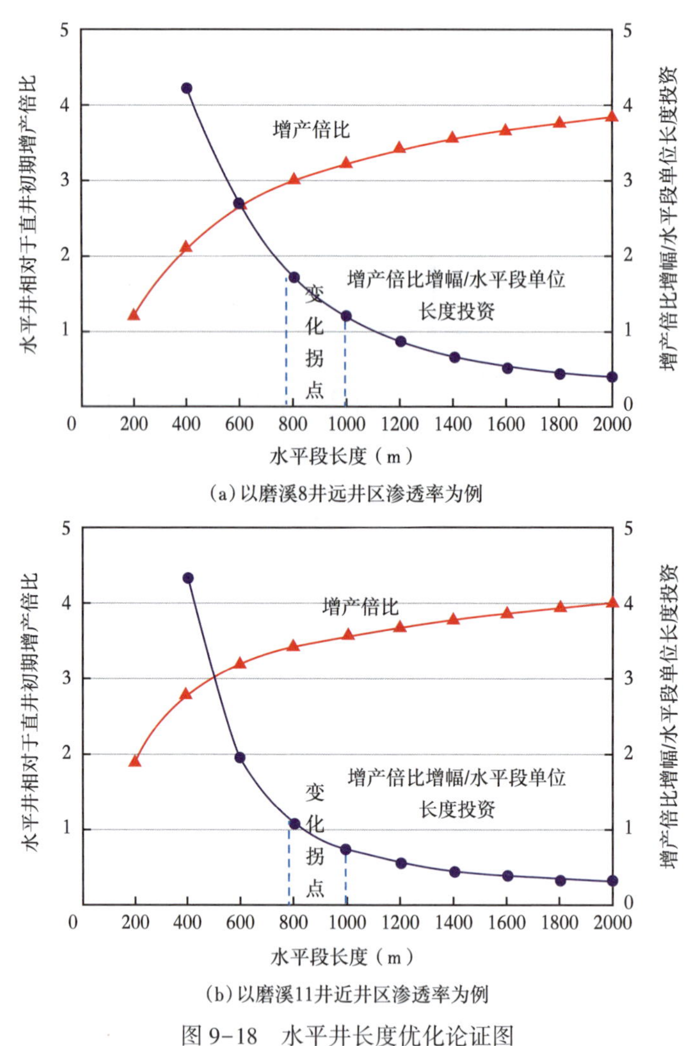

(a)以磨溪8井远井区渗透率为例

(b)以磨溪11井近井区渗透率为例

图 9-18 水平井长度优化论证图

(2)数值模拟方法。

根据数值模拟研究,水平井水平段长度在 400~1000m 产能增产幅度最大,水平井水平段的长度为 600~800m,其产量为直井的 2 倍初配产(图 9-19),水平段长度 800m 左右较合适。

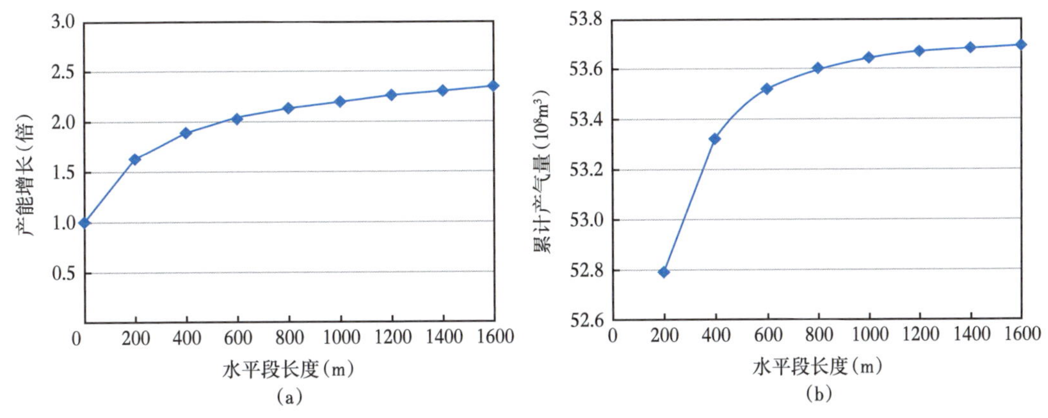

图 9-19 水平段长度与产能增长倍数、累计产气量关系图

4. 水平井与分支井对比

分支井是在定向井、水平井基础上发展起来的一种钻井技术。它充分利用上部主井眼,增加井眼有效进尺,节约开发成本,由单一井眼控制更大的储量。同时,它还具有占地面积较小,可通过多个分支井长度的总和达到指定水平段长度,减少井下或地面设备的投资或日常管理费用等特点。

在分支井与水平井的开发效果对比研究中,仅考虑双分支井,即数值模拟模型面积是单一水平井模型的一倍,其储量 $124.1\times10^8m^3$。双分支水平井水平段与 2 口水平井水平段总长度一致。模拟不同生产制度(定压和定产)下两种井型的开发效果(图 9-20)。

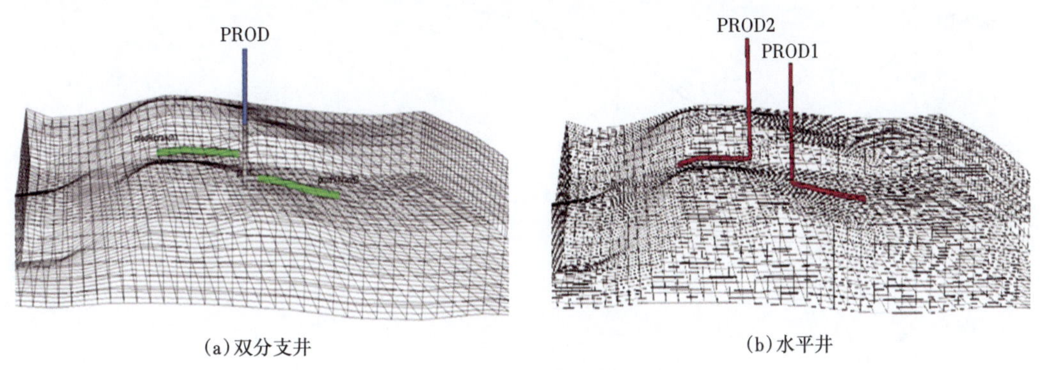

图 9-20 气井数值模拟模型

定压生产条件下的开发生产动态预测。从预测结果可以看出,分支井的产能略低于 2 口水平井的产能之和,但明显高于 1 口水平井的产能。双分支井在主井筒的流速远高于 2 口水平直井段的流速,其压力损失更大;此外各分支井的井轨迹较近,可能存在一定的干扰。这些因素都影响到了分支井的生产能力,尽管与 2 口水平井的总水平段长度相同,其生产能力仍弱于 2 口水平井之和,但预测期末的累计产气量基本一致(图 9-21)。

定产量生产条件下的开发生产动态预测。双分支井和水平井均采用定产量的生产方式,日产气量为 $200\times10^4m^3/d$(其中 2 口水平井配产各 $100\times10^4m^3/d$)。双分支井稳产 7.8 年,水平

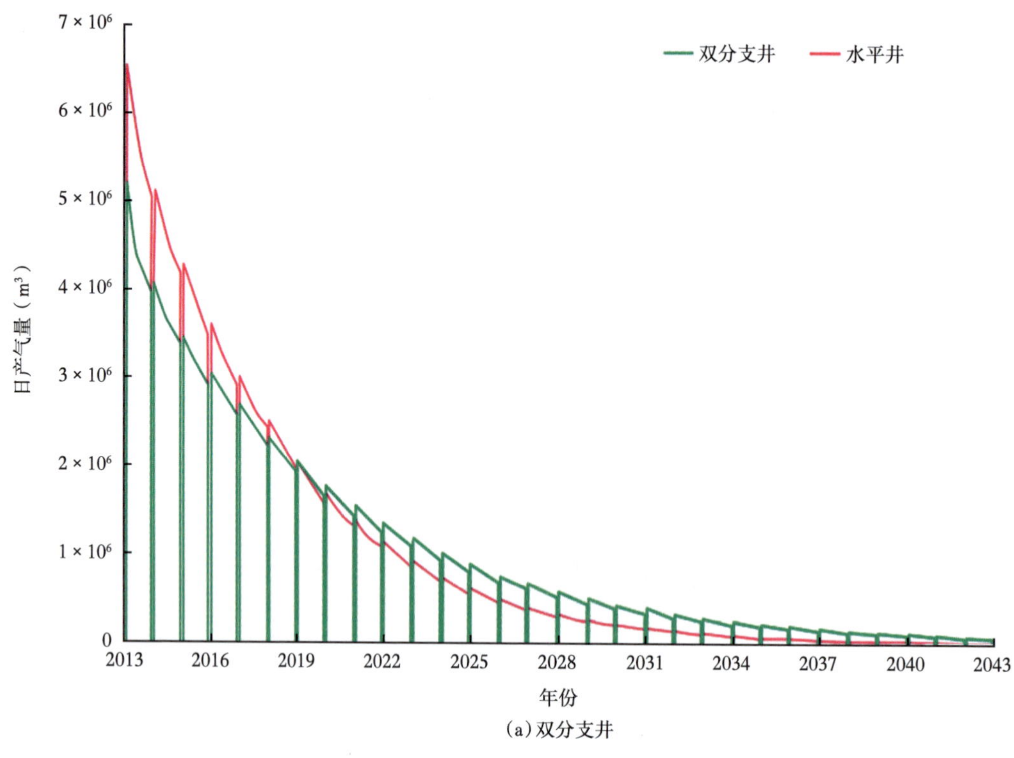

(a)双分支井

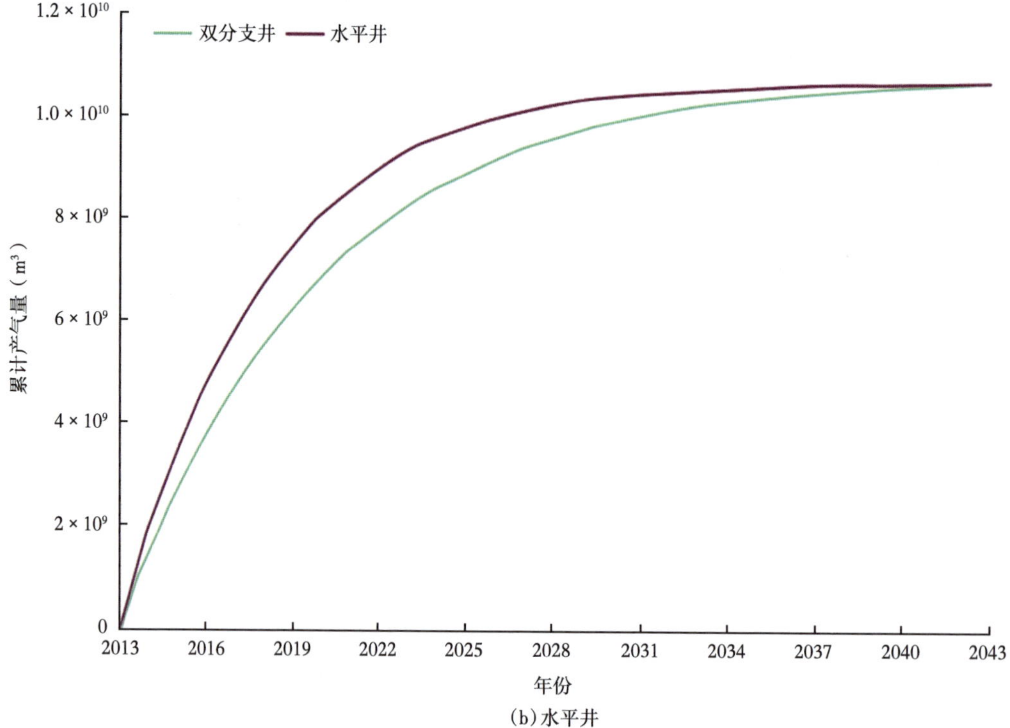

(b)水平井

图 9-21　气井动态预测结果(定压)

井稳产 11.3 年；预测期末双分支井累计产气量 $105.82\times10^8m^3$，水平井累计产气量 $106.33\times10^8m^3$，累计产气量相差不大（图 9-22）。

双分支水平井与 2 口水平井对比各有优缺点，但总体分析 2 口水平井的开发指标具有一定的优势。此外，分支井进行井下作业复杂，对钻井、完井和生产技术设备的要求更高、更复杂。综合考虑以上因素，本区块后续开发井暂不推荐分支水平井，必要时可开展分支水平井试验。

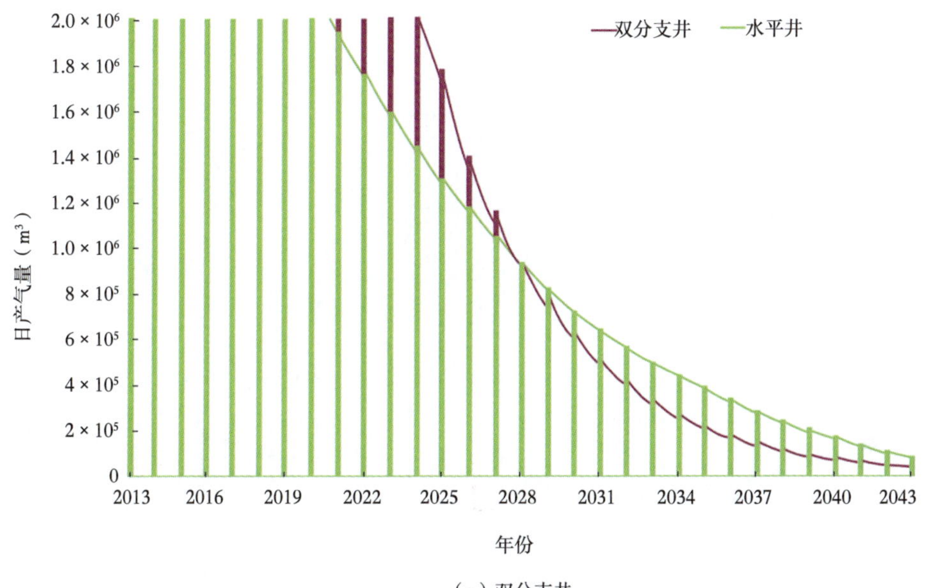

（a）双分支井

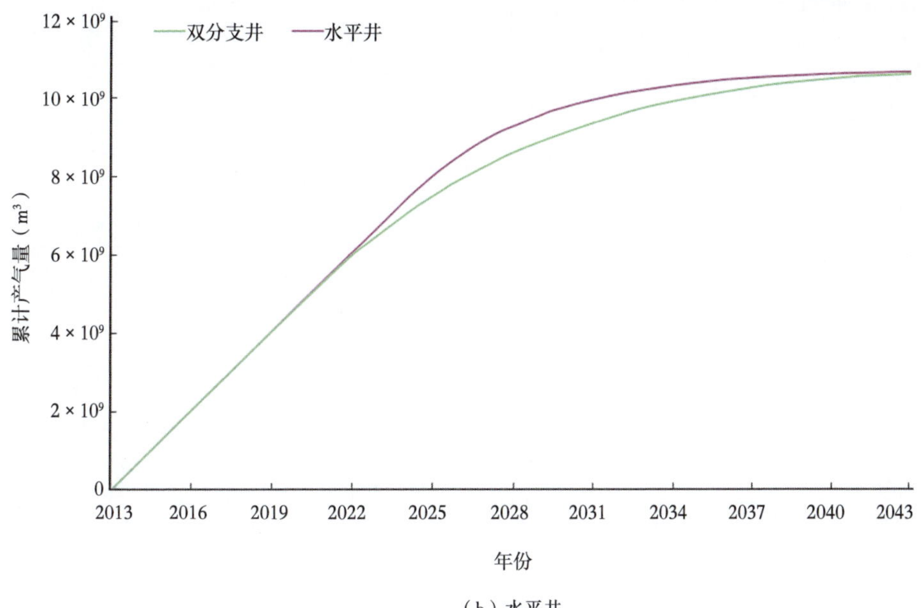

（b）水平井

图 9-22　气井动态预测图（定产）

5. 综合指标对比分析

在气藏模拟模型基础上，设计相同区域和动用储量、相同开发井数，考虑井型以直井为主、以大斜度井为主和以水平井为主井型模拟预测。从不同井型方案预测对比结果可以看出，大斜度井的方案稳产期较长、稳产期末采出程度较高(44.66%)；而水平井的方案稳产期也较长、稳产期末采出程度48.14%，预测期末采出程度74.16%(图9-23)。

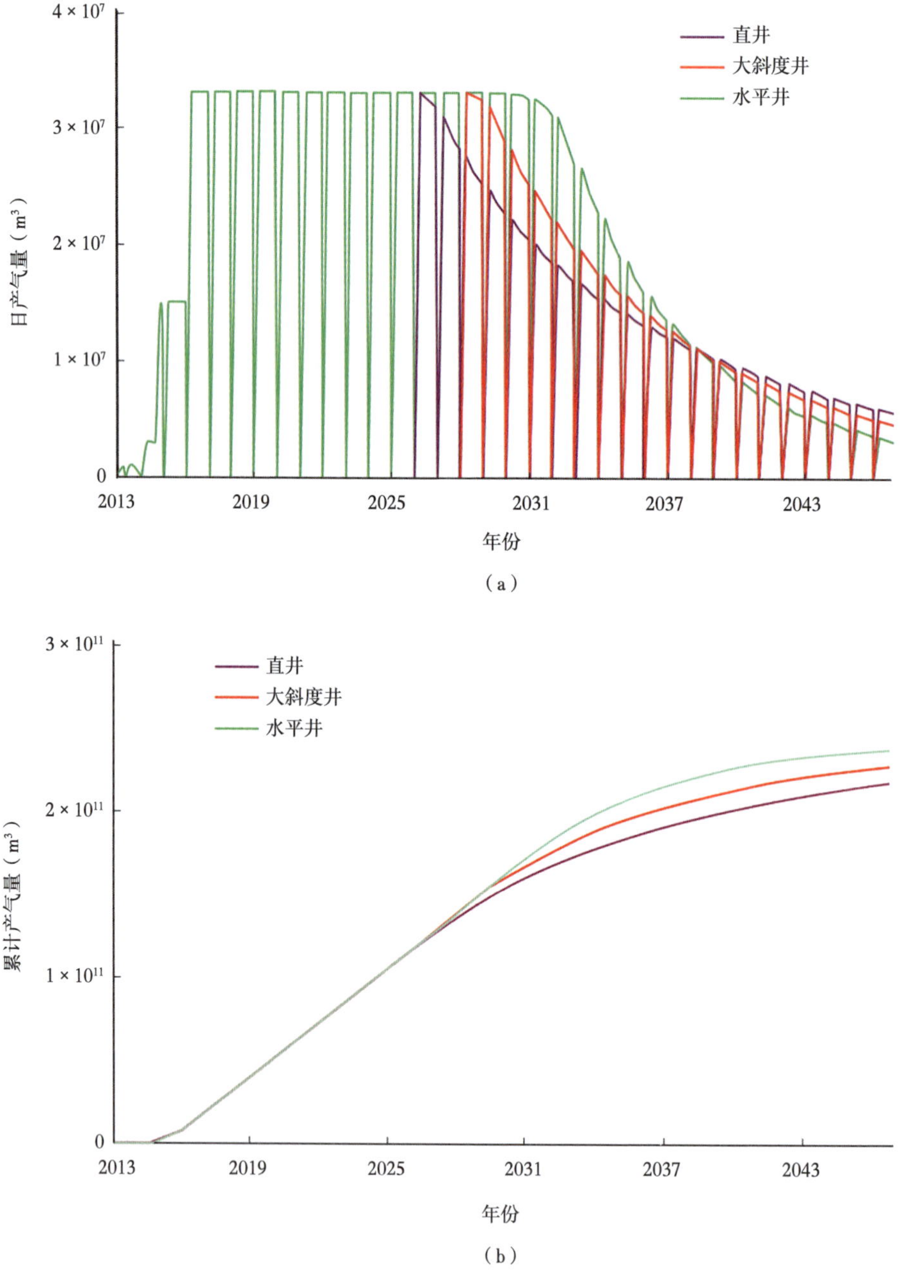

图9-23　不同井型方案动态预测图

龙王庙组气藏储层中高渗透、总体较厚,直井、斜井单井产量已较高,而直井、斜井较水平井技术更稳定、可靠,因此不推荐以水平井为主,仅在储层较薄、渗透性较差区域考虑水平井,充分发挥水平井提高单井产量的优势。考虑到该区人口稠密,气田多达5套开发层系,全用直井耕地不堪重负,尽量使用丛式井部署,既满足地下、地面要求,工艺技术难度也相对较小。

综上所述,推荐以大斜度井为主,井斜角为60°~85°;储层物性差的区域和仅在下部储层发育的区域,采用水平井提高单井产量,水平段长度800m左右。

(二)布井模式

对于边水气藏,井网距边水距离的远近对于开发效果影响很大,如果距边水较近,则气井容易受边水侵入的影响;如果距离边水太远,则边部的储量得不到有效动用。根据苏联边水气田的开发经验,一般布井面积/气藏面积=0.4。

1. 类比法

(1)拉克气田:非均匀井网,构造顶部井距250m,翼部井距1500m,试采期单井日产气量$80\times10^4m^3$,稳产期单井日产气量$60\times10^4m^3$,单井稳产实现气田长期稳产[3]。

(2)麦隆气田:构造高部位集中布井,顶部井距250m,侧翼井距1400m,射孔层位离气水界面越远,气井见水越晚[4-6]。

2. 数值模拟法

利用数值模拟方法,研究布井位置距气水边界距离对开发效果的影响。按照3.06%采气速度,40口直井开发,单井平均配产$75\times10^4m^3/d$,模拟对比两种布井方式。(1)整个工区范围内常规的均匀布井。(2)远离边水,在构造高部位,0.4倍含气面积内集中布井(图9-24至图9-27)。均匀布井比集中布井方式稳产时间短4.5年,40年末采出程度减少3.5%。借鉴拉克和麦隆气田的开发方式,降低出水风险,推荐在裂缝孔洞发育、储量丰度高部位,采用不均匀集中布井方式。

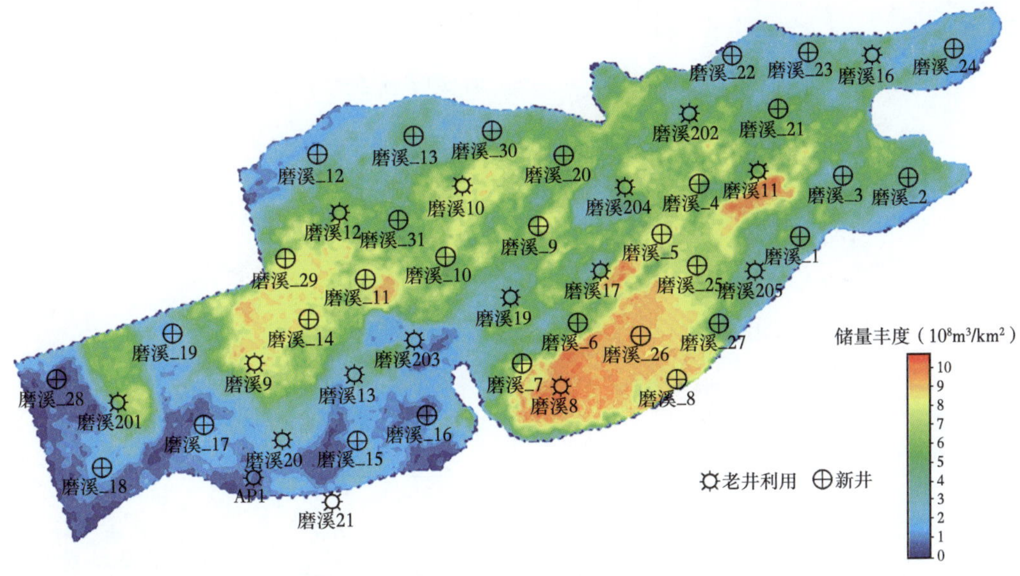

图9-24 均匀布井井位图

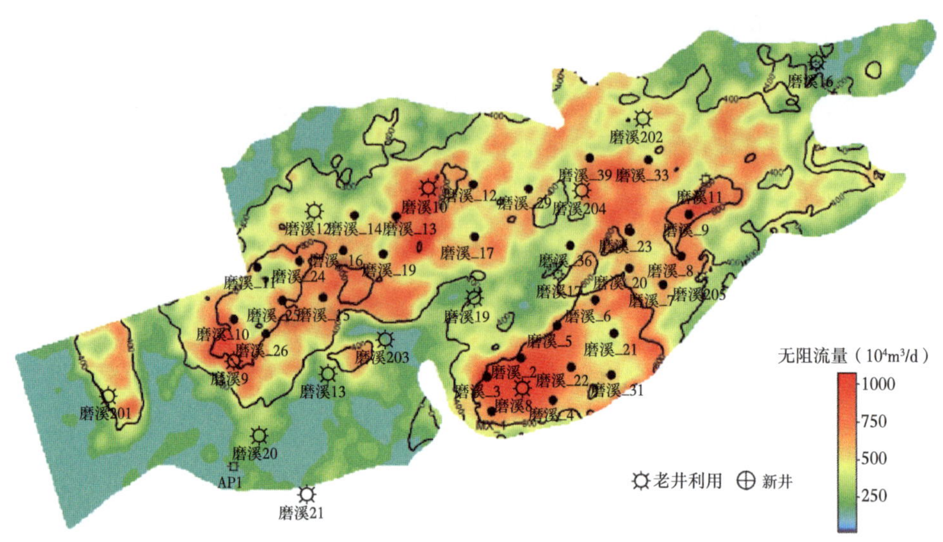

图 9-25　0.4 倍含气面积内集中布井井位图

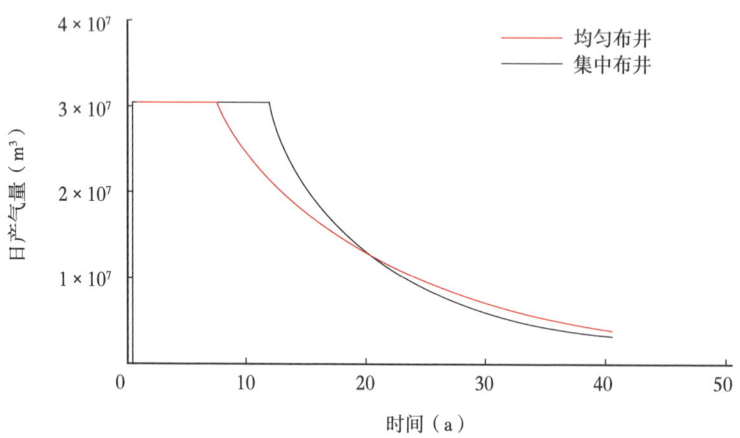

图 9-26　不同布井方式对日产气量的影响

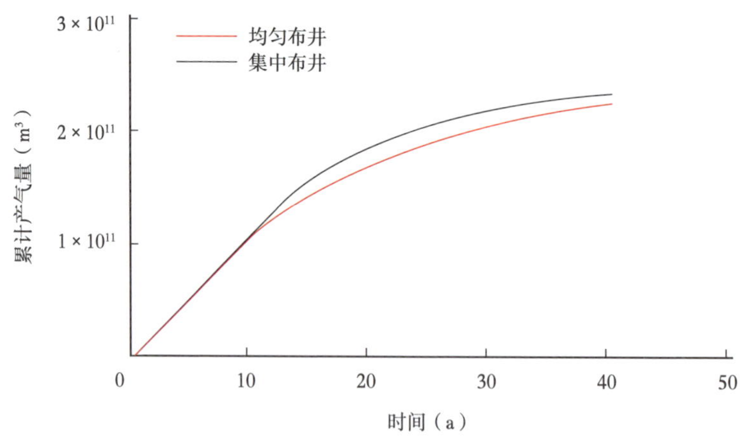

图 9-27　不同布井方式对累计产气量的影响

(三) 井网井距

1. 类比法

调研国内外大型气藏,以不规则井网部署为主,且最近开发的普光气田和萨曼杰佩气田采用丛式井组+定向井部署(表9–5)[2–7]。

表9–5 国内外大型气田井网井距统计表

调研气藏	区域	井网方式	平均井距(m)	水体	原 则
拉克气田		不规则井网	1500	无边底水	在储层连通好的构造顶部井距较小,低部位井距较大,利用压力高、产量高保持稳产
奥伦堡凝析气田	高渗透区	中央布井		有边底水	在厚度大、裂缝发育的构造顶部,采用中央布井系统,有利于延长顶部无水开采期
	低渗透带	均匀井网			采用均匀布井方式,有利于采出其中的残留气或水封气
普光气田	主体区	不规则井网、丛式井组布井			以斜井为主,结合直井和水平井
	周边	不规则井网、丛式井组布井方式			斜井结合直井开采方式
克拉2气田		沿构造高部位直线布井	1000~1200		生产布井应最大限度地适应平面非均质性特点,加大控制面积,提高平面动用程度
萨曼杰佩气田		不规则井网、在边境加密井网	2000~3000		提高单井产能,同时可控制边~底水的快速锥进

川东石炭系井距与采出程度的经验表明:老气田的勘探开发井网在2.29~3.93km^2/口,平均3.6km^2/口(表9–6)。而新气田,特别是"九五"期间勘探开发的气田,天然气勘探开发领域

表9–6 川东各气田井距与采出程度关系表

气田投入开发时间	气田	井距(km)	期末采出程度(%)
1995年前	福成寨	1.59	42.7
	张家场	1.63	41.1
	卧龙河	1.97	49.1
	沙灌萍	1.51	51.77
	双家坝	1.62	55.63
	云河寨	1.98	63.86
	平均	1.72	50.69

续表

气田投入开发时间	气田	井距(km)	期末采出程度(%)
1995 年后	龙吊	2.26	38.14
	高峰场	2.53	39.57
	五百梯	2.28	38.13
	龙门	2.74	39.9
	平均	2.45	38.94

已要求“稀井广探、少井高产”，为了节约投资，这期间完成的气田井网普遍较稀，单井控制面积最大 7.52km^2/口，平均 5.63km^2/口。早期开发的气田，采出程度较高，在井距小于 2km 的情况下，采出程度均大于 40%，且较小的井距有利于提高稳产期。建议磨溪区块龙王庙组气藏井距应小于 2km。

法国拉克和麦隆两个气田与龙王庙组气藏相比具有相似性，拉克麦隆气田采用顶密边疏的布井方式，顶部 250m，边部 1400~1500m，建议磨溪区块龙王庙组气藏井距取 1.5km 左右。

2. 试井及试采法

试井解释表明，储层未发现明显的边界，连通性较好，探测半径 155~1890m。通过长期试采+短期高精度试井解释得到 3 口井井控半径，磨溪 8 井 4km 左右，磨溪 11 井 2km 左右，磨溪 9 井 3km 左右。即试井及试采井距 2~4km。

3. 数值模拟法

现有资料认为，磨溪龙王庙组气藏为视均质层状构造圈闭整装气藏，纵横向具有较好的连通地质基础，单井控制范围可以视为整个区块。测试显示，磨溪 8 井探测半径达到 5km 以上，一定程度上证实了上述认识。因此，对于这类整装气藏部署井距取决于方案设计的规模和单井产量，在单井产量一定的情况下，规模越高，井数越多，井距越小；反之，井距越大。

通过建立 2 个区域模型对井距进行了论证，分别取磨溪 8 井和磨溪 11 井附近 100km^2 的范围作为研究区块(表 9-7 和图 9-28)。

表 9-7　区域模型技术指标及经济指标对比表

指标单位	储量(10^8m^3)	面积(km^2)	井距(m)	井数(口)	累计产气量(10^8m^3)	采收率(%)	末期压力(MPa)	经济效益(%)
磨溪 8 井区	674.36	100	2	25	521.47	77.33	10.34	0.05
			3	11	519.92	77.10	10.49	48.24
			4	6	497.03	73.70	12.87	105.00
			5	4	475.10	70.45	15.25	175.89
磨溪 11 井区	537.89	100	2	25	416.48	77.43	10.39	0.01
			3	11	412.53	76.69	10.87	36.29
			4	6	396.52	73.72	12.96	82.47
			5	4	380.04	70.65	15.17	139.91

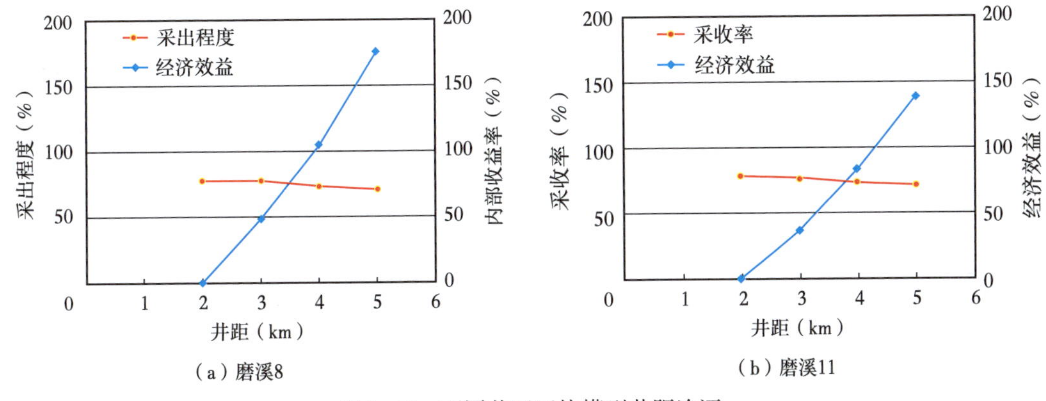

图 9-28 不同井区区块模型井距论证

区块数值模拟显示井距小于 4km 可以实现均衡开发，结合丛式井部署与区块效益评价，该气藏不管是在高渗透区还是在低渗透区，采用不规则布井，平均井距 2~4km，可以实现效益开发，满足提高储量动用程度和单井控制储量的要求，有利于气藏均衡开发，实现一定的开发规模。

由钻井工艺和钻井费用限制，丛式井受工艺限制井距 1.5km。丛式井场选择考虑探井、老井场利用和构造、储层等条件，这就决定了丛式井场的距离，形成非均匀布井。综合上述考虑，在满足一定规模和稳产期的情况下，设计井距将控制在 2~4km。

三、单井配产

磨溪龙王庙组气藏当前生产动态资料较少，专项试井资料少，仅磨溪 8 井、磨溪 10 井、磨溪 11 井求得了气井产能方程。因此在国内外大型气田合理配产调研和测试资料基础上，结合无阻流量比值、采气工艺设计和类比分析，考虑适当的稳产期，应用数值模拟技术对不同井型的合理配产进行模拟计算，根据磨溪龙王庙组气藏各区块的地质特征，确定不同区块、不同井型的单井配产。

（一）类比法

克拉 2 气田连续 3 年产气量超过方案设计的 $107\times10^8m^3$，产能负荷因子高于《天然气开发纲要》中规定的 0.8~0.9，安全平稳供气压力大；可调产井只占 26%，调峰能力不足。高压气藏单井配产过高，容易引起地层压力快速下降，导致储层体周围欠压实的页岩盖、底、夹层收缩挤出的水进入气藏，形成气藏“内部水侵”，影响气井生产效果。高压气藏单井配产过高，导致生产压差过大，边底水侵入气藏内部，影响气藏开发效果。美国安德森“L”气藏气井投产后，其产量一般都维持在 15%地层压力降范围内正常生产，凡气井生产压差超过 25%地层压力的井，都过早停产。

磨溪区块龙王庙组气藏总体表现出储渗性能较好的特征，盆地内与其相近的气藏极少。罗家寨飞仙关组气藏总体具有储渗性能好的特点，储层厚度、孔隙度和渗透性能总体上要优于磨溪龙王庙组气藏（表 9-8），罗家寨飞仙关组气藏后续开发井采用水平井和大斜度井，其水平井配产（80~100）$\times10^4m^3/d$，大斜度配产为（75~95）$\times10^4m^3/d$（表 9-9）[7-9]。综合考虑气藏和气井的调峰能力、内部水侵和边水窜入等因素，单井配产不易过高，宜低于罗家寨飞仙关组气藏单井配产。

表 9-8 罗家寨构造各井试井解释结果统计表

<table>
<tr><th rowspan="2">井名</th><th colspan="4">测试参数</th><th colspan="6">解释结果</th></tr>
<tr><th>测试日期</th><th>储层改造</th><th>压力计下深(m)</th><th>产层中部井深(m)</th><th>解释模型</th><th>井储常数(m^3/MPa)</th><th>表皮系数</th><th>渗透率内(水平)/外(垂直)(mD)</th><th>径向复合外缘半径(m)</th><th>折算产层中部地层压力(MPa)</th></tr>
<tr><td>罗家 1</td><td>2000 年 6 月</td><td>酸前</td><td>3394. 03</td><td>3488</td><td>均质</td><td>0. 1</td><td>26. 73</td><td>135. 21</td><td>—</td><td>40. 71</td></tr>
<tr><td>罗家 2</td><td>2000 年 6 月</td><td>酸前</td><td></td><td>3248</td><td>均质</td><td>0. 1</td><td>67. 56</td><td>38. 37</td><td>—</td><td>40. 45</td></tr>
<tr><td rowspan="2">罗家 6</td><td>2002 年 3 月</td><td>酸前</td><td></td><td rowspan="2">3950</td><td>径向</td><td>0. 02</td><td>0. 128</td><td>11. 77/92. 35</td><td>28. 49</td><td>42. 17</td></tr>
<tr><td>2003 年 1 月</td><td>酸后</td><td>3350</td><td>复合</td><td>0. 145</td><td>-6. 03</td><td>36. 58/93. 57</td><td>48. 62</td><td>42. 01</td></tr>
<tr><td>罗家 11</td><td>2004 年 6 月</td><td>酸后</td><td>3005. 2</td><td>3938</td><td>水平井</td><td>2. 65</td><td>-2. 01</td><td>170. 6/2. 4</td><td>—</td><td>40. 34</td></tr>
</table>

表 9-9 罗家寨构造开发方案单井配产统计表

井名	井型	方案配产($10^4m^3/d$)	试采配产($10^4m^3/d$)	配套能力($10^4m^3/d$)	备注
罗家 12H	水平井	85	150	150	试采井
罗家 13H	水平井	80	150	150	试采井
罗家 15H	水平井	100		150	
罗家 17H	水平井	90		120	
罗家 19	大斜度井	75		100	
罗家 20	大斜度井	75		100	
罗家 21	大斜度井	75		100	
罗家 18	大斜度井	95		120	
罗家 1-1	大斜度井	75		100	

(二)无阻流量比值法

磨溪区块龙王庙组气藏方案编制前测试井 12 口，3 口产能试井求得无阻流量(554. 14～1035. 36)×$10^4m^3/d$，且测试条件下的生产压差较小(0. 207～3. 64MPa)，均小于地层压力的 5%，已测试井产能高，初步分析区块内气井生产能力较强。高产井按无阻流量的 1/5～1/6 配产(30～200)×$10^4m^3/d$；中产井按无阻流量的 1/4～1/5 配产(15～30)×$10^4m^3/d$；低产井按无阻流量 1/3 配产(2～15)×$10^4m^3/d$。该方法没有考虑气井控制储量、稳产时间要求等关键性限制条件(表 9-10)。

表 9-10　磨溪地区龙王庙组无阻流量比值法配产统计表($10^4m^3/d$)

气井	无阻流量	配产			
		q_{AOF}1/6	q_{AOF}1/5	q_{AOF}1/4	q_{AOF}1/3
磨溪 8	1035.36	172.56	207.07	258.84	345.12
磨溪 11	554.14	92.36	110.83	138.54	184.71
磨溪 10	1003.81	167.30	200.76	250.95	334.60
磨溪 9	261.25	43.54	52.25	65.31	87.08
磨溪 201	434.93	72.49	86.99	108.73	144.98
磨溪 204	470.21	78.37	94.04	117.55	156.74
磨溪 205	374.41	62.40	74.88	93.60	124.80
磨溪 12	414.28	69.05	82.86	103.57	138.09
磨溪 13	456.12	76.02	91.22	114.03	152.04
磨溪 17	106.04	17.67	21.21	26.51	35.35
磨溪 202	49.76	8.29	9.95	12.44	16.59
磨溪 16	14.69	2.45	2.94	3.67	4.90
磨溪 21	12.56	2.09	2.51	3.14	4.19

(三)数值模拟法

在开发区内根据渗透性差异,选择相对高渗透的区域(简称中高渗透区)和相对低渗透的区域(简称中低渗透区)两种区域开展数值模拟,分析合理配产。

1. 中高渗透区

高渗透区所选取单井模型为磨溪 8 井区附近,物性较好。在类比分析和采气工艺计算的基础上,利用单井模型对不同井型生产动态进行预测(图 9-29 至图 9-31),对预测结果进行分析看出,考虑单井稳产 15 年以上,则直井配产(50~70)×$10^4m^3/d$,大斜度井配产(70~110)×$10^4m^3/d$,水平井配产(80~140)×$10^4m^3/d$。

2. 中低渗透区

低渗透区所选取单井模型为磨溪 11 井区附近,物性较差。利用单井模型对不同井型生产动态进行预测(图 9-32 至图 9-34),对预测结果进行分析看出,考虑单井稳产 15 年以上,则直井配产(20~40)×$10^4m^3/d$,大斜度井配产(40~50)×$10^4m^3/d$,水平井配产(50~70)×$10^4m^3/d$。

(四)节点分析法

地层压力条件下,考虑冲蚀、临界携液流量计算不同油管内径的最大和最小合理产量。以磨溪 8 井专项试井解释的地层参数为基础建立气井模型,采用节点分析法,在 PIPSIM 软件中设置井口压力 7.8MPa,模拟油管内径 62mm、76mm、100.53mm、118.62mm 和 154.76mm。

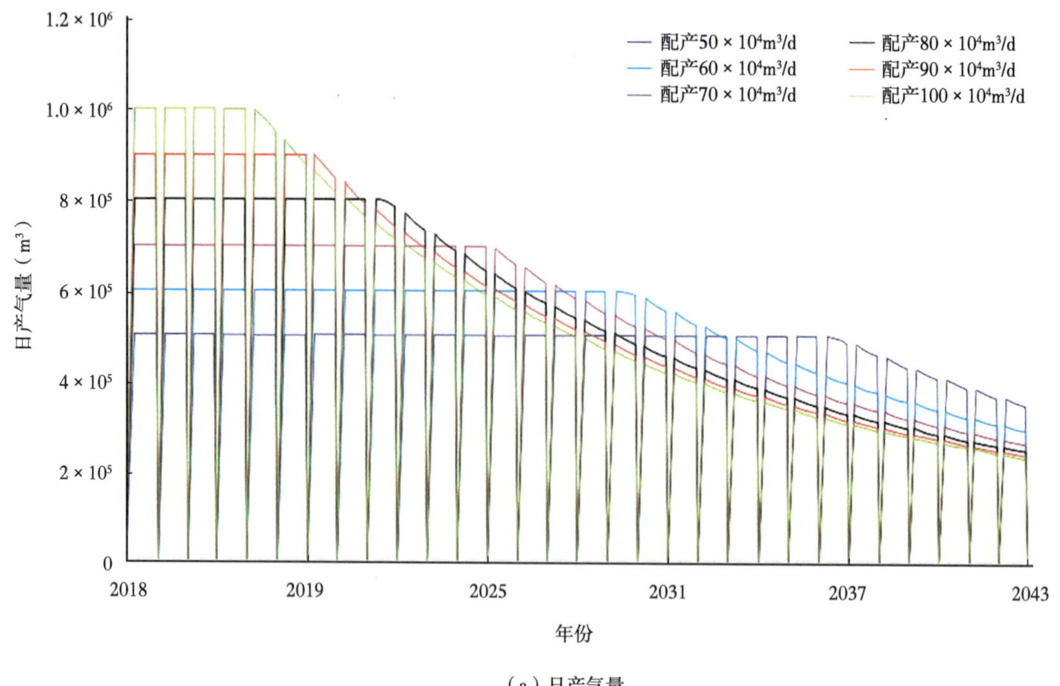

（a）日产气量

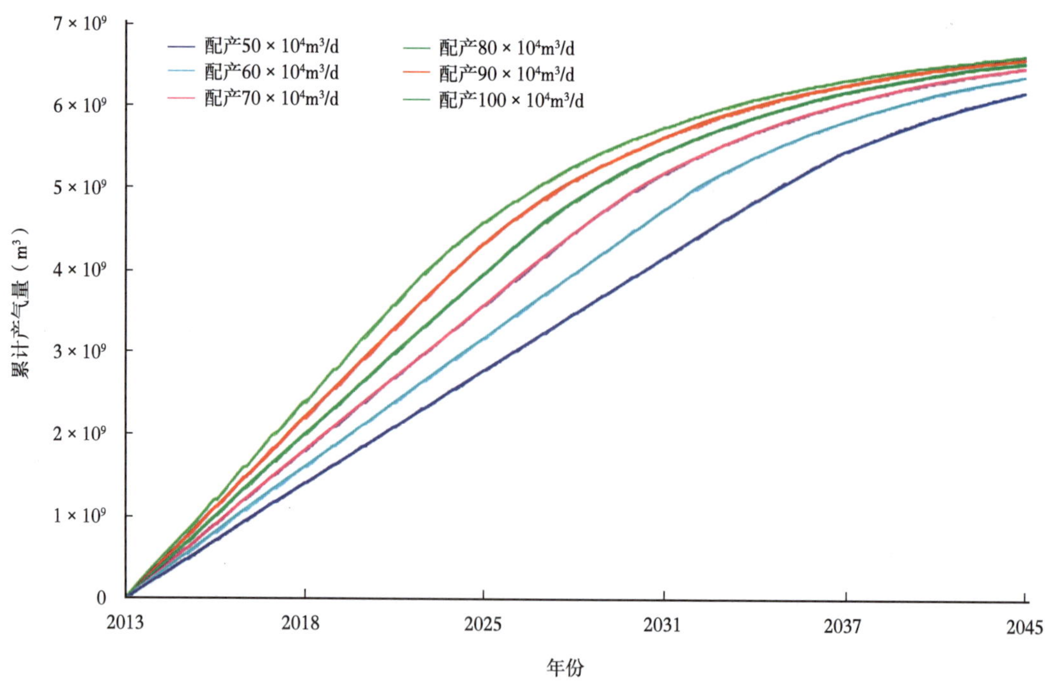

（b）累计产气量

图 9-29 高渗透区直井不同配产预测图

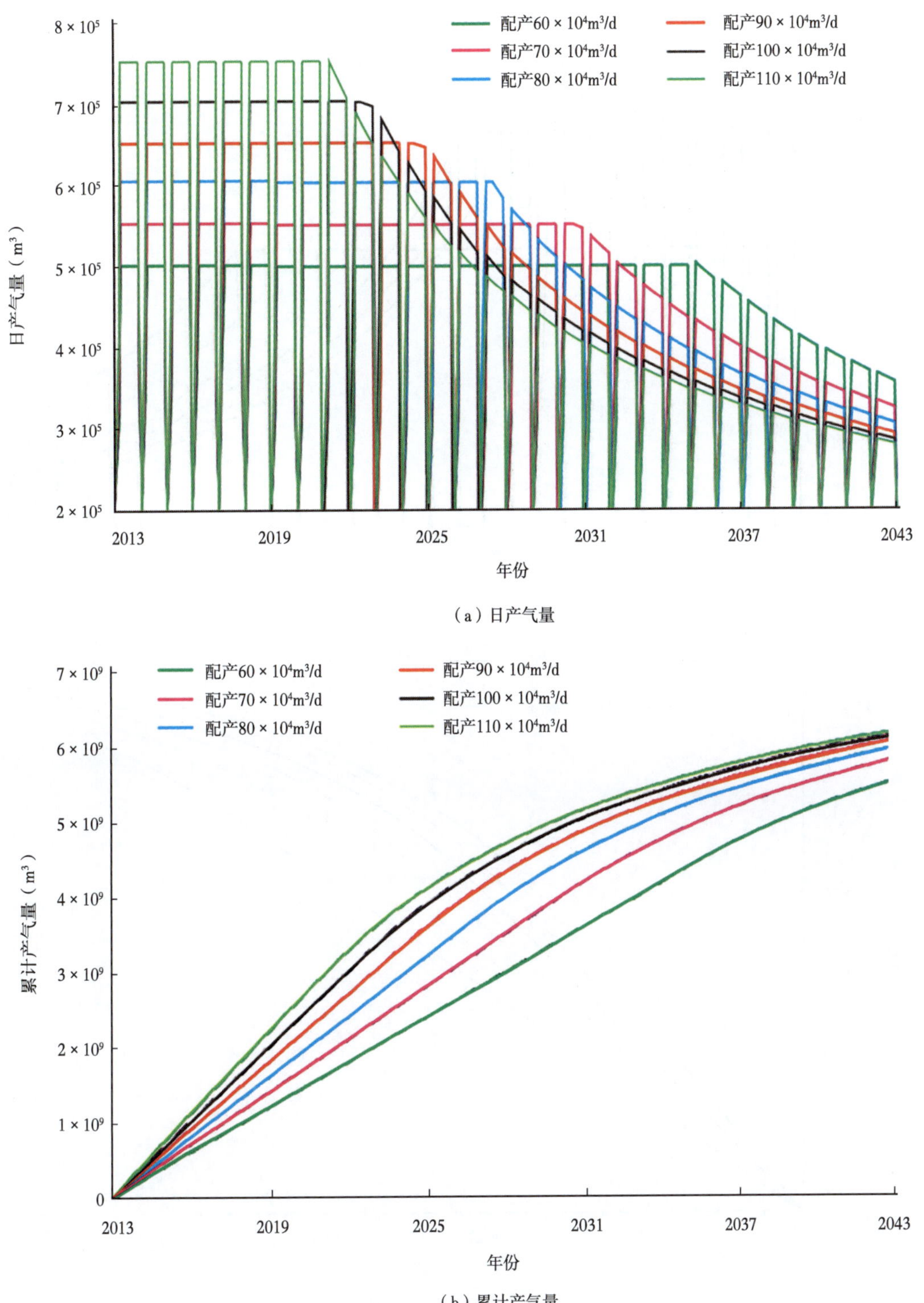

（a）日产气量

（b）累计产气量

图 9-30 高渗透区大斜度井不同配产预测图

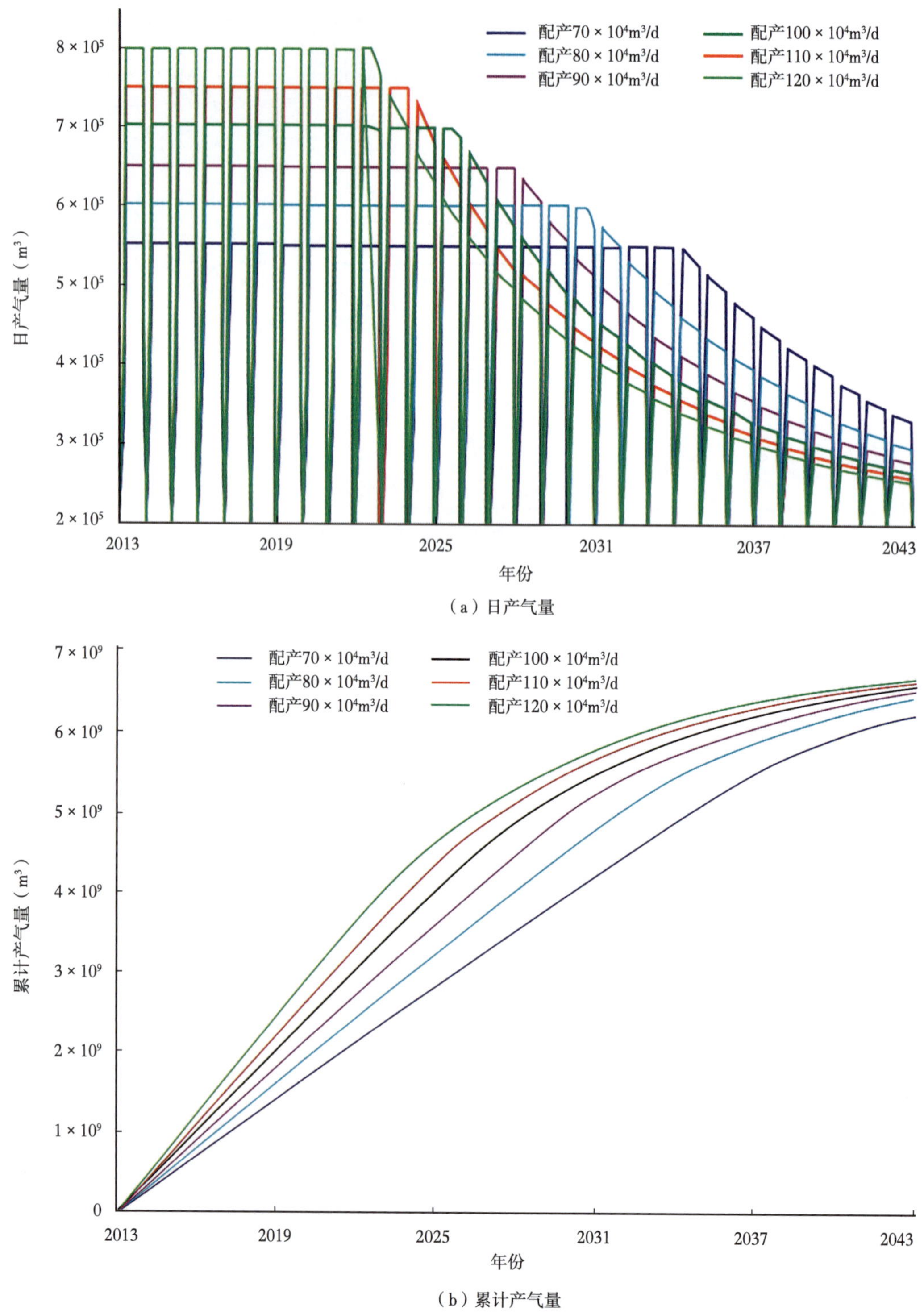

（a）日产气量

（b）累计产气量

图 9-31　高渗透区水平井不同配产预测图

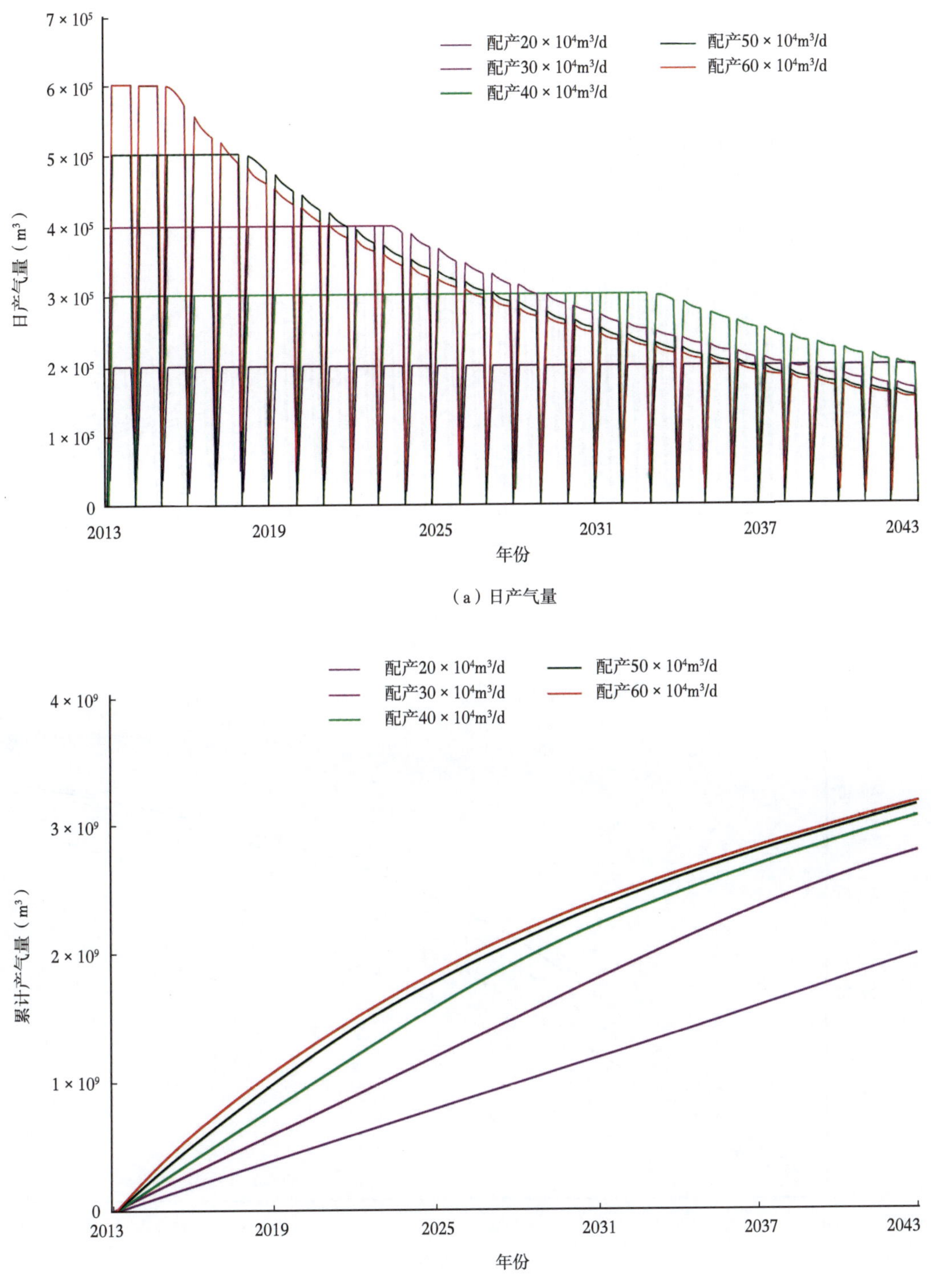

（a）日产气量

（b）累计产气量

图 9-32 低渗透区直井不同配产预测图

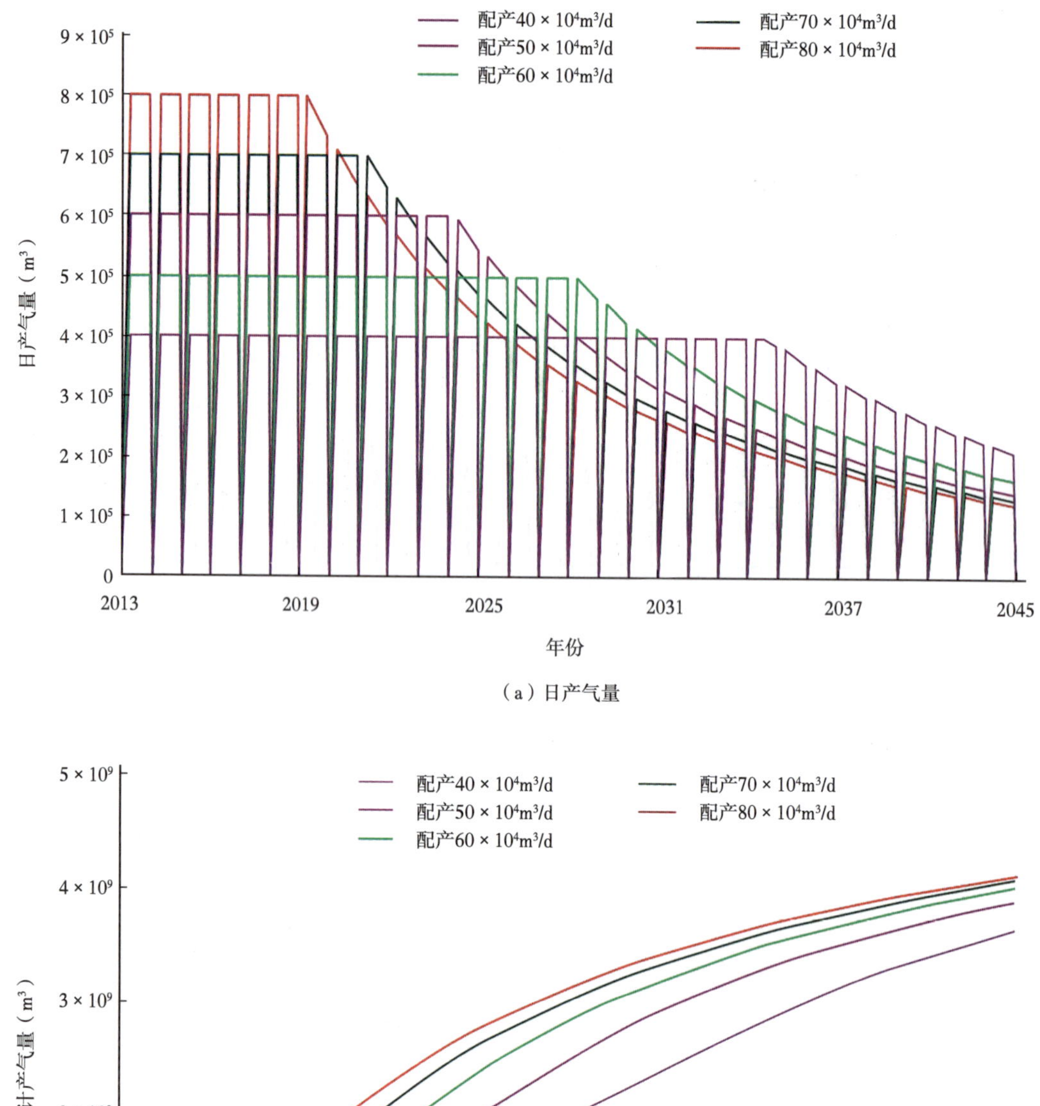

（a）日产气量

（b）累计产气量

图 9-33　低渗透区大斜度井不同配产预测图

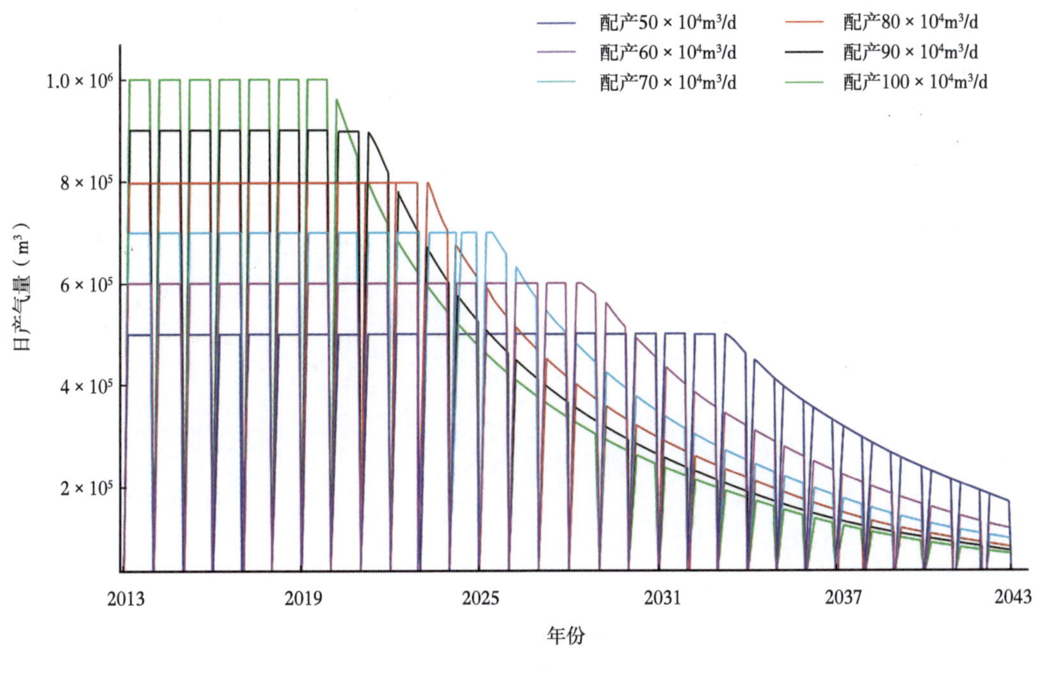

（a）日产气量

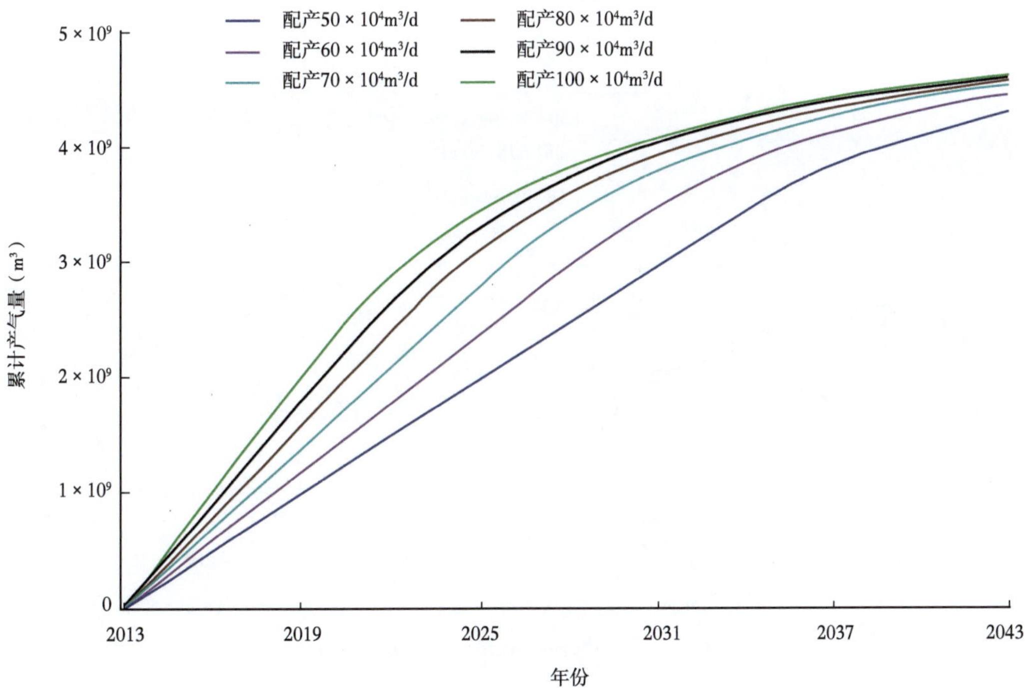

（b）累计产气量

图 9-34 低渗透区水平井不同配产预测图

地层压力条件下，考虑冲蚀的影响因素，内径62mm油管的最大合理产量$80\times10^4m^3/d$；内径76mm油管的最大合理产量$120\times10^4m^3/d$；内径76mm油管的最大合理产量$230\times10^4m^3/d$；内径118.62mm油管的最大合理产量$300\times10^4m^3/d$；内径154.76mm油管的最大合理产量$550\times10^4m^3/d$（图9-35）。

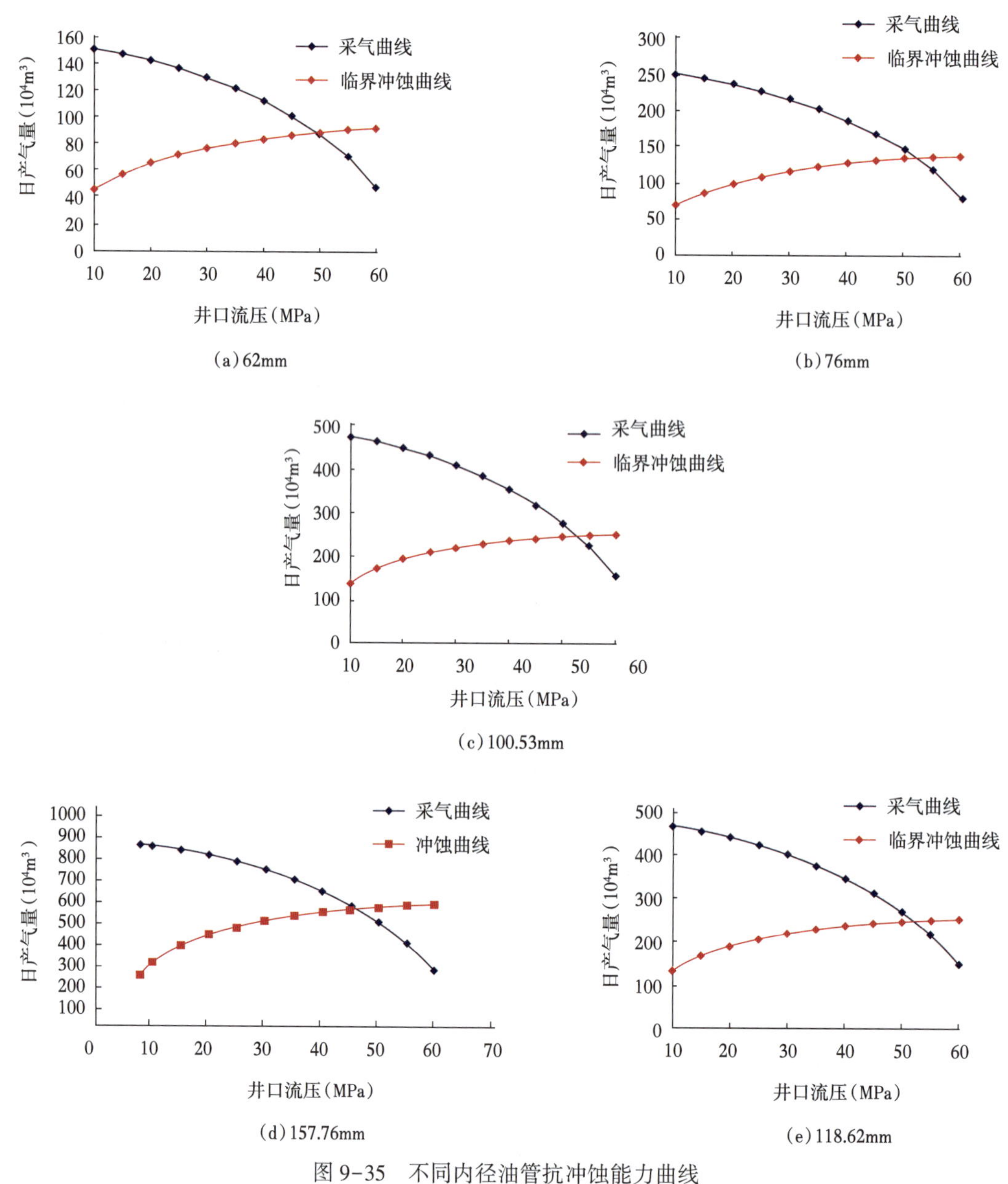

图9-35　不同内径油管抗冲蚀能力曲线

计算在不同油管内径条件下的排液临界流量，在井口压力7.8MPa左右时，产气量$3.14\times10^4m^3/d$以上，内径76mm油管能正常带液；产气量$5.49\times10^4m^3/d$以上，内径100.53mm油管能正常带液（表9-11）。

表 9-11 气井不同管径油管的冲蚀流量和携液临界流量计算(井口压力 7.8MPa)

计算类型	井口流压(MPa)	不同内径油管对应的理论产气量($10^4m^3/d$)				
		62mm	76mm	100.53mm	118.62mm	154.76mm
冲蚀流量	7.8	43.65	65.59	114.77	159.8	259.8
	35	81.34	122.23	232.83	316.8	539.5
	60	92.52	139.01	258.03	352.0	599.4
携液临界流量	7.8	2.09	3.14	5.49	7.58	12.91
	35	3.93	5.9	10.32	14.30	24.33
	60	4.27	6.42	11.42	15.60	26.55

(五)优化配产

综合上述分析,同时考虑储层厚度及物性、构造位置、测试产能、无阻流量、高压气藏的应力敏感等因素,根据各区域地质情况综合分析,在开发区内分井型设计生产井配产。探井均为直井,单井配产$(20\sim80)\times10^4m^3/d$,大斜度井单井配产$(30\sim110)\times10^4m^3/d$,水平井开展工艺试验,配产$(35\sim140)\times10^4m^3/d$(表 9-12)。

表 9-12 磨溪区块龙王庙组气藏配产表

井型	正常配产($10^4m^3/d$)	调峰配产($10^4m^3/d$)
直井	20~70	30~80
大斜度井	30~80	40~110
水平井	35~110	50~140

第三节 气藏高效开发风险与挑战

受储层埋藏深、异常高压、含硫化氢和相应地面配套能力限制,安岳气田龙王庙组气藏在早期阶段钻井数少($45km^2$/井),试采井数少、试采时间短,动静态资料有限,对气井高产稳产能力、气水分布和气藏类型的认识还存在不确定性,实现其高质量开发,主要存在两个方面的风险和挑战[4,5]。

一、产能风险

龙王庙组气藏以颗粒滩岩溶储层为主,经历多期构造运动和成岩改造作用,溶蚀孔洞、裂缝发育,基质渗透率低,储层非均质性强,气井产能差异大,对气井高产条件下的稳产能力认识不足,主要有三方面的原因:

(1)井下实测资料少,井口测试无阻流量计算误差大。方案编制前测试井 12 口,其中井下压力计系统产能试井 3 口、井口测试井 7 口井;气藏埋藏深、异常高压、井身结构复杂、井底流压折算误差大,使得测试产量高通过折算井底流压方式计算无阻流量误差大。

(2)试采井配产低,气井配产大于 $100\times10^4m^3/d$ 的稳产能力有待认识。测试井 12 口,其中 8 口井测试产量大于 $100×10^4m^3/d$[介于$(101.7\sim154.3)×10^4m^3/d$]，从有井下压力计实测井底流压的井来看，对应生产压差 0.2~3.6MPa；磨溪 8 井、磨溪 9 井、磨溪 11 井 3 口试采井，最高试采产量 $60×10^4m^3/d$ 左右，由于储层非均质性较强，高产情况下的稳产能力有待认识；方案配产时考虑长期稳产情况下最高配产$(100\sim120)×10^4m^3/d$，其稳产能力有待认识。

（3）已完钻井油管结构复杂，高产情况下井筒摩阻损失大，影响气井产能发挥。井下实测资料表明：磨溪 8 井、磨溪 11 井高产情况下井筒摩阻损失大，从已测试井完井情况来看，尽管多数井无阻流量大于 $400×10^4m^3/d$，由于受井筒管柱限制，工艺分析最高配产小于 $90×10^4m^3/d$。

二、快速水侵风险

气藏构造幅度低，气水分布和气藏类型认识存在不确定性，气藏存在快速水侵风险。

关于磨溪地区龙王庙组气藏地层水分布特征和气藏类型的认识，在方案编制阶段，以气藏属于存在局部封存水的岩性—构造气藏占主导地位（见第六章第三节），但是也有观点认为龙王庙组储层整体连通性好，磨溪 16 井、宝龙 1 井与主体区气水界面明显存在差异，可能是断层封隔作用作致。龙王庙组气藏探明储量区内为断层分隔的构造边水型气藏，内部存在局部封存水；不同区块具有统一的气水界面，但不同区块间的气水界面并不统一（图 9-36）。

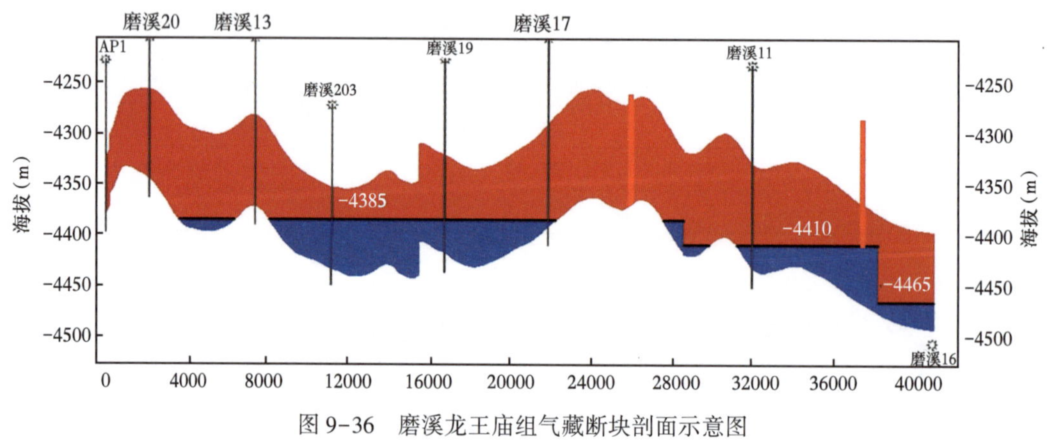

图 9-36　磨溪龙王庙组气藏断块剖面示意图

通过调研典型水侵气田开发效果（表 9-13）知，气藏一旦见水，稳产时间急剧降低，裂缝性底水气藏的采收率仅为 11%~31%，裂缝性边水气藏（麦隆气田）采收率为 55%~65%，孔隙型边底水气藏的采收率为 35%~83%。无论是边水气藏还是底水气藏，水侵都严重影响采收率，是影响气田开发效果的主要因素之一。

表 9-13　典型水侵气田开发效果一览表

类型	气田	储量（10^8m^3）	采收率（%）
孔隙型边底水	Kaybob South	1033（可采）	35
	Uchkyr	538.1	83
裂缝性边水	Karachaganak	14160（可采）	
	麦隆 Meillon	826.9	55~65
	Urikhtau	424.8（可采）	85

续表

类型	气田	储量(10^8m^3)	采收率(%)
裂缝性底水	Beaver River	461.6	11
	Malossa	509.8	15
	威远	407	31
	Astrakhan	26904(可采)	

若磨溪龙王庙气藏被断层切割成几个断块，主体区气水界面由-4410m抬高为-4385m，纯气区面积大幅减小、水体倍数增大，储量减小，使得气藏提前见水的风险增大。数值模拟表明，磨溪8井的主体区块以磨溪203井、磨溪204井的实测气底-4385m作为气水界面，磨溪11井区以磨溪11井气层段底界-4410m作为气水界面，磨溪16井区取气层段底界-4465m作为气水界面。与探明储量区采用单一气水界面-4410m相比，储量减小24%，水体倍数由0.72倍增大到0.82倍，若用$100\times10^8m^3$的年产规模生产，产水量大大增加(图9-37)，稳产期降低(图9-38)，减少6年，累计产气量降低，预测期末采出程度降低。

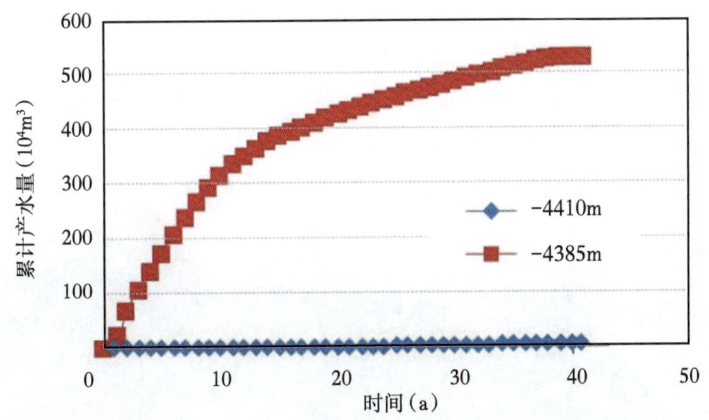

图9-37　不同气水界面下的累计产水量对比图

事实上，磨溪地区龙王庙组气藏为构造气藏，与川中其他地区龙王庙组含气并不矛盾。从构造演化和成藏演化来看，四川盆地已发现的震旦系—寒武系天然气以原油裂解气为主，高石梯—磨溪气藏为古油藏原位裂缝聚集成藏。寒武系烃源岩主生油期为二叠纪—三叠纪，该期保留着原油状态，在中侏罗纪—白垩纪，原油裂解生气，喜马拉雅期构造调整时，裂解气开始二次运移，进入构造圈闭则形成构造气藏，进入岩性或地层圈闭则形成岩性或地层气藏[6-10]。

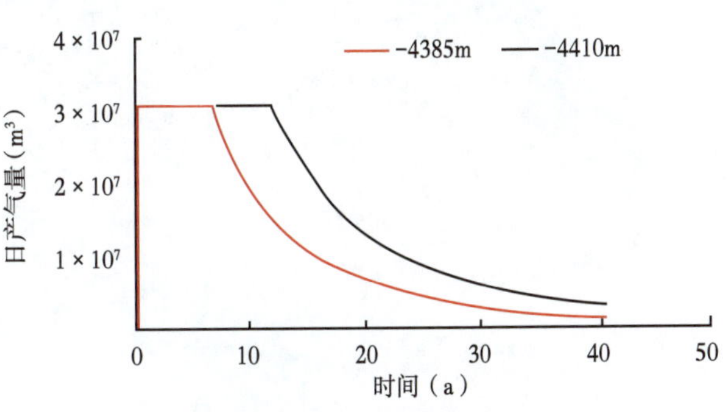

图9-38　不同气水界面稳产时间对比图

处于古隆起核部的高石梯—磨溪地区发育长期继承性大型构造圈闭，从烃源岩开始生烃到油藏裂解再到现今，古隆起核部的构造圈闭持续发育，虽然形态、大小、幅度都有一定的变化，但变化不大。从烃源岩生烃演化、古隆起、古构造和古圈闭演化方面分析，磨溪地区龙王庙组气藏也应属于构造气藏。

后续开发实践证实了磨溪龙王庙组气藏属构造边水气藏类型。

截至2018年5月，气藏已有产水气井13口，其中磨溪8井区10口（磨溪204井、磨溪202井、磨溪8井、磨溪18井、磨溪205井、磨溪11井、磨溪008-7-H1井、磨溪008-15-H1井，磨溪008-H3井、磨溪10井）、磨溪9井区2口（磨溪009-3-X2井、磨溪009-3-X3井）、磨溪16井区1口（磨溪16C1井）；除上述气井经试采或生产后产水外，在探明储量区内及周边仍有7口井（磨溪22井、磨溪203井、磨溪26井、磨溪27井、磨溪47井、磨溪48井、宝龙1井）钻遇水层或钻穿气水界面。整体来看，磨溪地区龙王庙组气藏产水井具有三个典型特征：

（1）已证实产水井均处于构造较低部位，大部分为探井或评价井转开发井。

根据地震构造处理结果，高石梯—磨溪地区范围内主要出现南北2个构造圈闭形态，南部是高石梯构造圈闭，北部是磨溪构造圈闭。磨溪构造又被工区内最大的磨溪F2断层切割，形成2个断高圈闭，北部的磨溪主高点圈闭和南部的磨溪南断高圈闭（磨溪21井区）。其中磨溪主高点潜伏构造总体处于平缓带上，显示出多个构造高点的特征。气藏内已证实产水井，主要分布于气藏东部磨溪8井区的构造低点或相对较低部位（图9-39），其射孔底界低于气水界面或接近气水界面（小于20m，图9-40）。

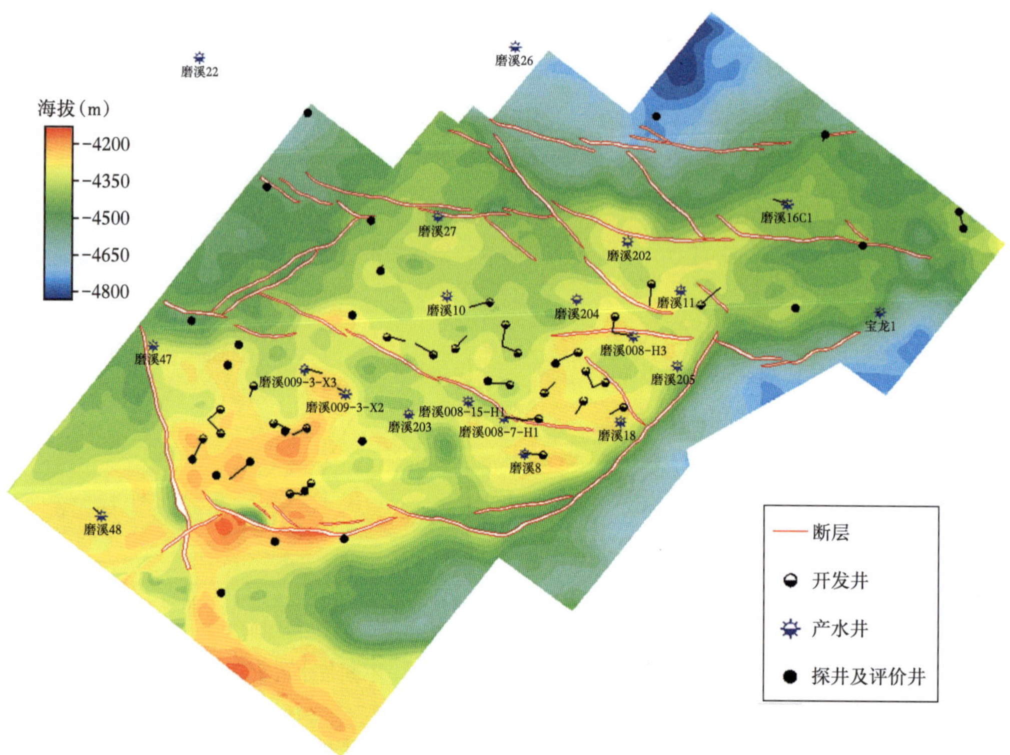

图9-39　磨溪龙王庙组顶面构造等值线及产水气井分布图

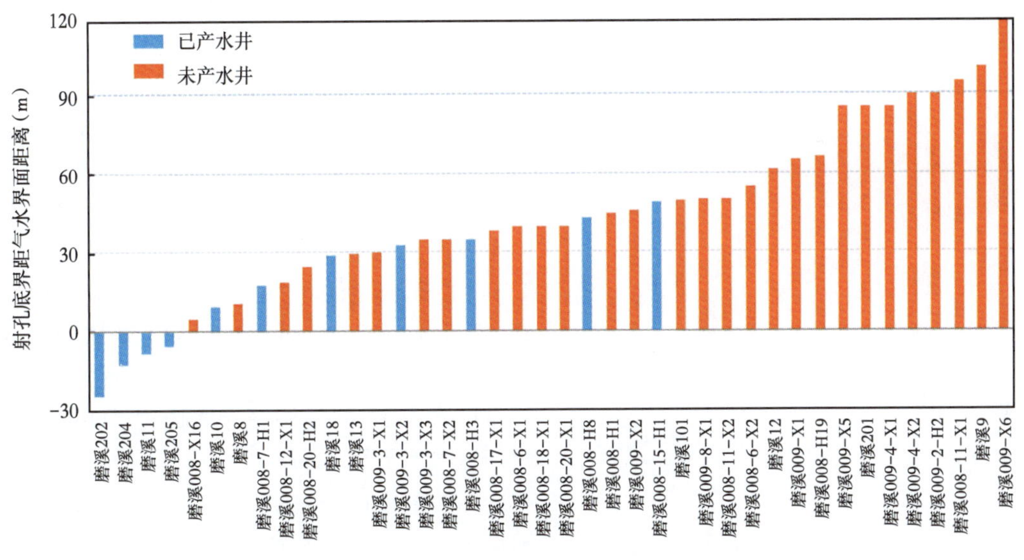

图 9-40　气井射孔底界距气水界面垂直距离

(2)主力建产区气水界面基本一致。

根据测井解释及测试成果分析，气藏内部产水井储层电阻率在海拔约-4385m以下明显降低，且深浅侧向幅度差变小(图 9-41)，测试或试采证实地层水均产自于该层段。磨溪区块龙王庙组储层孔、洞、缝发育，平面大面积分布的溶蚀孔、洞与高角度构造缝良好搭配使得颗粒滩体具“视均质”特征，晚期投产气井均具有先期压降特征，说明气藏总体连通程度较好。测试产气井与产水井压力梯度交汇(图 9-42)也证实，建产区具有统一气水界面-4385m，气藏的气柱高度为195m。

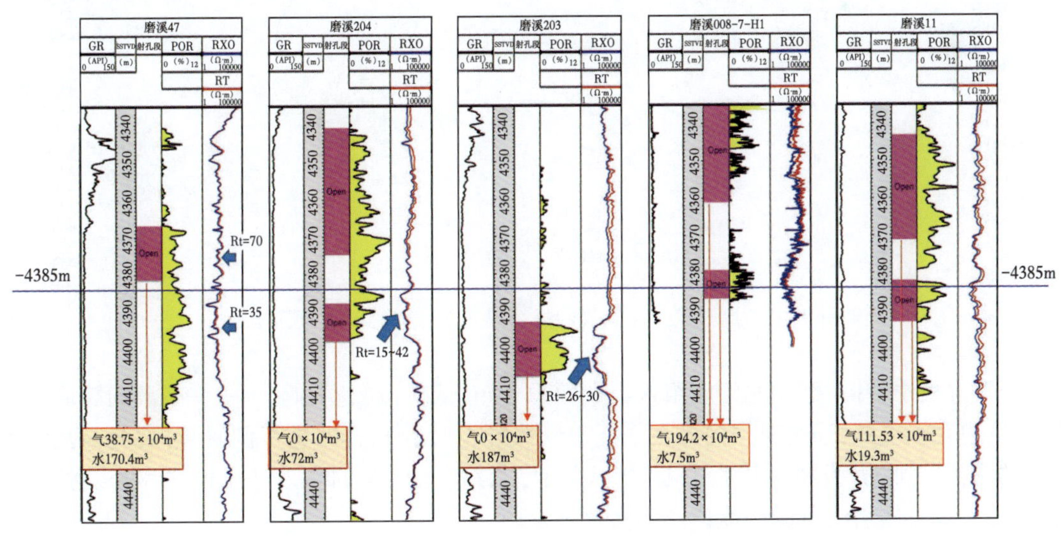

图 9-41　磨溪龙王庙组气藏部分测试水层电阻率响应特征

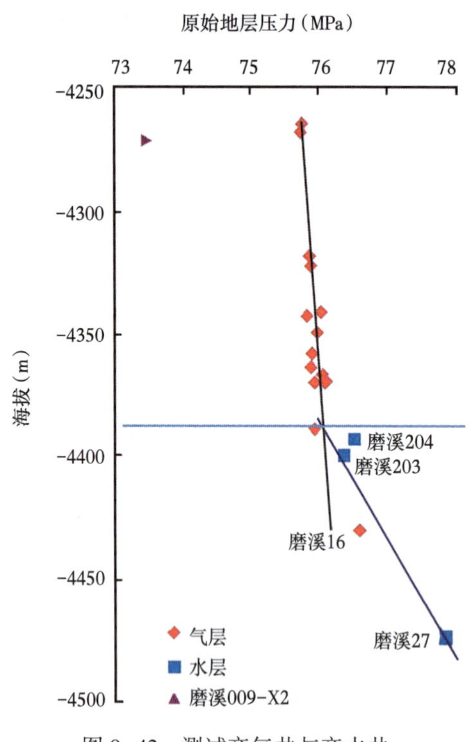

图 9-42 测试产气井与产水井压力梯度交会图

(3)F1、F2 和 F5 断层,对气藏具有分隔作用。

2014 年,经过对构造重新进行解释,认为磨溪地区龙王庙组发育五条(组)高角度正断层(裂)。其中,F1、F2 断层长度超过 50km,断距最大 140~160m。断层两侧钻井气水界面的差异,证实 F1、F2、F5 断层对气藏具有封隔作用,由西向东气水界面逐渐降低,呈"三段"式结构(图 9-43):F1 至 F5 断裂之间的建产区气藏连通性较好,具有统一气水界面-4385m;F1 断层西侧气水界面为-4309m,高出建产区气水界面 76m;F5 断层东侧磨溪 16 井气层底界海拔为-4466m,低于建产区气水界面 81m。

综合磨溪区块龙王庙组的构造、储层及测试和试采井的气水分布特征,分析认为断裂对气水分布具有控制作用,磨溪龙王庙组气藏应为存在局部封存水的构造边水气藏。基于对气藏类型和气水界面的认识,根据构造、储层及断层分布特征,将磨溪龙王庙组划分为磨溪 8 井区和磨溪 9 井区、磨溪 16 井区、磨溪 46 井区和磨溪 21 井区四个区块。

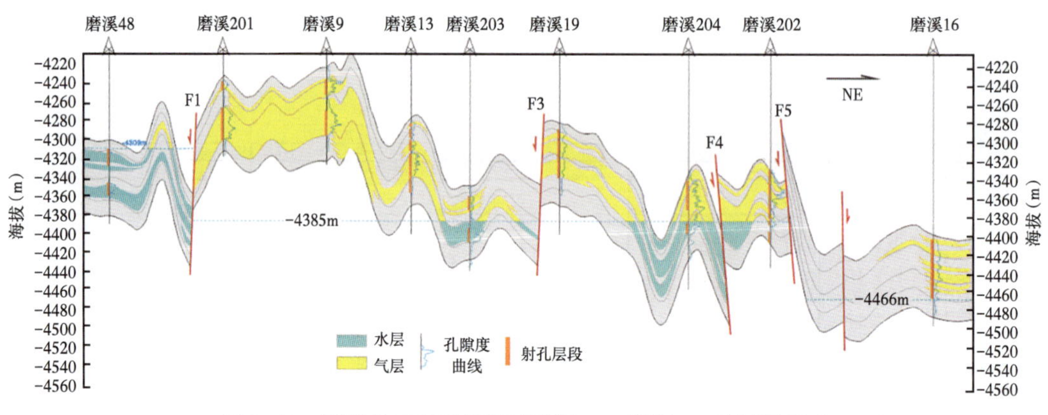

图 9-43 磨溪龙王庙组气藏过磨溪 48—磨溪 16 井气藏剖面

开发过程中,针对磨溪龙王庙组这类大面积分布、低构造幅度、低孔、中—高渗的裂缝孔洞型、构造边底水气藏,通过对国内外多个类似气藏开发经验和教训进行调研、对裂缝—孔洞型气藏的渗流特征、开发机理进行分析,形成了针对该类型气藏的高效开发模式和开发技术对策,实现了龙王庙组气藏的快速建产和高效开发。

参考文献

[1] 西南油气田公司.四川盆地老气田稳产方案[R].成都:西南油气田公司,2016.

[2] 李士伦,汪艳,刘廷元,等.总结国内外经验,开发好大气田[J].天然气工业,2008,28(2):7-11.

[3] Arquizan C, Charbonnel JC, Noel R. Total group and the "Lacq Basin" area economical development[C]. SPE 111963-MS, presented at the SPE International Conference on Health, Safety, and Environment in Oil and Gas Exploration and Production, 15-17 April 2008, Nice, France.

[4] Golaz P, Sitbon AJA, Delisle JG. Meillon gas field: Case history of a low-permeability, low-porosity fractured reservoir with water drive[C].European Petroleum Conference, 17-19 October 1988, London, UK.

[5] Hamon G, Mauduit D, Bandiziol D, et al. Recovery optimization in a naturally fractured water-drive gas reservoir: meillon field[C]. SPE 22915-MS presented at the 66th SPE Annual Technical Conference and Exhibition, 6-9 October 1991, Dallas, Texas, USA.

[6] Golaz P, Sitbon AJA, Delisle JG. Case history of the Meillon Gas Field[J]. JPT, 1990, 42(8): 1032-1036.

[7] 李士伦,王鸣华,何江川,等.气田与凝析气田开发[M].北京:石油工业出版社,2004.

[8] 李海平,任东,郭平,等.气藏工程手册[M].北京:石油工业出版社,2016.

[9] Chevron Corporation.罗家寨气田飞仙关气藏总体开发方案[R].成都:西南油气田公司,2006.